U0159537

高等教育新工科电子信息类系列教材

音频、图像、视频处理技术实验教程

主　编　孙　阳
副主编　张　立

配套资源

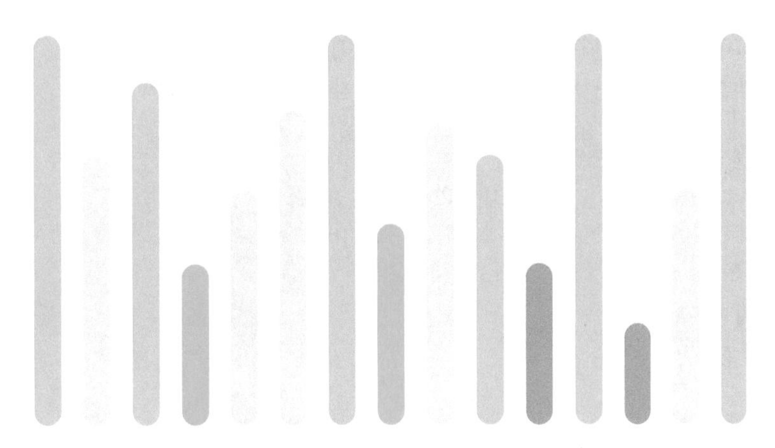

西安电子科技大学出版社

内容简介

本书介绍数字音频、数字图像和数字视频处理的基础知识，并以实验案例的形式讲授音频处理软件Adobe Audition 2023、图像处理软件 Adobe Photoshop 2023 和视频处理软件 Adobe Premiere Pro 2023 的操作方法和使用技巧，适合作为学习数字音频、图像和视频处理技术的入门教材。

本书涉及录音、降噪、混音、生成音效等音频处理实验，抠图、修补、文字设计、蒙版应用等图像处理实验，以及视频特效、剪辑、关键帧动画、字幕制作等视频处理实验。通过理论学习、上机实验和课后作业，学生可以掌握数字音频、图像、视频的获取和实时处理技术，为开展多媒体领域的研究和开发工作打下良好基础。

本书可作为电子信息类、艺术设计类专业本科生的教材，也可作为光电信息工程专业研究生的参考教材，还可作为多媒体技术爱好者的参考用书。

图书在版编目 (CIP) 数据

音频、图像、视频处理技术实验教程 / 孙阳主编 . -- 西安：西安电子科技大学出版社，2023.12
ISBN 978-7-5606-7147-5

Ⅰ．①音…　Ⅱ．①孙…　Ⅲ．①多媒体技术 - 教材　Ⅳ．① TP37

中国国家版本馆 CIP 数据核字 (2023) 第 241538 号

策　　划　吴祯娥
责任编辑　许青青
出版发行　西安电子科技大学出版社（西安市太白南路 2 号）
电　　话　(029)88202421　88201467　　邮　　编　710071
网　　址　www.xduph.com　　电子邮箱　xdupfxb001@163.com
经　　销　新华书店
印刷单位　广东虎彩云印刷有限公司
版　　次　2023 年 12 月第 1 版　　2023 年 12 月第 1 次印刷
开　　本　787 毫米 ×1092 毫米　1/16　　印　　张　16. 25
字　　数　386 千字
定　　价　69.00 元
ISBN 978 – 7 – 5606 –7147–5 / TP
XDUP 7449001-1

前　言

如今，我们生活在一个自媒体时代，音频、图像和视频已经成为大众生活中必不可少的获取信息的途径和娱乐消费的内容。在人手一部手机的时代，录音、照相、拍视频极为容易，但要利用源素材做出优秀的多媒体作品，则需要具备一定的音频、图像和视频的基础知识和处理技术。本书就是为满足音频、图像和视频处理技术的教学需求而编写的。实际上，剪辑软件的飞速发展已经让剪辑处理技术的学习变得更加简捷和高效，也为创作者提供了更广阔的发挥空间。

本书面向电子信息类、艺术设计类专业学生和多媒体技术爱好者，不仅介绍了数字音频、数字图像和数字视频处理的基础知识，还以实验案例的形式讲授了音频、图像和视频处理软件的操作方法和使用技巧。本书的特点如下：

(1) 本书依托电子信息科学与技术方向的实验教学平台，以多媒体领域研究与开发的相关需求为导向，遵循课程教学大纲的要求，围绕相关知识和技能，以提高学生的实践能力素养为基本目标，注重实用性和实践性，充分体现设计性实验项目的教学要求。

(2) 本书吸收了最新的技术与实践，按照理论与实践兼顾的原则安排内容，将内容庞杂的基础知识和实验内容系统地呈现出来，坚持“必需、够用”原则，体系科学规范，内容简明实用。

(3) 本书分为数字音频处理、数字图像处理和数字视频处理三个部分，每个部分包含相应的基础知识、上机实验和课后作业三个单元。其中，基础知识单元介绍数字音频处理、数字图像处理和数字视频处理的基本概念、基本原理和相关技术，包括数字音频、数字图像和数字视频的定义、获取方法、相关概念、技术参数和文件格式，使学生在学习软件的使用之前具备一定的理论基础，为进一步培养学生的审美能力、艺术创作能力和多媒体技术的实际应用能力做好准备。书中按照“先理论、再实践、后拓展”的逻辑顺序引领学生展开软件学习过程，符合学生的认知规律，能够有效激发学生的学习兴趣。上机实验单元包括 20 个数字音频处理实验、20 个数字图像处理实验和 20 个数字视频处理实验，每个实验包括实验目的、实验原理、实验内容和实验结果，能够帮助学生掌握数字音频、图像和视频处理的关键技术和操作方法。课后作业单元包括 3 个数字音频处理作业、3 个数字图像处理作业和 3 个数字视频处理作业，每个作业包括内容及制作要求、上交文件要求，能够引导学生将所学的技术应用到生活中，解决实际问题。

(4) 本书将音频处理软件 Adobe Audition 2023、图像处理软件 Adobe Photoshop 2023 和

视频处理软件 Adobe Premiere Pro 2023 的操作方法和使用技巧融入实验案例之中，而不是单纯枯燥地讲授软件的构成和功能。实验操作步骤详细，学生能够在跟随实验步骤操作的过程中逐步掌握软件的使用方法，提高学习效率。

(5) 本书提供了 60 个实验案例，包含音频格式转换、单轨编辑和多轨混音、话筒和计算机内部录音、时域和频域降噪、生成语音和乐曲、添加特殊音频效果、声音移除和提取等 20 个音频处理实验，图层应用、选区建立和抠图、多种文字设计、图像修复修补、蒙版应用、路径应用、颜色校正等 20 个图像处理实验，以及视频配乐替换、视频特效和视频转场添加、绿幕抠像与合成、关键帧动画制作、视频剪辑、多种字幕制作、多边形蒙版应用等 20 个视频处理实验。

(6) 实验案例素材经过精心选取，内容丰富多样，贴近大学生的日常生活。基于任务驱动设计实验内容，学生做实验不仅能掌握软件操作技术，还能完成一个具有实用性的作品。实验顺序编排由浅入深、循序渐进，包括从启动软件、熟悉界面、打开文件等最基本的操作到对软件各项核心技术与功能的介绍和实操，再到对已掌握技术的综合运用和实践应用。

(7) 每个部分配备 3 个课后作业，供学生进行理论学习和上机实验后完成，以达到学以致用的目的。作业内容设计注重技术性和实用性相结合，紧贴当代大学生的日常学习和生活，包含学术交流、文体活动、班级建设、思想和文化传播等主题，引导学生遵守学术规范，培养集体荣誉感和社会责任感，同时倡导发现生活之美，树立健康向上的生活态度。

(8) 本书提供全部实验案例的源素材文件和软件操作讲解视频。读者可以扫描每个实验相应的二维码，观看讲解视频。源素材文件可以出版社网站下载。本书实现了教学资源的多样化，开阔了实验教学的思维和视野。

(9) 本书有机融入课程思政的相关元素。音频处理、图像处理和视频处理的相关实验中巧妙地融入了价值导向的内容，立足学生的认知特点和教育规律，注重德法兼修、德技并修。

孙阳担任本书主编，张立担任副主编。

尽管本书的编写力求完善，但鉴于编者能力和水平有限，书中难免出现欠妥之处，恳请广大读者予以批评指正。

编　者
2023 年 8 月

目　录

第 1 章　数字音频处理 …………………… 1
1.1　数字音频处理基础知识 …………… 1
1.1.1　声波、声音和数字音频 ……… 1
1.1.2　数字音频的获取方法 ………… 3
1.1.3　模拟音频的数字化过程 ……… 3
1.1.4　数字音频的技术参数 ………… 4
1.1.5　数字音频的文件格式 ………… 6
1.2　数字音频处理实验 ………………… 7
实验 1.2.1　音频格式转换 …………… 7
实验 1.2.2　制作歌曲串烧 …………… 10
实验 1.2.3　多轨模式下的歌曲拼接…… 14
实验 1.2.4　话筒录音 ………………… 20
实验 1.2.5　计算机内部录音 ………… 23
实验 1.2.6　在时域、频域消除人为噪声 ……………………… 26
实验 1.2.7　降低嘶声、咔嗒声和嗡嗡声 …………………… 29
实验 1.2.8　降低宽频段噪声 ………… 32
实验 1.2.9　调整语句间停顿 ………… 34
实验 1.2.10　制作噪声、扫频音、语音 …………………… 36
实验 1.2.11　制作电子歌曲 ………… 40
实验 1.2.12　制作电话通话效果 …… 43
实验 1.2.13　制作水的不同声效 …… 45
实验 1.2.14　制作快曲手机铃声 …… 48
实验 1.2.15　制作分角色配音 ……… 49
实验 1.2.16　提取频段声音 ………… 51
实验 1.2.17　提取歌曲中的伴奏 …… 52
实验 1.2.18　制作诗词朗诵配乐混音……54
实验 1.2.19　制作伴奏与演唱混音 … 56
实验 1.2.20　制作电台朗诵混音 …… 58
1.3　数字音频处理课后作业 …………… 61
课后作业 1.3.1　语音加密处理 ……… 61
课后作业 1.3.2　校园文艺广播节目制作 ………………… 62
课后作业 1.3.3　个人演唱歌曲制作…… 62
第 2 章　数字图像处理 …………………… 63
2.1　数字图像处理基础知识 …………… 63
2.1.1　图像和数字图像 ……………… 63
2.1.2　数字图像的获取方法 ………… 63
2.1.3　数字图像的相关概念和技术参数 ……………………… 65
2.1.4　数字图像的文件格式 ………… 69
2.2　数字图像处理实验 ………………… 70
实验 2.2.1　图片的缩放、移动和保存　70
实验 2.2.2　认识图像的图层 ………… 73
实验 2.2.3　建立规则形状选区 ……… 78
实验 2.2.4　魔棒工具的使用 ………… 81
实验 2.2.5　多边形套索的使用 ……… 83
实验 2.2.6　磁性套索的使用 ………… 86
实验 2.2.7　文字的设计 ……………… 88
实验 2.2.8　仿制图章的使用 ………… 93
实验 2.2.9　图案图章的使用 ………… 97
实验 2.2.10　污点修复画笔的使用　100
实验 2.2.11　修复画笔的使用　…… 103
实验 2.2.12　修补工具的使用　…… 105
实验 2.2.13　内容感知移动工具的使用 ………………… 108
实验 2.2.14　修复画笔和修补工具的应用 ………………… 111
实验 2.2.15　蒙版的使用 ………… 114
实验 2.2.16　制作活动海报 ……… 120
实验 2.2.17　人物美化和证件照制作 ………………… 125
实验 2.2.18　老照片的修复和校正　131
实验 2.2.19　制作合成风景画　…… 137
实验 2.2.20　制作主题明信片　…… 142
2.3　数字图像处理课后作业 ………… 156
课后作业 2.3.1　班徽的设计与制作… 156

课后作业 2.3.2 先进人物事迹宣传画制作 …………… 157
课后作业 2.3.3 学术成果展示海报制作 ……………… 157
第 3 章 数字视频处理 ………………… 158
3.1 数字视频处理基础知识 ………… 158
3.1.1 视频、模拟视频和数字视频… 158
3.1.2 数字视频的获取方法 ……… 159
3.1.3 视频处理的相关概念 ……… 160
3.1.4 数字视频的技术参数 ……… 161
3.1.5 数字视频的文件格式 ……… 164
3.2 数字视频处理实验 ……………… 165
实验 3.2.1 新建项目、序列与导入素材 …………………… 165
实验 3.2.2 设置标记、入点和出点… 169
实验 3.2.3 替换视频的配乐 ……… 173
实验 3.2.4 效果控件的使用 ……… 175
实验 3.2.5 马赛克视频效果的应用 178
实验 3.2.6 调色视频效果的应用 … 181
实验 3.2.7 绿幕抠像与后期合成 … 183
实验 3.2.8 视频转场效果的应用 … 187
实验 3.2.9 制作可移动字幕 ……… 189
实验 3.2.10 制作探照灯移动效果… 194
实验 3.2.11 制作文创产品展示广告 ………………… 197
实验 3.2.12 制作高空降落俯视效果 ………………… 201
实验 3.2.13 制作底部滚动字幕 … 206
实验 3.2.14 制作自下而上滚动字幕 ………………… 209
实验 3.2.15 制作短视频字幕 …… 212
实验 3.2.16 制作生态文明建设宣传视频 …………… 220
实验 3.2.17 制作一笔一画写字效果 ………………… 225
实验 3.2.18 制作望远镜跟踪效果 234
实验 3.2.19 舞蹈视频剪辑 ……… 237
实验 3.2.20 制作旅游景点视频 … 245
3.3 数字视频处理课后作业 ………… 252
课后作业 3.3.1 地图跑步路线动画制作 ……………… 252
课后作业 3.3.2 家乡风景人文视频制作 ……………… 252
课后作业 3.3.3 我的大学生活短视频制作 ……… 252
参考文献 ……………………………… 254

第 1 章　数字音频处理

1.1　数字音频处理基础知识

1.1.1　声波、声音和数字音频

1. 声波

波是物体的机械振动在弹性体里的传播。声波是声源的机械振动在空气、水等介质中的传播。在真空环境中是没有声波的。声源是能够发出声波的物体。当声源做机械振动时，会引起周围介质中质点的振荡，形成有疏密变化的机械波，也就是声波。声波的传播实质上是能量在介质中的传递。

声波是看不见、摸不着的，它可以被我们的听觉器官感知，也可以利用测量仪器记录并用波形图表示出来，如图 1–1 所示。

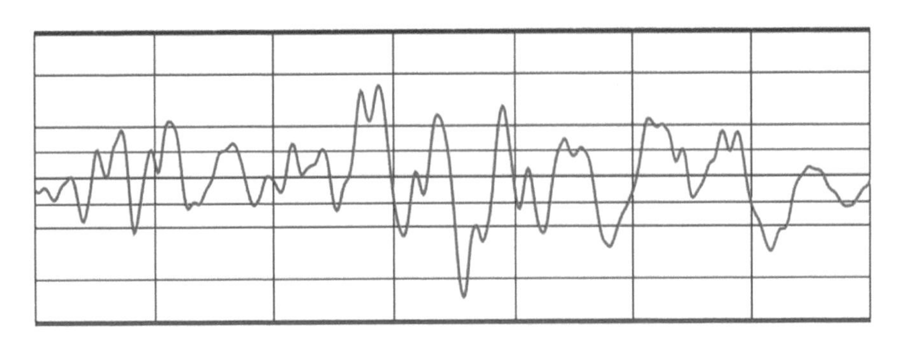

图 1–1　声波的波形图

2. 声音

声音是能被人的听觉器官感觉到的声波。当声波到达人耳时，会引起人耳中神经末梢的振动，经过听觉系统的转化，声波会变为人的主观听觉，这就是声音。

声音是一种声波，所以声音具有声波的物理属性。声音又是一种人的主观听觉，所以声音还具有心理属性。声音的物理属性包括频率、周期、振幅、波长、相位等。声音的心理属性包括音调、音强、音色等。

声音的频率是声源振动的快慢，即单位时间内声源振动的次数，单位是赫兹 (Hz)。声

音的周期是声源振动的时间间隔，是频率的倒数。如图 1–2 所示，声波的周期为 0.01 s，频率为 100 Hz。声音的振幅是声源振动幅度的大小，即振动的强弱，如图 1–2 所示。声音的波长是声波相邻波峰或相邻波谷之间的距离，与频率成反比。声音的相位是一个角度值，代表声波波形上某一个点的位置。

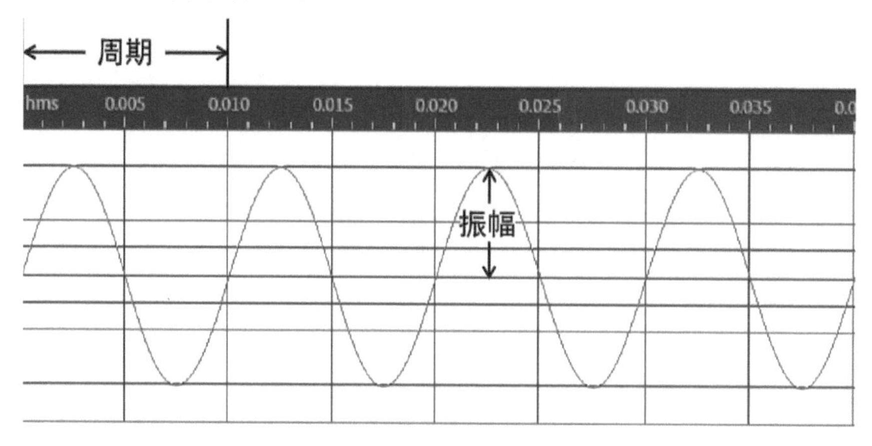

图 1–2　声音的物理属性

声音的音调是指声音的高低，由声音的频率决定，频率高对应音调高，频率低对应音调低。声音的音强是指声音的强弱，由声音的振幅决定，振幅大对应音强强，振幅小对应音强弱。声音的音色是指声音的特色和本质，也称作音质。

如果按照声音的内容对声音进行分类，声音主要分为语音、乐音、效果音、噪声。语音是人类发音器官发出的声音；乐音是在由人创作的乐谱的指引下由乐器发出的声音；效果音是自然现象或人为动作发出的具有特殊效果的声音；噪声是无用的、对有用声音造成干扰的声音。

如果按照声音的频率对声音进行分类，声音主要分为人耳可听声、超声、次声。人耳可听声的频率范围是 20 Hz ～ 20 kHz；超声的频率范围是 20 kHz 以上，能被部分动物听到，广泛应用于检验、清洗、医学检查、水下通信等领域；次声的频率范围是 20 Hz 以下，广泛应用于预测自然灾害、研究自然规律、制造武器等。

3. 数字音频

当需要对声音进行存储、处理和传播时，就需要先将声音转化为一种新的形式，如电压信号、二进制数字序列等，这种新形式的声音称为音频。按照存储形式的不同，音频分为模拟音频和数字音频。

模拟音频是连续的信号，能够反映真实的声音波形，广播、音响系统中传输的电流、电压信号属于模拟音频。模拟音频的缺点是动态范围小，信噪比低，编辑不方便，设备成本高等。

数字音频是对模拟音频进行离散化处理，然后用一系列二进制数字来表示的信号。虽然数字音频是离散的，但是由于人耳的分辨能力有限，所以数字音频可以达到与模拟音频一样的听觉效果。数字音频具有动态范围大、信噪比高、设备易于获取、编辑和传播方便等优点，已经成为音频处理领域的主流技术。

1.1.2　数字音频的获取方法

1. 购买 CD 光盘

CD 光盘的体积小，携带方便，音质好，可以在 CD 播放器和电脑上进行播放，是最常见的声音存储载体。在线上线下的音像店可以购买到各种类别的 CD 光盘，从而得到丰富多样的数字音频素材。

2. 互联网下载

当今，互联网发展迅猛，每天有海量的数字音频在互联网上被上传、发表、试听和下载。在互联网上搜索和下载音频素材是一种常用的数字音频获取方法。可以在搜索引擎、专业音频网站或音乐播放软件里寻找免费或付费的音频素材，并利用下载工具下载。

3. 现场声音录制

如果想获得逼真的语音、乐音和效果音，利用录音设备进行现场声音录制是一种很好的方法。现场声音录制要求有信噪比高、性能良好的专用录音设备，如录音仪、录音笔、录放机、电脑、手机等。进行专业录音时要注意选择合适的输入信号强度、话筒类型、采样频率和声道形式等。

4. 用音频软件生成

使用音频处理软件可以生成一些数字音频，也可以实现录音。例如，在 Adobe Audition 软件中可以利用“生成”功能生成噪声和语音，在完成正确的计算机声音设置和软件音频硬件设置后，使用录音按钮可以录制话筒声音或计算机内部声音。

1.1.3　模拟音频的数字化过程

如果需要用计算机来存储和处理音频信号，必须将模拟音频转换成数字音频(即用有限个二进制数字来表示的离散序列)，这就是模拟音频的数字化过程。模拟音频的数字化过程包括采样、量化、编码三个步骤，如图 1-3 所示。

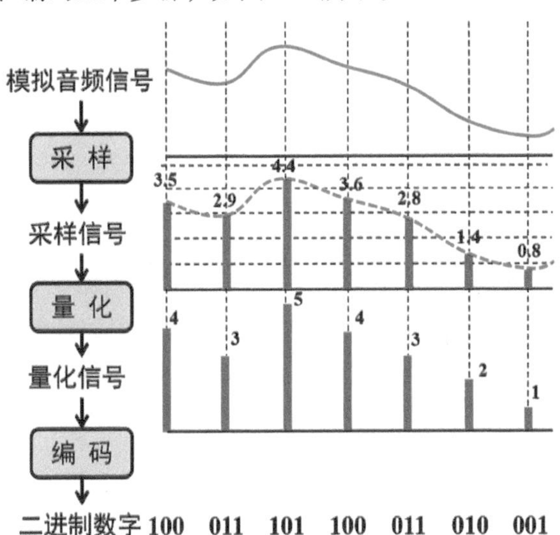

图 1-3　模拟音频的数字化过程

1. 采样

采样是以一定的频率抽取模拟音频信号的幅度值，得到模拟采样值(即采样信号)，是一个将时间连续的信号变换为时间离散的信号的过程，如图 1-3 所示。

采样过程的关键问题是：采样信号能否完全代表原始模拟信号？能不能只凭借采样信号重建出原始模拟信号？采样频率需要达到多高才能完成重建？是否存在一个最小的采样频率？著名的奈奎斯特 (Nyquist) 采样定理回答了这些问题。奈奎斯特采样定理指出：只要采样频率高于模拟音频信号最高频率的两倍，就能用采样信号重构原始模拟音频信号。

采样定理可以解释一种生活中常见的车轮效应现象，即在摄像机镜头中，车轮有时反着转，有时甚至静止不动，这是由于采样频率不满足采样定理要求，发生了欠采样现象。俗话说：耳听为虚，眼见为实。而车轮效应让我们认识到，眼见未必为实，不能只看表象，要透过现象看本质。

2. 量化

量化是将模拟采样值进行离散化处理，即将采样信号的幅度范围分成若干有限的区间，把落入同一个区间的模拟采样值都用同一个幅度值(量化值)来表示。量化是一个将幅度连续的信号变换为幅度离散的信号的过程，如图 1-3 所示。

量化过程的关键问题是：如何使量化误差(采样值和量化值的差)更小？分层电平、量化电平、量化间隔该如何设定？这些设定会对量化误差造成什么影响？是否需要根据模拟音频信号自身的特点确定量化方式？对均匀量化、非均匀量化这两种量化方式的研究可以回答这些问题。与均匀量化相比，非均匀量化能够提高小信噪比，扩大输入信号的动态范围，更适合对语音信号进行量化处理。

3. 编码

编码是将采样和量化后幅度离散、时间离散的信号转换为二进制数字序列的过程，如图 1-3 所示。

编码过程的关键问题是：选择什么码型(自然二进制码、折叠二进制码、格雷二进制码等)？二进制数字的位数是多少？声音是双极性信号，一般采用折叠二进制码。二进制数字的位数取决于量化电平数，会影响数字音频的质量和所占用的存储空间。最基本、最常用的编码方法是脉冲编码调制 (Pulse Code Modulation，PCM)。

1.1.4　数字音频的技术参数

1. 采样频率

在对模拟音频信号进行采样的过程中，采样周期是指相邻采样点之间的时间间隔。采样频率是采样周期的倒数，是指单位时间内的采样次数，单位是赫兹 (Hz)。

采样频率影响数字音频的质量和所占用的存储空间。采样频率越高，单位时间内的采样点数就越多，音质越好，占用的存储空间也越大；采样频率越低，音质越差，占用的存储空间越小。采样频率的选择要遵循奈奎斯特采样定理的规定。

常用的标准数字音频的采样频率有：AM 调幅广播 11 025 Hz、FM 调频广播 22 050 Hz、标准广播 32 000 Hz、CD 音频 44 100 Hz、标准 DVD 48 000 Hz、高端 DVD 96 000 Hz。

2. 量化位数

量化位数是指每个模拟采样值经过量化、编码以后得到的二进制数字的位数，它会影响数字音频的质量和所占用的存储空间。量化位数越高，音质越细腻，占用的存储空间越大；量化位数越低，音质越差，占用的存储空间越小。

常用的标准数字音频的量化位数为：对音质要求低的场合为 8 位 (共有 2^8 个量化级别)，最常用的是 16 位 (共有 2^{16} 个量化级别)，高质量数字音频为 24 ～ 32 位 (共有 2^{24} ～ 2^{32} 个量化级别)。

3. 声道数

声道数即声音通道数量，是指一次采样所产生的声波数据的个数，它不仅会影响数字音频的质量和所占用的存储空间，还决定音频是否有声音定位效果和空间感。声道数越多，音质和音色越好，定位效果和空间感越好，占用的存储空间越大。

常用的标准数字音频的声道数有单声道、双声道、多声道。单声道每次只能生成一个声波数据，是比较原始的声音复制形式。双声道每次能生成两个声波数据，分别配置到两个独立的声道中进行输出，能达到很好的声音定位效果。声场具有空间感，多声道一次生成的声波数据更多，声音来自听者的各个方位，能够产生围绕感、扩展感和临场感，目前常用的有 5.1、7.1 和 9.1 环绕立体声等。图 1–4 所示是 5.1 环绕立体声系统，它包含 5 个扬声器和 1 个低音炮。

图 1–4　5.1 环绕立体声系统

4. 编码算法

编码过程一方面采用一定的格式来记录数字音频数据，另一方面采用压缩编码算法对数字音频数据进行压缩，以减少数据量和占用的存储空间，便于编辑、处理和在网络上传播。数字音频被压缩以后，会丢失一些信息，可能对音频的听觉效果造成影响。压缩比是数字音频压缩前、压缩后的数据量的比值，是用来衡量信息丢失多少的指标。压缩比越高，丢失的信息越多，信号还原后失真越大。压缩编码的任务是在保证较好的听觉效果的前提下，最大限度地提高压缩比，减少数据量。

压缩编码算法包括无损压缩和有损压缩两类。无损压缩只去除音频信号中的冗余部分，而不会损失信号，解压后音频数据能够完全复原，不丢失信息，音质好，但是压缩比低，占用的存储空间大。有损压缩去除音频中人耳听不见或者无法明显感知到的信号成分，会对信号造成一定的破坏，解压后音频数据不能完全复原，会丢失一部分信息，音质比无损压缩略差，但也在人耳可接受的范围内，且压缩比高，占用的存储空间小。

5. 数据率

数据率是指音频信息在计算机中实时传输的速率，即单位时间内的数据量，单位是千比特每秒 (kb/s)。未经压缩的数字音频的数据率等于采样频率、量化位数、声道数三者的乘积。数字音频文件的总数据量等于数据率与持续时间的乘积。例如，一个 WAV 格式的音频文件，采样率是 44 100 Hz，量化位数是 16 位 (即 16 比特 (bit))，声道数是双声道 (即 2 个)，持续时间是 2 分 51 秒 (即 171 秒)，则它的数据率是 44 100 Hz × 16 bit × 2 = 1411.2 kb/s，总数据量是 1411.2 kb/s × 171 s = 241 315 200 bit = 30 164 400 Byte ≈ 28.77 MB。

1.1.5 数字音频的文件格式

格式是数码信息的组织方式。数码信息的组织方式不同，就会形成不同格式的文件。以下介绍常用的标准数字音频文件格式。

1. WAV 格式

WAV 是 Windows 系统提供的一种存储数字音频的标准格式，由于 Microsoft 公司的影响力，这种格式已经成为一种通用的数字音频格式，绝大部分音频处理软件和音频播放器都支持这种格式。由于 WAV 格式文件存储的是未经压缩处理的数字音频数据，所以音质非常好，但是总数据量很大，占用的存储空间很大。

2. MP3 格式

MP3 是一种最流行的、应用最广泛的数字音频格式，这种格式的文件可以被存储在各种介质中，支持这种格式的音频播放软件非常多。MP3 格式采用有损压缩编码方式，压缩程度很高，能达到 10∶1 ～ 12∶1 的压缩比，故文件的总数据量少，占用的存储空间小。虽然具有高压缩比，但这种格式的文件在听觉效果方面并没有明显下降。

3. OGG 格式

OGG(全称 OGGVobis) 格式与 MP3 格式类似，也是一种有损压缩音频格式，但有一点不同的是，它是完全免费、开放和没有专利限制的。这种文件格式的设计非常先进，支持多声道，可以不断地进行大小和音质的改良，并可以在未来任何播放器上播放。

4. RA/RM/RMX 格式

RA/RM/RMX 格式是 RealNetworks 公司开发的、适用于音频的实时网上传送和播放的数字音频格式，它的压缩比高，可以根据网络带宽的不同情况改变音频的质量，在带宽很低的条件下也能实现在线聆听，带宽较大时音质则更好。这种文件可使用 RealPlayer 播放器边下载边收听。

5. WMA 格式

WMA(Windows Media Audio) 格式是 Microsoft 公司开发的一种与 MP3 格式齐名的新型

流媒体数字音频格式，能同时兼顾音质和网络传输的需求，在压缩比和音质方面都超过了 MP3 和 RA，压缩比可高达 18∶1，生成的文件大小只有相应 MP3 文件的一半，即使在较低的采样频率下也能产生较好的音质。目前，绝大多数在线音频试听网站都使用 WMA 格式，绝大多数随身播放器都支持 WMA 格式音乐的播放。

6. MIDI 格式

MIDI(Musical Instrument Digital Interface) 是数字乐器接口的国际标准。MIDI 格式是编曲界使用最广泛的音乐标准格式，绝大多数现代音乐都是用 MIDI 加上音色库来制作合成的。MIDI 格式文件中记录的不是音频波形数据，而是音符、音量、通道号、控制参数等指令，所以 MIDI 格式文件的数据量很小，一首完整的 MIDI 音乐只有几十 KB，但能包含数十条音乐轨道。

1.2　数字音频处理实验

实验 1.2.1　音频格式转换

1. 实验目的

熟悉 Adobe Audition 2023 软件的工作界面，掌握打开音频文件、缩放波形、播放音频、删除静音、选择波形、转换音频格式的方法，了解 WAV 和 MP3 两种音频格式的区别。

2. 实验原理

(1) 单击菜单栏“文件”→“打开”可打开音频文件。

(2) 工具栏左侧的“波形”按钮处于激活状态说明软件处于单轨波形编辑界面。

(3) 利用“缩放”面板、鼠标滚轮、编辑器棒条可实现波形缩放。

(4) 使用“传输”面板可播放、暂停或停止播放音频。

(5) 使用“诊断”功能可删除音频文件中的静音区域。

(6) 利用鼠标拖曳、“选区 / 视图”面板可选择部分音频波形。

(7) 单击菜单栏“文件”→“另存为”可将音频文件保存为其他格式。

3. 实验内容

(1) 启动软件，熟悉工作界面，打开音频文件。

启动 Adobe Audition 2023 软件，熟悉工作界面的各部分。

单击菜单栏“文件”→“打开”，找到“音频素材”文件夹中的“实验 1”文件夹，打开“一首歌曲 .wav”音频文件，注意文件格式是 WAV。如图 1–5 所示，音频文件会出现在软件界面左侧的文件区域，音频文件的波形会出现在界面右侧的编辑器区域。当前，工具栏左侧的“波形”按钮 波形 处于激活状态，说明软件处于单轨波形编辑界面。

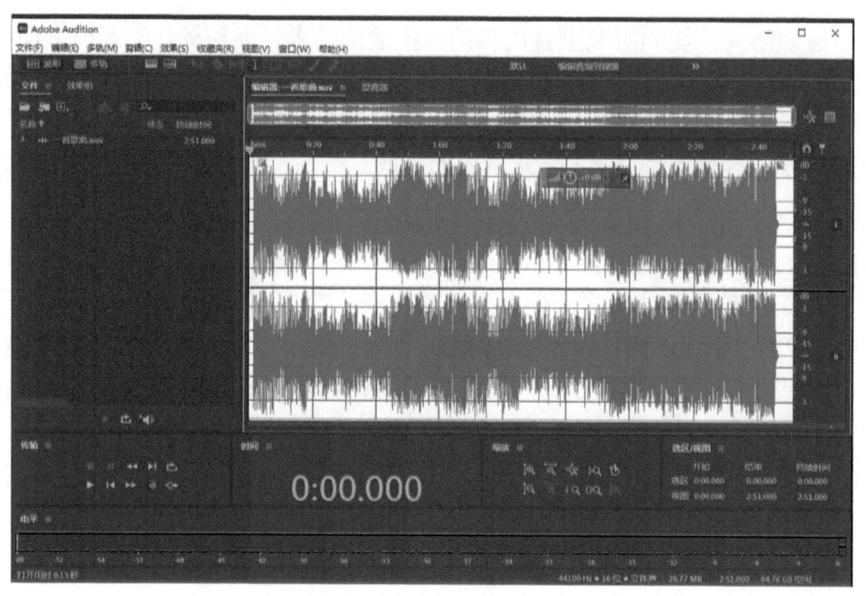

图 1-5　打开音频文件

在软件界面中可以观察这个音频文件的属性参数。在软件界面右下方的“选区 / 视图”面板上可以看到音频文件的时间长度是 2 分 51 秒，在软件界面底部右侧的状态栏可以看到采样频率是 44 100 Hz，量化位数是 16 位，声道情况是立体声，文件大小是 28.77 MB。

(2) 缩放波形。

如果需要放大或缩小音频波形，则既可以在“缩放”面板上单击放大幅度按钮、缩小幅度按钮、放大时间按钮、缩小时间按钮，也可以将鼠标指针置于编辑器中需要被放大或缩小的波形区域，分别通过鼠标滚轮的上滚、下滚完成波形的放大、缩小，如图 1-6 所示。通过编辑器上方的棒条可以看出当前编辑器区域显示的波形在整个音频文件中的位置，还可以拖动这个棒条以显示音频文件不同位置的波形。

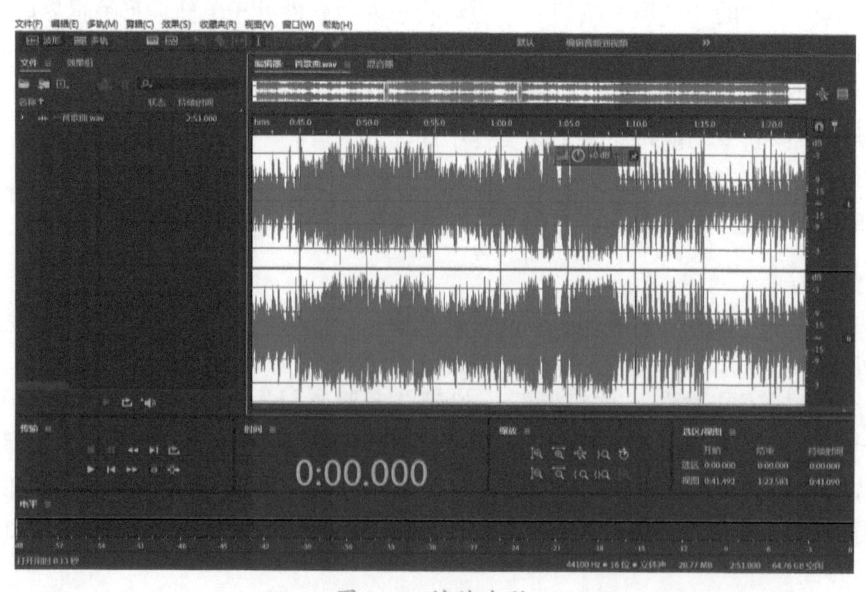

图 1-6　缩放波形

(3) 播放音频，删除静音。

单击“传输”面板上的“播放”按钮▶，试听音频文件，单击“暂停”按钮⏸或“停止”按钮■可以暂停或停止播放。

在编辑器区域可以观察到音频文件的开头、结尾处各有一段静音区。单击菜单栏“效果”→“诊断”→“删除静音(处理)”，出现“诊断”窗口，如图 1–7 所示。在“预设”下拉列表中选择“修剪长时间静音暂停”，单击“扫描”按钮，处理完成后再单击“全部缩短”按钮，可发现两段静音区被删除了，关闭“诊断”窗口。

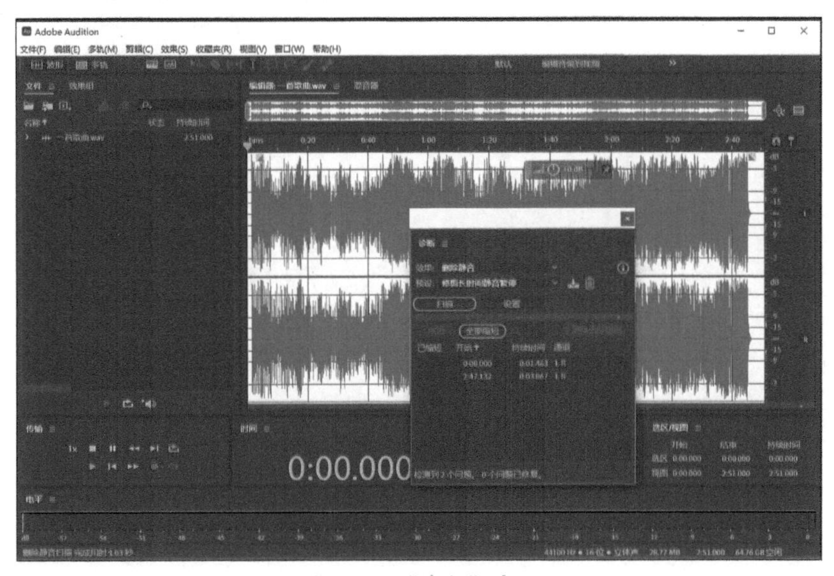

图 1–7　“诊断”窗口

(4) 选择波形。

单击工具栏中的“时间选择工具”按钮I，在编辑器中音频波形某处单击鼠标不松开，向左或向右拖动鼠标选择一段波形后松开鼠标，如图 1–8 所示。此时，当把鼠标指针置于

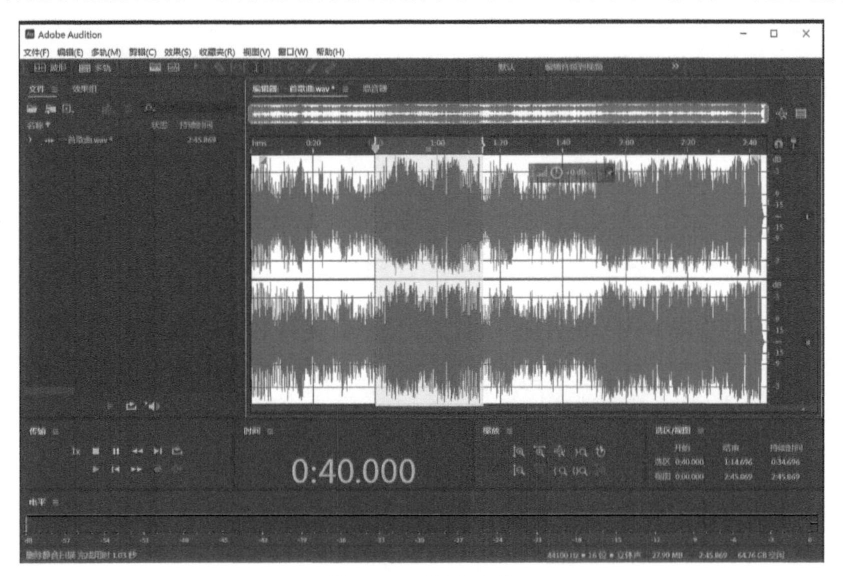

图 1–8　选择波形

选定区域的边缘时，鼠标指针会变成一个左右两端箭头，拖动这个箭头可以改变波形选区的范围。另外，还可以在“选区 / 视图”面板上选区的“开始”“结束”“持续时间”输入框中输入精确的时间以确定选区范围。在编辑器中音频波形处双击鼠标可以选择整个音频波形。

(5) 转换音频格式。

单击菜单栏“文件”→“另存为”，弹出如图 1-9 所示的“另存为”对话框。在“格式”下拉列表中选择“MP3 音频 (*.mp3)”，文件名设为“mp3 格式的一首歌曲”，单击“确定”按钮，在弹出的“警告”对话框中单击“是”按钮，保存为 MP3 格式的音频文件。

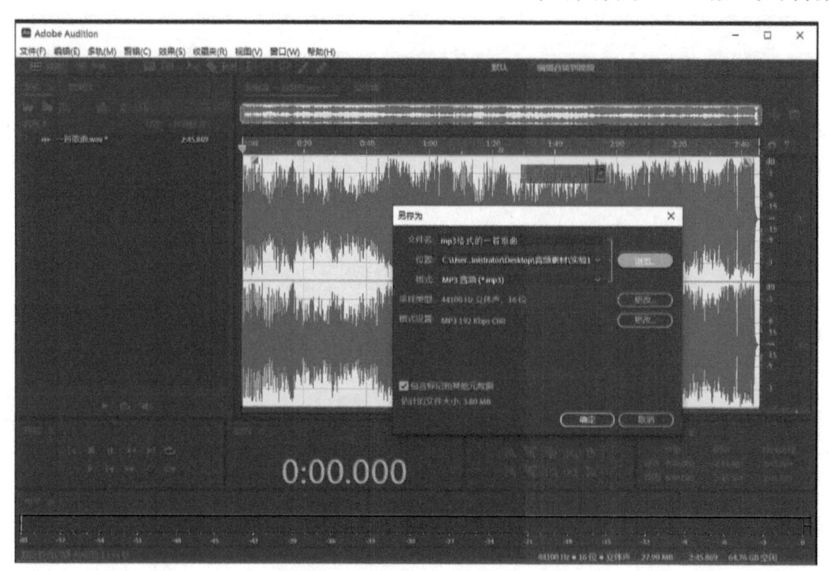

图 1-9 “另存为”对话框

保存结束后，在文件保存位置观察音频文件“mp3 格式的一首歌曲 .mp3”的文件大小为 3.80 MB，而原来的音频文件“一首歌曲 .wav”的文件大小为 28.7 MB，可见有损的 MP3 格式音频文件要比无损的 WAV 格式音频文件小得多。

4. 实验结果

经过实验操作，原音频文件中的静音区被删除，原 WAV 格式的音频文件被转换为 MP3 格式的音频文件，文件大小从 28.7 MB 被压缩到 3.80 MB。

实验 1.2.2 制作歌曲串烧

1. 实验目的

能够区分音频文件的“打开”和“附加打开”，能够区分“删除”和“裁剪”两个命令，掌握附加打开音频文件、裁剪音频、删除音频、制作淡入和淡出效果的方法。

2. 实验原理

(1) 单击菜单栏“文件”→“打开”可打开音频文件。

(2) 单击菜单栏“文件”→“打开并附加”→“到当前文件”可将打开文件与当前文件相连接。

(3) 单击菜单栏“编辑”→“删除”可将所选波形删除。

(4) 单击菜单栏“编辑”→“裁剪”可将所选波形以外的波形删除。

(5) 单击菜单栏“效果”→“振幅与压限”→“淡化包络(处理)”可为音频制作淡入和淡出效果。

3. 实验内容

(1) 打开、裁剪第一段素材并加淡入淡出效果。

启动 Adobe Audition 2023 软件，单击菜单栏“文件”→“打开”，找到“音频素材”文件夹中的“实验 2”文件夹，打开“歌曲 1.mp3”音频文件。试听歌曲 1，选取歌曲中的一个片段并选中这部分波形。单击菜单栏“编辑”→“裁剪”，将所选片段以外的波形删除，如图 1–10 所示。

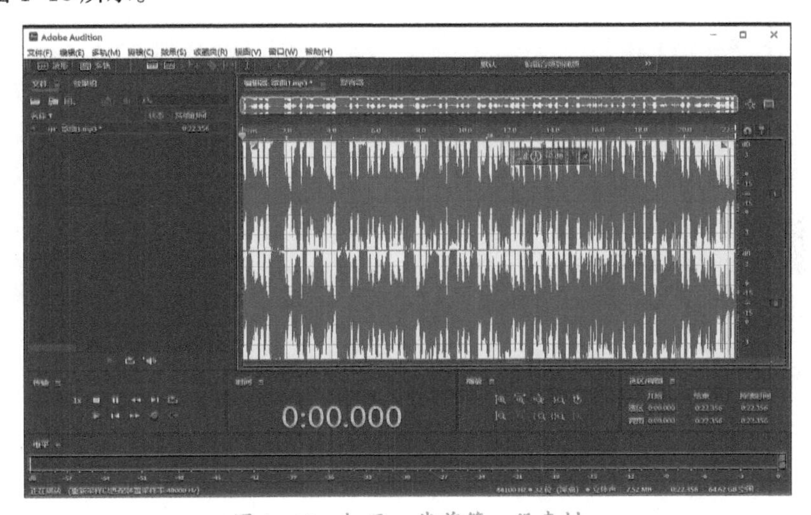

图 1–10　打开、裁剪第一段素材

选取歌曲片段开始处约 4 s 长的波形，单击菜单栏“效果”→“振幅与压限”→“淡化包络(处理)”，在弹出的对话框中的“预设”下拉列表中选择“平滑淡入”，单击“应用”按钮，如图 1–11 所示。

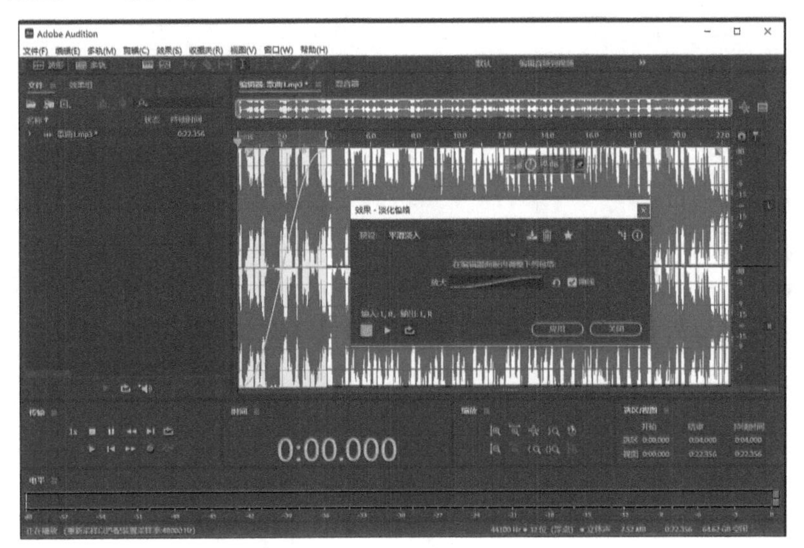

图 1–11　制作淡入效果

选取歌曲片段结束处约 4 s 长的波形，单击菜单栏“效果”→“振幅与压限”→“淡化包络(处理)”，在弹出对话框中的“预设”下拉列表中选择“平滑淡出”，单击“应用”按钮。

(2) 追加打开、删减第二段素材并加淡入淡出效果。

单击菜单栏“文件”→“打开并附加”→“到当前文件”，打开“实验 2”文件夹中的“歌曲 2.mp3”音频文件。试听歌曲 2，选取歌曲中的一个片段。分别选中所选片段前后的波形，单击菜单栏“编辑”→“删除”，将所选片段以外的波形删除，如图 1–12 所示。

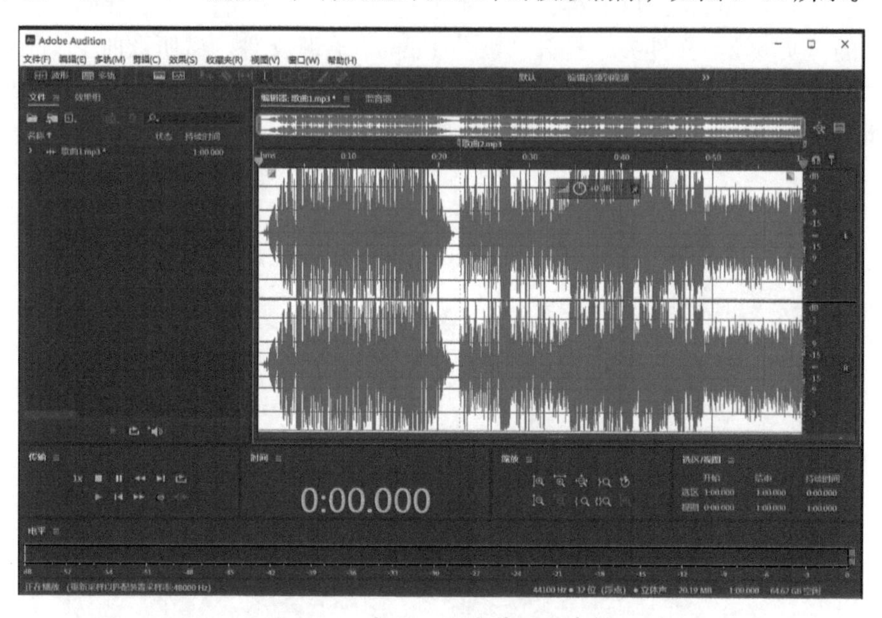

图 1–12　打开、删减第二段素材

选取第二段歌曲片段开始处约 4 s 长的波形，做平滑淡入，再选取结束处约 4 s 长的波形，做平滑淡出，如图 1–13 所示。

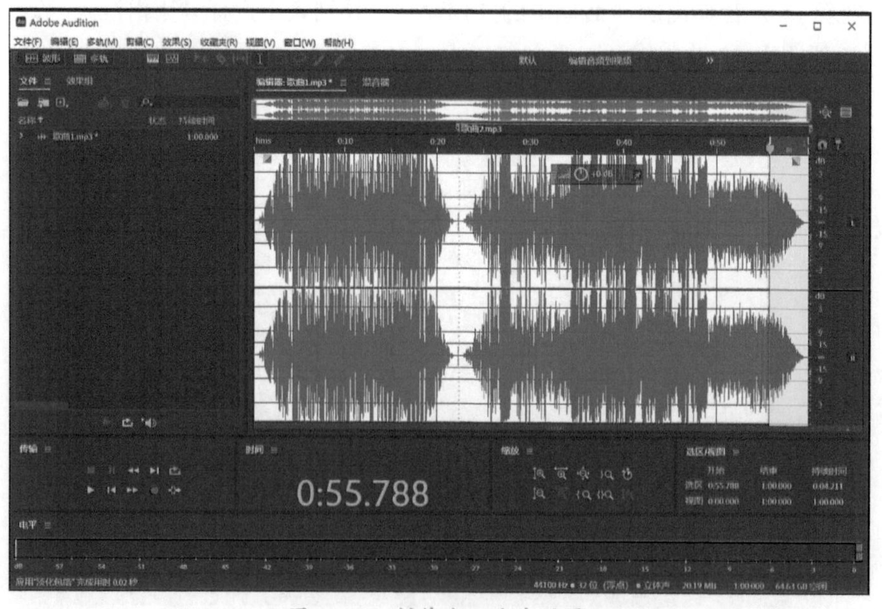

图 1–13　制作淡入淡出效果

(3) 追加打开、删减第三段素材并加淡入淡出效果。

单击菜单栏“文件”→“打开并附加”→“到当前文件”，打开“实验 2”文件夹中的“歌曲 3.mp3”音频文件。试听歌曲 3，选取歌曲中的一个片段。分别选中所选片段前后的波形，单击菜单栏“编辑”→“删除”，将所选片段以外的波形删除，如图 1–14 所示。

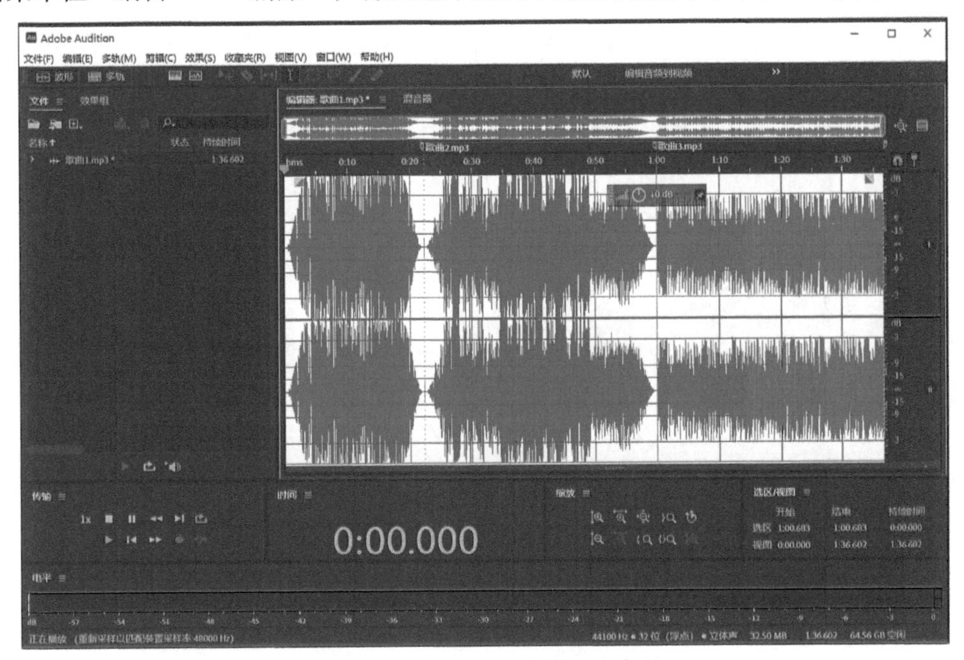

图 1–14　打开、删减第三段素材

选取第三段歌曲片段开始处约 4 s 长的波形，做平滑淡入，再选取结束处约 4 s 长的波形，做平滑淡出，如图 1–15 所示。

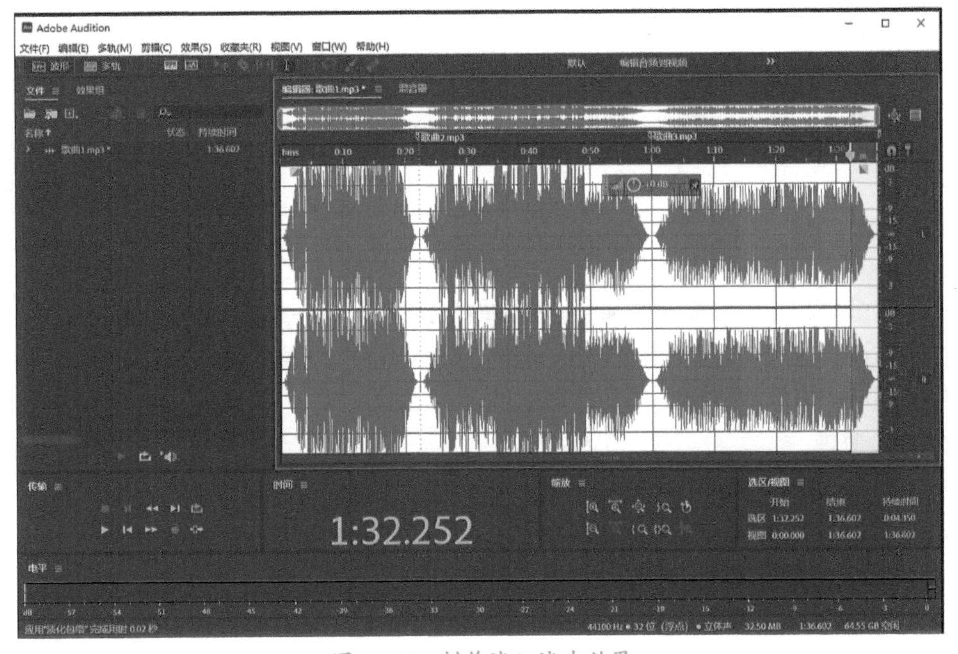

图 1–15　制作淡入淡出效果

(4) 删除脉冲尖峰并保存文件。

检查三段歌曲片段的连接处是否有脉冲尖峰，如果有则选中脉冲尖峰，单击菜单栏“编辑”→“删除”，将其删除，如图 1-16 所示。

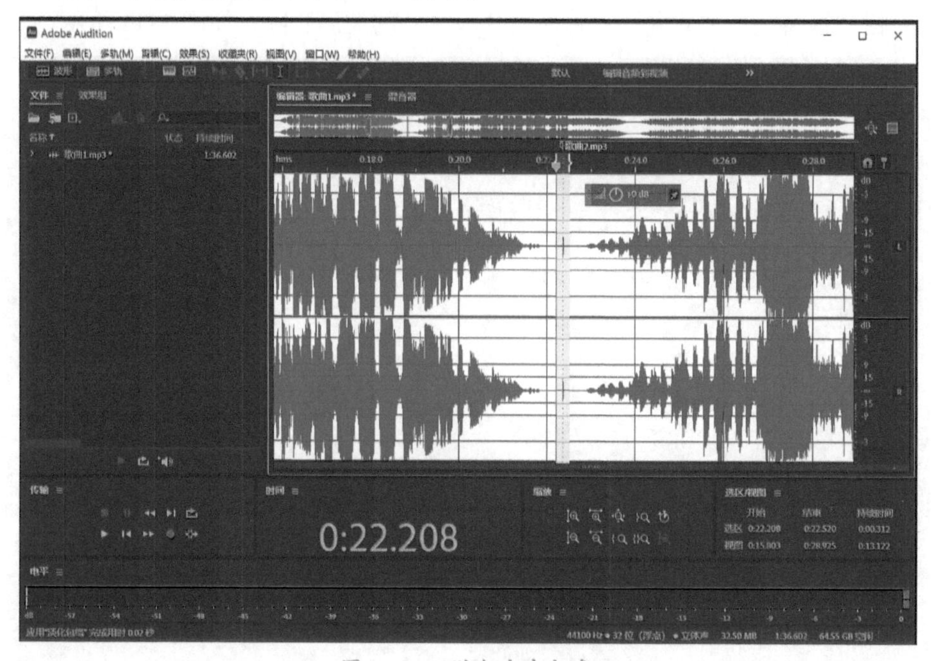

图 1-16　删除脉冲尖峰

单击菜单栏“文件”→“另存为”，在“格式”下拉列表中选择“MP3 音频 (*.mp3)”，文件名设为“制作歌曲串烧”，单击“确定”按钮，在弹出的“警告”对话框中单击“是”按钮，保存为 MP3 格式的音频文件。

4. 实验结果

经过实验操作，原三个音频文件各自被选取出一段歌曲片段，三段歌曲片段被分别加上淡入淡出效果并连接在一起，共同组成一段音乐串烧。

实验 1.2.3　多轨模式下的歌曲拼接

1. 实验目的

能够区分“单轨编辑模式”和“多轨编辑模式”并进行切换，掌握截取音频片段、建立多轨会话、音量包络编辑、制作交叉衰减、混缩音频、调整音量大小、制作淡入淡出、制作混响和回声效果的方法。

2. 实验原理

(1) 单击菜单栏“编辑”→“复制到新文件”可让被选中片段生成一个新音频。

(2) 工具栏左侧的“多轨”按钮处于激活状态说明软件处于多轨编辑界面。

(3) 在多轨编辑中使用音量包络线可调整音频音量，使音频不同时刻音量不同。

(4) 单击菜单栏“效果”→“振幅与压限”→“增幅”可调整整个音频的音量。

(5) 点住音频左上角的“淡入”按钮并向右下方向拖动，可制作淡入效果；点住音频右上角的“淡出”按钮并向左下方向拖动，可制作淡出效果。

(6) 单击菜单栏“效果”→“混响”→“混响”可制作混响效果；单击菜单栏“效果”→“延迟与回声”→“回声”可制作回声效果。

(7) 单击菜单栏“多轨”→“将会话混音为新文件”→“整个会话”，可生成多轨混音文件。

3. 实验内容

(1) 打开文件并截取片段。

启动 Adobe Audition 2023 软件，单击菜单栏“文件”→“打开”，找到“音频素材”文件夹中的“实验 3”文件夹，打开“歌曲 1.mp3”音频文件。试听歌曲 1，选取歌曲中的一个片段并选中这部分波形。单击菜单栏“编辑”→“复制到新文件”，被选中的歌曲片段会单独生成一个新的文件“未命名 1*”，如图 1–17 所示。

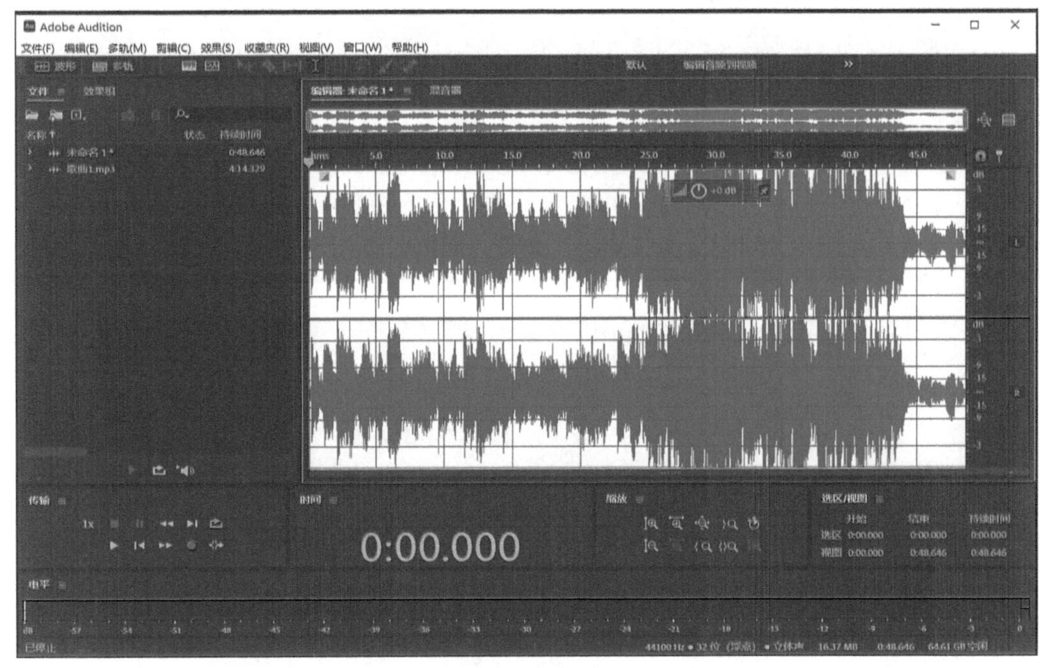

图 1–17　被选中片段生成一个新音频

单击菜单栏“文件”→“打开”，找到“音频素材”文件夹中的“实验 3”文件夹，打开“歌曲 2.mp3”音频文件。试听歌曲 2，选取歌曲中的一个片段并选中这部分波形。单击菜单栏“编辑”→“复制到新文件”，被选中的歌曲片段会单独生成一个新的文件“未命名 2*”。

(2) 建立多轨会话，认识包络编辑。

在文件区域双击文件“未命名 1*”，单击菜单栏“编辑”→“插入”→“到多轨会话中”→“新建多轨会话”，在弹出的对话框中单击“确定”按钮，则发现刚刚在单轨波形编辑界面中编辑完成的音频文件“未命名 1*”已经被插入到多轨编辑界面的轨道 1 上，如图 1–18 所示。当前，工具栏左侧的“多轨”按钮 多轨 处于激活状态，说明软件处于多轨编辑界面。

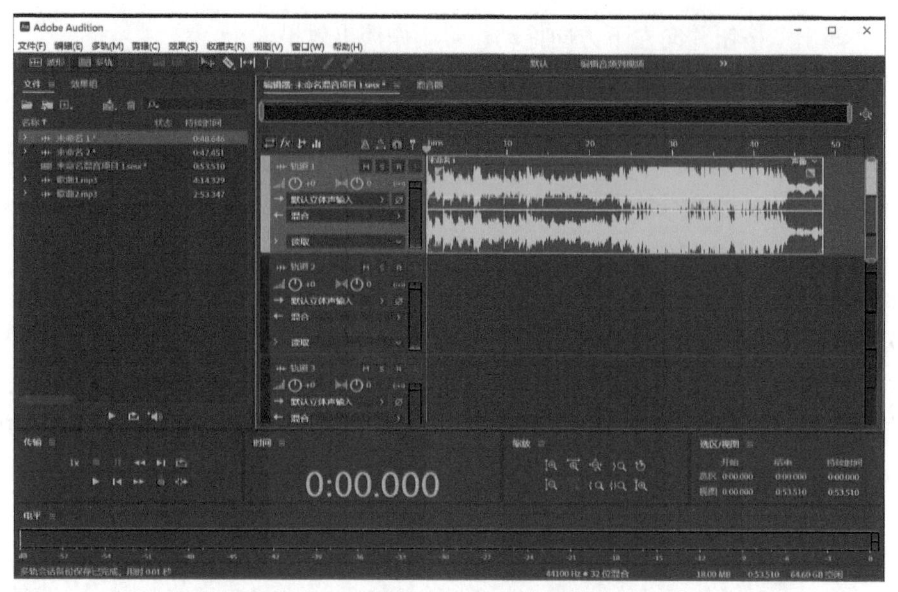

图 1-18　新建多轨会话并插入音频文件

观察轨道 1 上的音频波形，发现波形上面有一条平直的淡黄色直线，这条线是音量包络线。单击音量包络线的某些位置，可添加一些黄色的控制点 (关键帧)，上下拖动控制点可以调整音量，使得音频在不同时刻的音量是不同的，如图 1-19 所示。

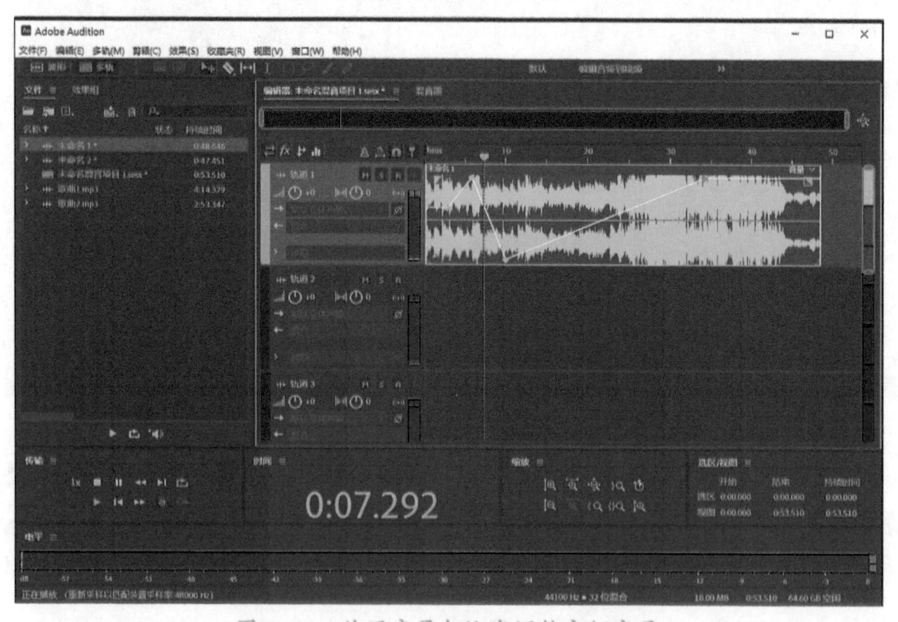

图 1-19　使用音量包络线调整音频音量

在音量包络线上单击鼠标右键，单击“选择所有关键帧”，再在包络线上单击鼠标右键，单击“删除所选关键帧”，可以删除音量包络线上的全部控制点。

(3) 制作交叉衰减并混缩音频。

用鼠标点住文件区域的“未命名 2*”，拖曳到轨道 2 中，使两个轨道上的音频首尾重叠约 8 秒，如图 1-20 所示，可使用移动工具调整文件位置。

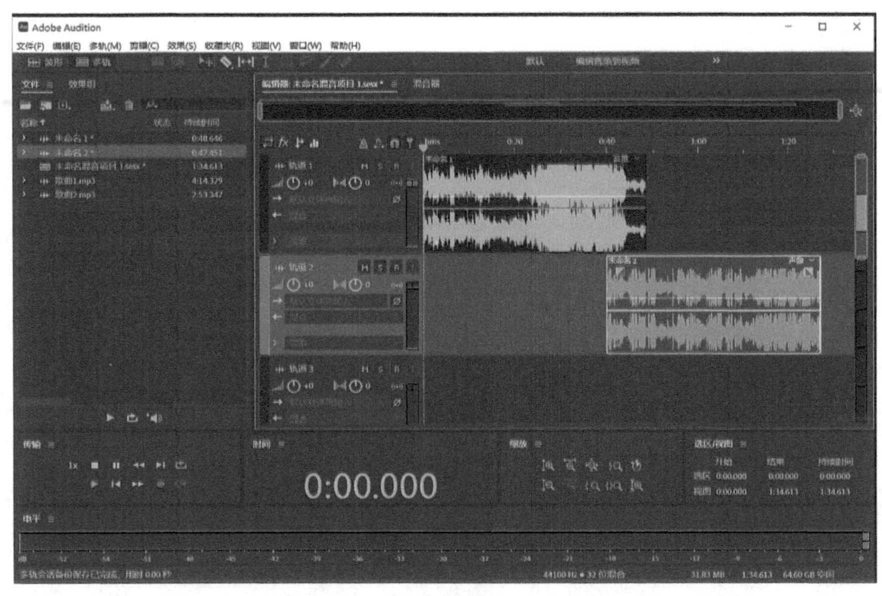

图 1-20　两轨道音频首尾重叠

单击轨道 1 上的音频，点住音频右上角的“淡出”按钮并向左下方向拖动，制作淡出效果；单击轨道 2 上的音频，点住音频左上角的“淡入”按钮并向右下方向拖动，制作淡入效果，如图 1-21 所示。试听两段歌曲交叉衰减的效果。

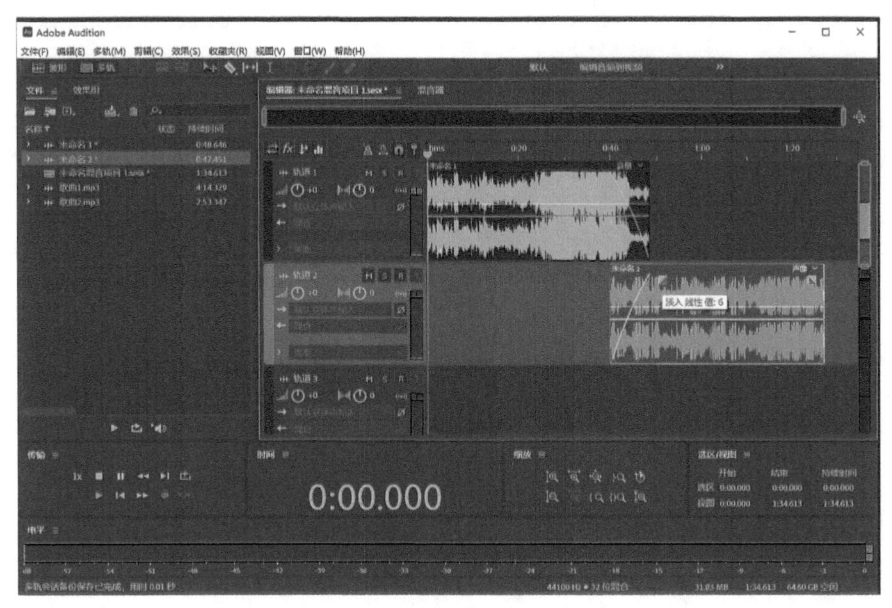

图 1-21　制作交叉衰减

单击菜单栏“多轨”→“将会话混音为新文件”→“整个会话”，则生成了一个“未命名混音项目连音 1*”文件，在文件区域双击此文件，切换到单轨波形编辑界面，试听效果。

(4) 调整音量并加淡入淡出。

单击菜单栏“效果”→“振幅与压限”→“增幅”，在增幅对话框中设置增益为 3 dB，勾选“链接滑块”复选框，单击“应用”按钮，如图 1-22 所示。

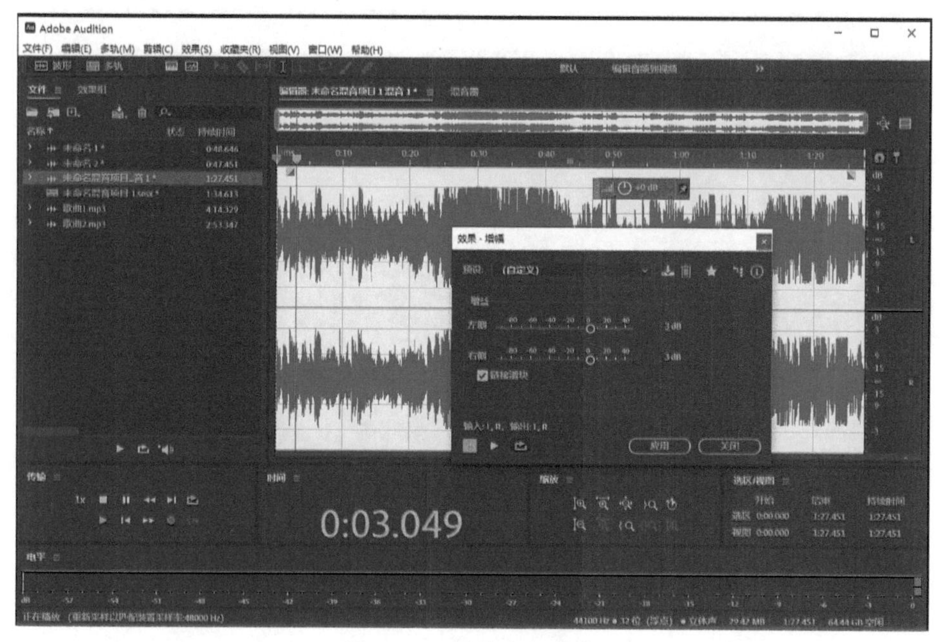

图 1-22　调整音频音量

选取音频文件开始处约 8 s 长的波形，做平滑淡入，再选取结束处约 8 s 长的波形，做平滑淡出，如图 1-23 所示。

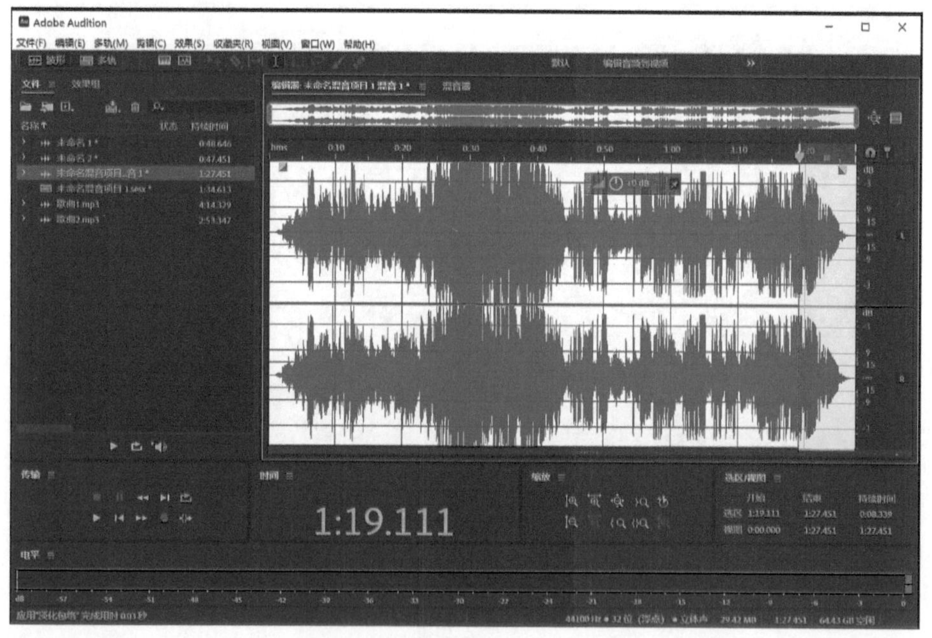

图 1-23　制作音频的淡入淡出

(5) 制作混响、回声并保存文件。

在编辑器的波形处双击选择整个音频文件，单击菜单栏“效果”→“混响”→“混响”，在“效果 - 混响”对话框中设置参数 (可按需调整参数)，如图 1-24 所示，单击“应用”按钮。

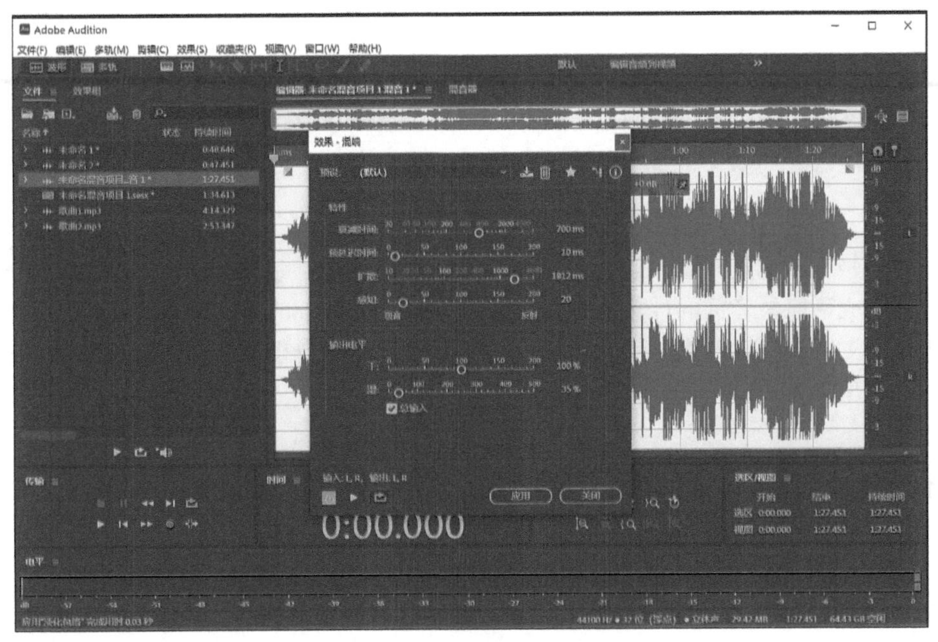

图 1-24　制作混响效果

在编辑器的波形处双击选择整个音频文件，单击菜单栏“效果”→“延迟与回声”→“回声”，在“效果 – 回声”对话框中设置参数 (可按需调整参数)，如图 1–25 所示，单击“应用”按钮。

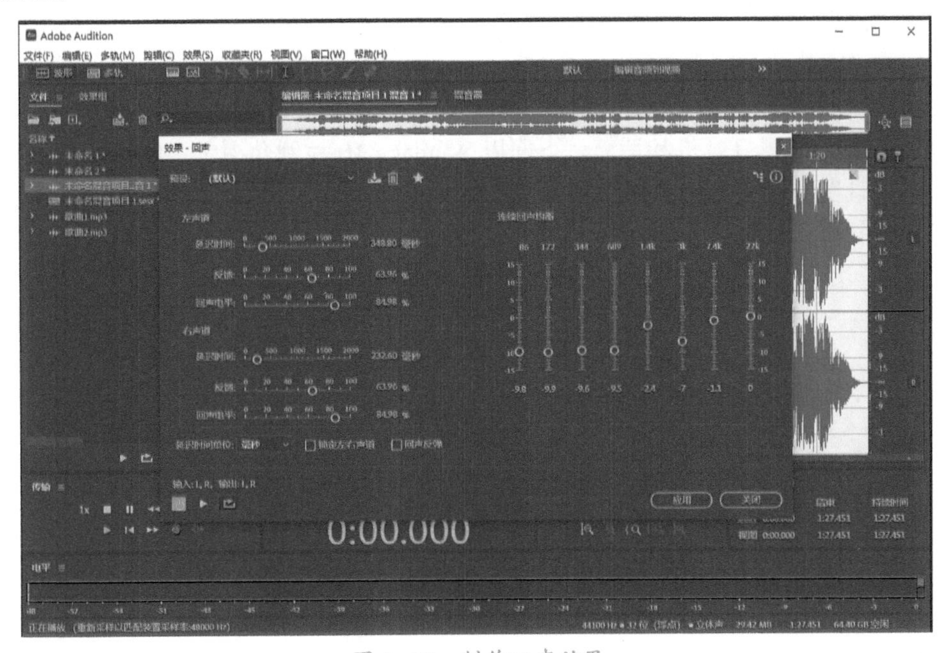

图 1-25　制作回声效果

单击菜单栏“文件”→“另存为”，在“格式”下拉列表中选择“MP3 音频 (*.mp3)”，文件名设为“多轨模式下的歌曲拼接”，单击“确定”按钮，在弹出的警告对话框中单击“是”按钮，保存为 MP3 格式的音频文件。

4. 实验结果

经过实验操作，原两个音频文件被各自选取出一段歌曲片段，两段歌曲片段以交叉衰减的方式连接在一起，整体被加上了淡入、淡出、混响和回声效果。

实验 1.2.4　话筒录音

1. 实验目的

能够完成话筒录音前的计算机声音设置和 Adobe Audition 2023 软件音频硬件设置，掌握新建音频文件、新建多轨会话的方法，能够实现无背景音乐、有背景音乐两种不同情况下的话筒录音。

2. 实验原理

(1) 当计算机的声音录制和 Adobe Audition 2023 软件的音频硬件输入都选择“麦克风阵列”时，可录制话筒的声音。

(2) 单击菜单栏“文件”→“新建”→“音频文件”，可新建一个音频文件。

(3) 单击菜单栏“文件”→“新建”→“多轨会话”，可新建一个多轨会话文件。

(4) 单击“传输”面板上的录音按钮开始或结束录音，单击暂停按钮暂停录音。

(5) 无背景音乐录音可采用单轨波形编辑实现。

(6) 有背景音乐录音应采用多轨波形编辑实现，录音前应按下录音轨道上的 R 按钮。

(7) 多轨编辑结束后，单击菜单栏“文件”→“导出”→“多轨混音”→“整个会话”，可以保存多轨混音文件。

3. 实验内容

(1) 计算机声音设置和 Adobe Audition 2023 软件音频硬件设置。

首先安装、佩戴好耳机和话筒，下面以 Windows 10 为例介绍录音前计算机的声音设置操作。在计算机任务栏的音量图标上单击鼠标右键，如图 1-26 所示，单击“声音”，打开“声音”对话框。

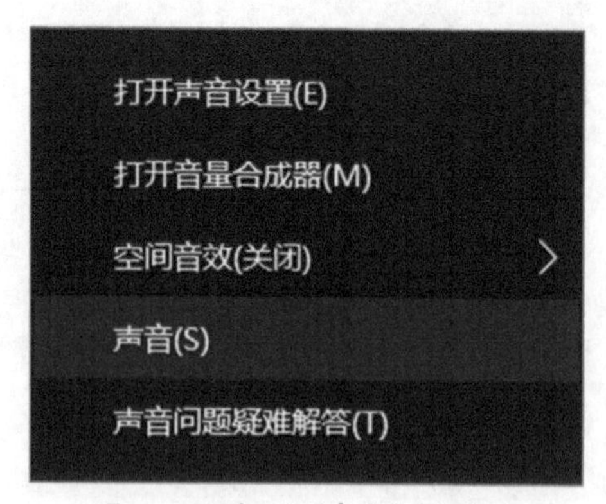

图 1-26　打开“声音”对话框

单击“录制”选项，在“麦克风阵列”上单击鼠标右键，选择“设置为默认设备”，使得“麦克风阵列”图标右下角出现一个绿色对号，如图 1-27 所示。

图 1-27　将麦克风阵列设置为默认设备

双击“麦克风阵列”，弹出“麦克风阵列 属性”对话框。单击“级别”选项，调整下面的滑块，适当调节麦克风音量和麦克风加强，单击“确定”按钮，再单击“确定”按钮。

启动 Adobe Audition 2023 软件，单击菜单栏“编辑”→“首选项”→“音频硬件”，如图 1-28 所示，在“默认输入”下拉列表中选择“系统默认 – 麦克风阵列”，单击“确定”按钮。

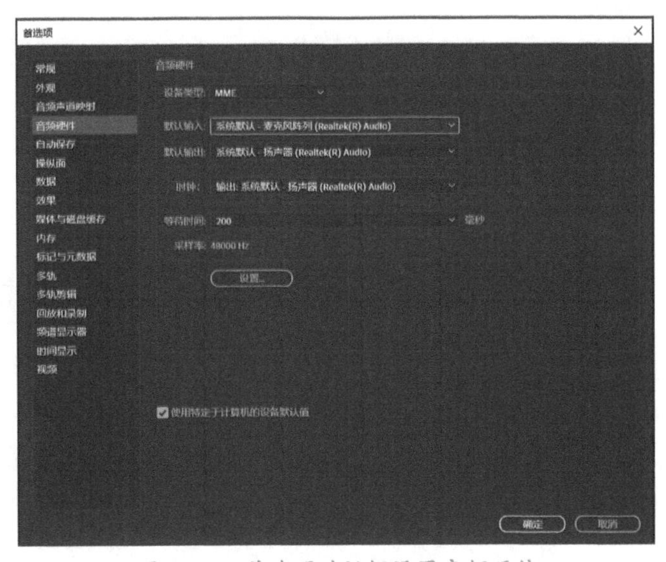

图 1-28　首选项对话框设置音频硬件

(2) 无背景音乐录音。

单击菜单栏“文件”→“新建”→“音频文件”，打开“新建音频文件”对话框，设置文件名为“无背景音乐录音”，采样率、声道和位深度采用默认设置，单击“确定”按钮。

单击“传输”面板上的红色录音按钮●，开始录音，对着话筒发出声音，可以看到声音的波形在编辑器中被实时记录下来，如图 1-29 所示，单击暂停按钮❚❚，可暂停录音，再次单击录音按钮，可结束录音。

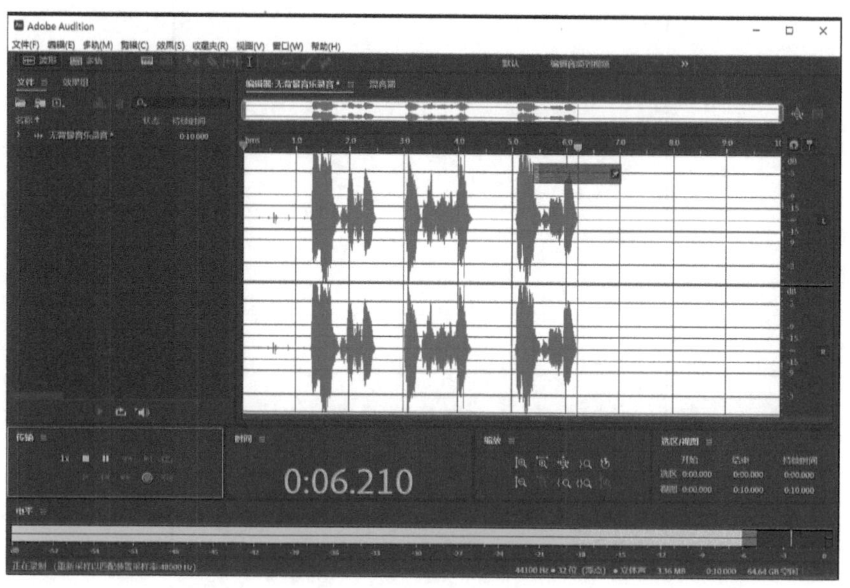

图 1-29　无背景音乐录音

单击菜单栏“文件”→“另存为”，在“格式”下拉列表中选择“MP3 音频 (*.mp3)”，文件名设为“无背景音乐录音”，单击“确定”按钮，在弹出的警告对话框中单击“是”按钮，保存为 MP3 格式的音频文件。

(3) 有背景音乐录音。

单击菜单栏“文件”→“新建”→“多轨会话”，打开“新建多轨会话”对话框，设置会话名称为“有背景音乐录音”，采样率、位深度和混合采用默认设置，单击“确定”按钮。

单击选中轨道 1，单击菜单栏“多轨”→“插入文件”，找到“音频素材”文件夹中的“实验 4”文件夹，打开“背景音乐 .mp3”音频文件，则文件被插入到轨道 1 中，如图 1-30 所示。

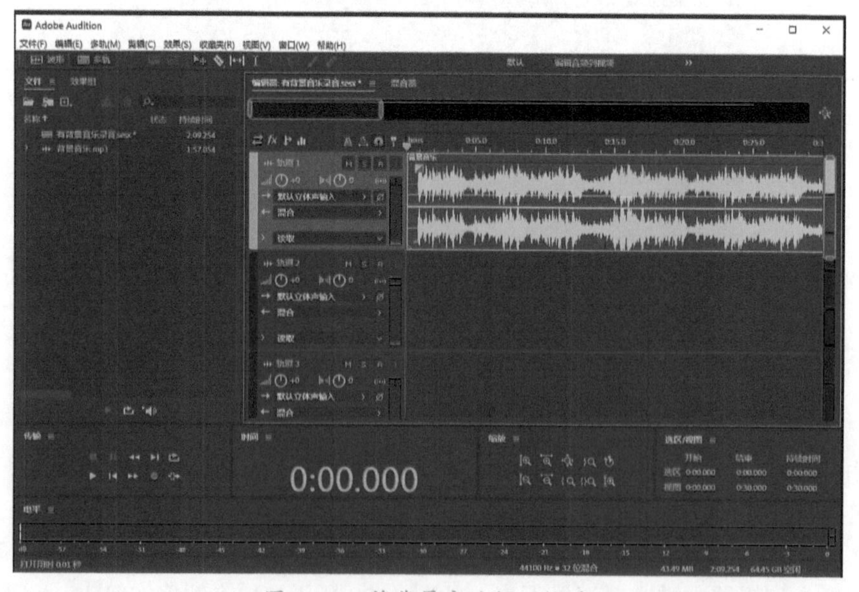

图 1-30　将背景音乐插入轨道

单击选中轨道 2，单击该轨道上的 R 按钮 R，则将在轨道 2 上录制声音。单击“传输”面板上的红色录音按钮 ●，开始录音，跟随着背景音乐对着话筒发出声音，可以看到声音的波形在编辑器轨道 2 中被实时记录下来，如图 1–31 所示。单击暂停按钮 ⏸，可暂停录音和背景音乐播放，再次单击录音按钮 ●，可结束录音，但背景音乐继续播放，单击结束按钮 ■，可结束录音和背景音乐播放。

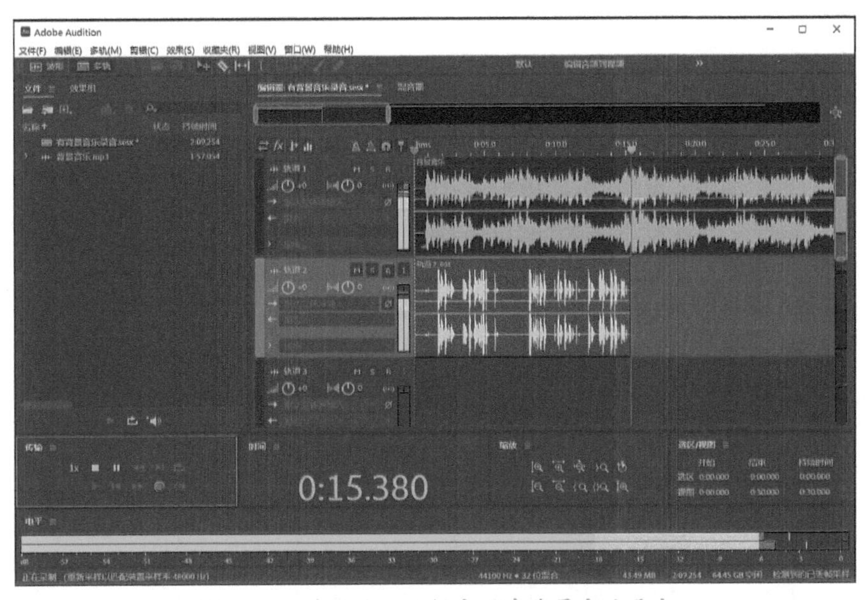

图 1–31　多轨波形编辑实现有背景音乐录音

单击菜单栏“文件”→“导出”→“多轨混音”→“整个会话”，在“格式”下拉列表中选择“MP3 音频 (*.mp3)”，文件名设为“有背景音乐录音”，单击“确定”按钮，保存为 MP3 格式的音频文件。

4. 实验结果

经过实验操作，对着话筒发出的声音被记录并保存到计算机中，其中一段声音没有背景音乐，另一段声音与背景音乐融合在一起。

实验 1.2.5　计算机内部录音

1. 实验目的

能够完成计算机内部录音前的计算机声音设置和 Adobe Audition 2023 软件音频硬件设置，掌握计算机内部录音的方法。

2. 实验原理

(1) 当计算机的声音录制和 Adobe Audition 2023 软件的音频硬件输入都选择“立体声混音”时，可录制计算机内部的声音。

(2) 单击“传输”面板上的红色录音按钮可实现开始录音或结束录音。

(3) 计算机内部录音可采用单轨波形编辑实现。

(4) 录制视频或音频文件的声音时，应先按下录音按钮，再按下播放器按钮。

3. 实验内容

(1) 计算机声音设置和 Audition 软件音频硬件设置。

下面以 Windows 10 为例，介绍录音前计算机的声音设置操作。在计算机任务栏的音量图标上单击鼠标右键，单击“声音”，打开“声音”对话框。

单击“录制”选项，在“立体声混音”上单击鼠标右键，选择“设置为默认设备”，使得“立体声混音”图标右下角出现一个绿色对号，如图 1–32 所示。如果“录制”选项中没有“立体声混音”，则在空白区域单击鼠标右键，选择“显示禁用的设备”，如果这样操作后仍没有“立体声混音”，可尝试升级 Realtek 声卡驱动，然后重启计算机。

双击“立体声混音”，弹出“立体声混音属性”对话框。单击“级别”选项，调整下面的滑块，适当调节立体声混音音量，单击“确定”按钮，再单击“确定”按钮。

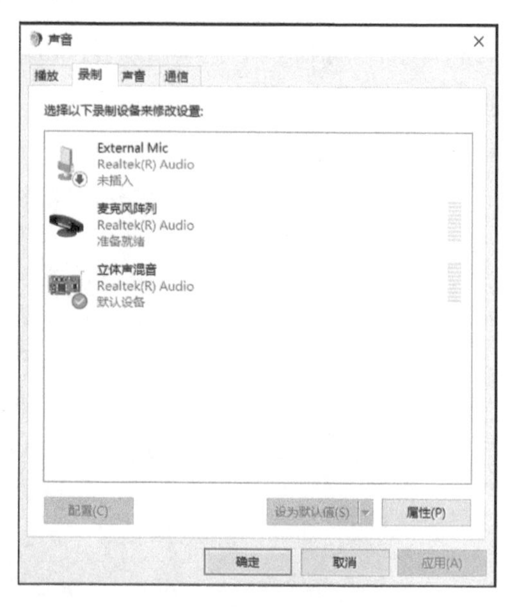

图 1–32　将立体声混音设置为默认设备

启动 Adobe Audition 2023 软件，单击菜单栏“编辑”→“首选项”→“音频硬件”，如图 1–33 所示，在“默认输入”下拉列表中选择“系统默认 – 立体声混音”，单击“确定”按钮。

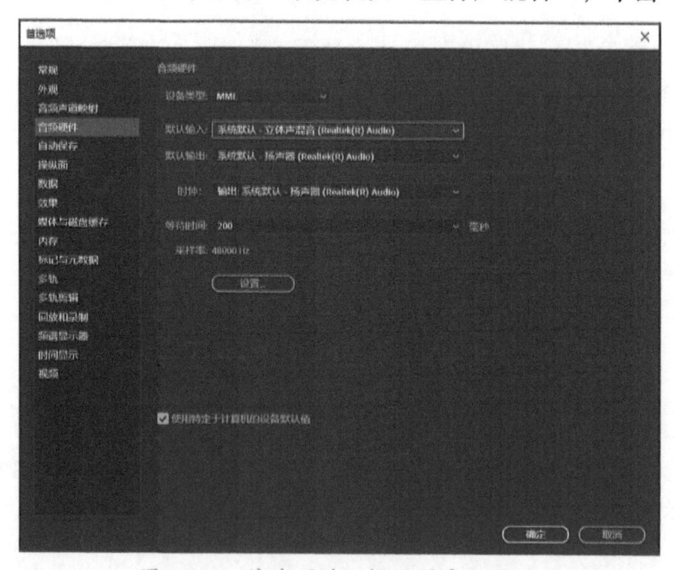

图 1–33　首选项对话框设置音频硬件

(2) 播放视频并录音。

用某种视频播放器打开“音频素材”文件夹中的“实验 5”文件夹中的“弹奏视频 .mp4”视频文件，按下暂停键，暂时不要开始播放，把播放时间调整到起始位置。

在 Adobe Audition 2023 软件中单击菜单栏“文件”→“新建”→“音频文件”，打开“新建音频文件”对话框，设置文件名为“计算机内部录音”，采样率、声道和位深度采用默认设置，单击“确定”按钮。

调整视频播放器和 Adobe Audition 2023 软件在屏幕上的位置，使二者同时处于屏幕内，如图 1–34 所示。

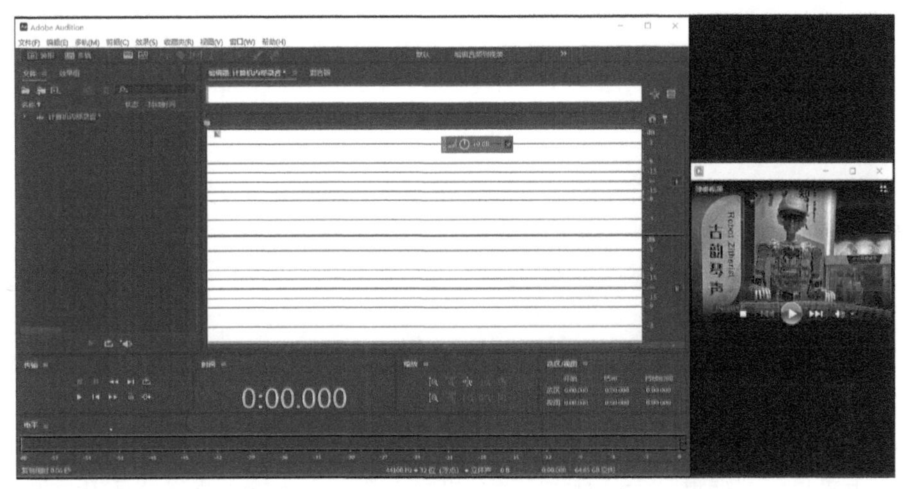

图 1–34　调整播放器和录音软件屏幕位置

调整合适的扬声器音量。在 Adobe Audition 2023 中单击“传输”面板上的红色录音按钮，然后尽快按下视频播放器的播放按钮，开始录音，如图 1–35 所示。在录音过程中，播放器里播放视频的同时，Adobe Audition 2023 软件里会记录下视频的声音。等待视频播放完毕后，再次单击录音按钮，结束录音。

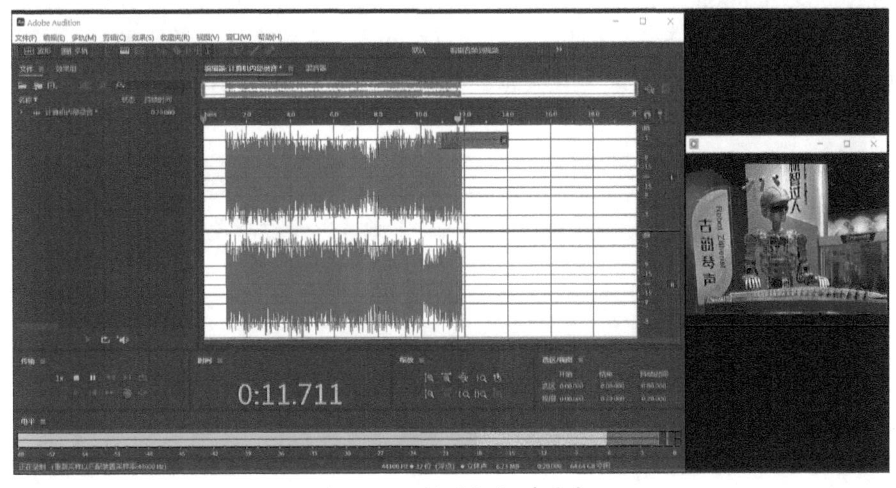

图 1–35　播放视频并录音

根据需要对录制好的音频文件进行删除静音、截取等编辑操作。单击菜单栏“文件”→“另存为”，在“格式”下拉列表中选择“MP3 音频 (*.mp3)”，文件名设为“计算机内部录音”，单击“确定”按钮，在弹出的警告对话框中单击“是”按钮，保存为 MP3 格式的音频文件。

4. 实验结果

经过实验操作，“弹奏视频”的声音被记录并保存到计算机中。

实验 1.2.6　在时域、频域消除人为噪声

1. 实验目的

能够区分人为噪声与有用声音在时间上是否分离，掌握在时域、频域消除人为噪声的方法。

2. 实验原理

(1) 当人为噪声与有用声音在时间上可以分离时，宜采用在时域上插入静音 (正常停顿时产生噪声) 或者删除 (非正常停顿时产生噪声) 的方法进行消除。

(2) 当人为噪声与有用声音在时间上混合在一起难以分离时，宜采用在频域上去除频谱的方法进行消除。

(3) 傅里叶变换是将信号从时域转换到频域的数学工具，其中蕴含着辩证法的根本规律——对立统一规律。

(4) 单击菜单栏“编辑”→“插入”→“静音”可用静音覆盖掉被选中音频波形。

(5) 单击菜单栏“编辑”→“删除”或在键盘上按 Delete 键可删除被选中音频。

(6) 单击菜单栏“视图”“显示频谱”，会上下同时显示时间波形和频谱。

(7) 使用“污点修复画笔工具”可以去除音频频谱上多余的成分。

3. 实验内容

(1) 在时域消除人为噪声。

启动 Adobe Audition 2023 软件，单击菜单栏“文件”→“打开”，找到“音频素材”文件夹中的“实验 6”文件夹，打开“一段语音 .mp3”音频文件。试听音频，可以发现存在多处喘息声和吧嗒声。选中第一处喘息声波形，如图 1-36 所示。

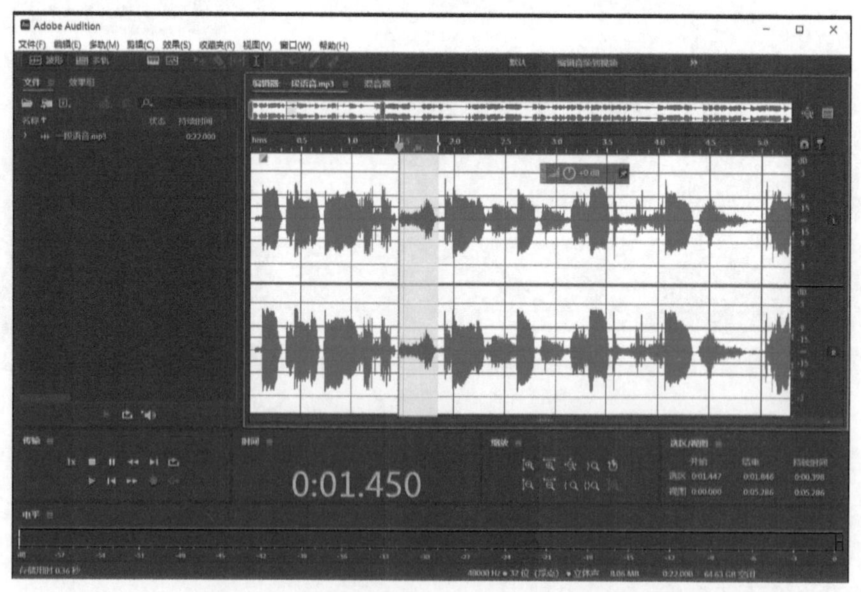

图 1-36　打开音频文件并选中第一处波形

单击菜单栏“编辑”→“插入”→“静音”，在弹出的对话框中不要修改持续时间，如图 1–37 所示，单击“确定”按钮，试听效果。

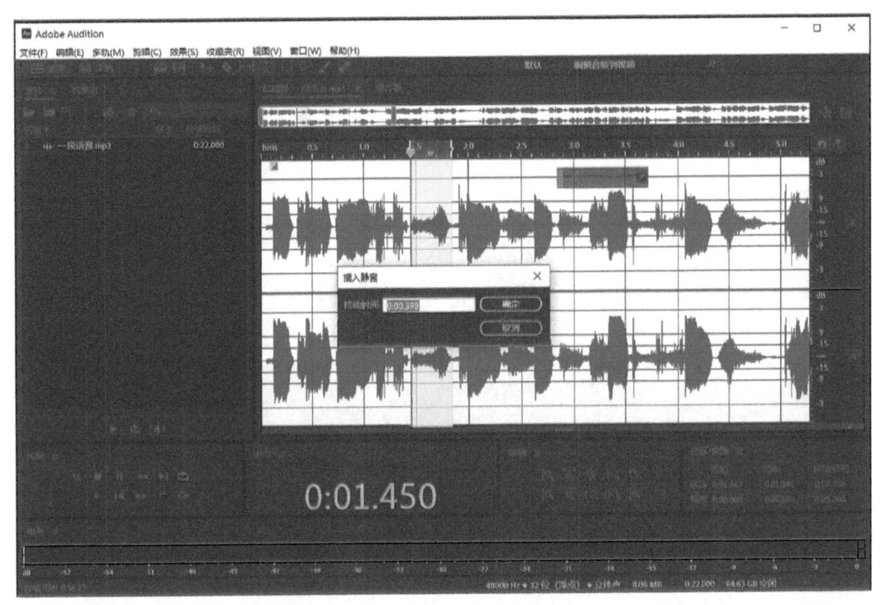

图 1–37　插入静音对话框

选中第二处喘息声波形，如图 1–38 所示，单击菜单栏“编辑”→“删除”或在键盘上按 Delete 键，试听效果。

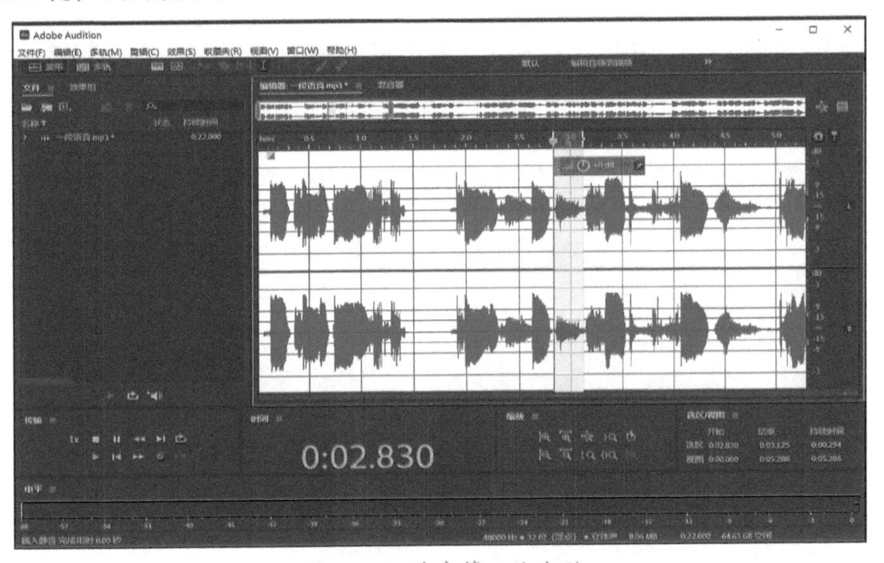

图 1–38　选中第二处波形

以此类推，根据语音的实际情况，对后面的喘息声和吧嗒声进行插入静音或者删除的操作。对于语句间正常停顿时产生的人为噪声，应做插入静音操作；对于语句中非正常停顿时产生的人为噪声，应做删除操作。

单击菜单栏“文件”→“另存为”，在“格式”下拉列表中选择“MP3 音频 (*.mp3)”，文件名设为“在时域消除人为噪声”，单击“确定”按钮，在弹出的警告对话框中单击“是”

按钮，保存为 MP3 格式的音频文件。

(2) 在频域消除人为噪声。

单击菜单栏“文件”→“打开”，找到“音频素材”文件夹中的“实验 6”文件夹，打开“一段乐曲 .mp3”音频文件。试听音频，可以发现在 7 ～ 8 s 之间存在一声咳嗽声。

单击菜单栏“视图”→“显示频谱”，则在编辑器区域会上下同时显示时间波形和频谱，如图 1–39 所示。

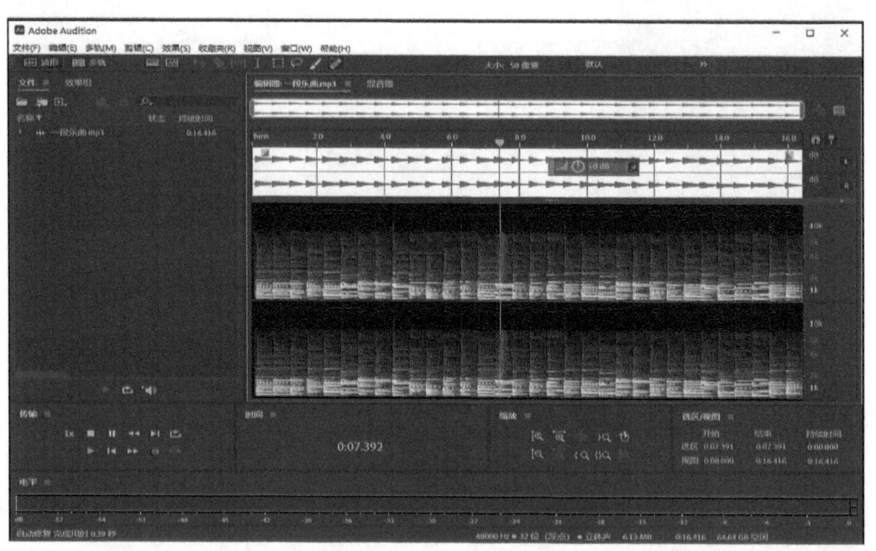

图 1–39　显示频谱

放大 7.5 s 附近部分，如图 1–40 所示，仔细观察频谱，发现有一部分频谱和周围乐曲的频谱明显不同，看起来像一团云雾一样，这部分就是咳嗽声。

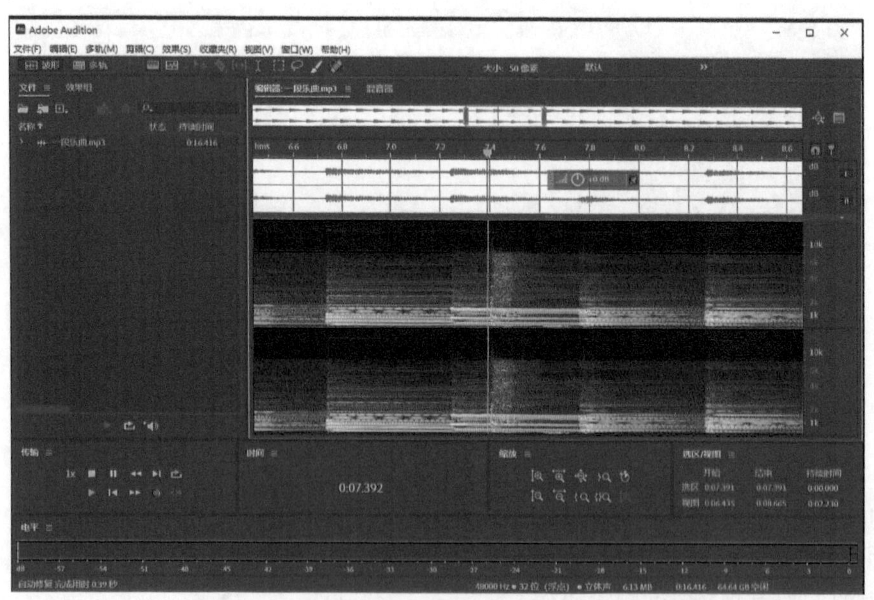

图 1–40　放大并观察频谱

单击工具栏中的“污点修复画笔工具”按钮，此时如果将鼠标指针悬停在频谱上，鼠标指针会变成一个圆。在工具栏右侧设置画笔工具的“大小”为 80 像素，使得画笔工具圆的直径与咳嗽声频谱的宽度接近。将画笔工具圆放在咳嗽声频谱区域，按住鼠标左键，拖动覆盖掉这片区域，如图 1–41 所示。

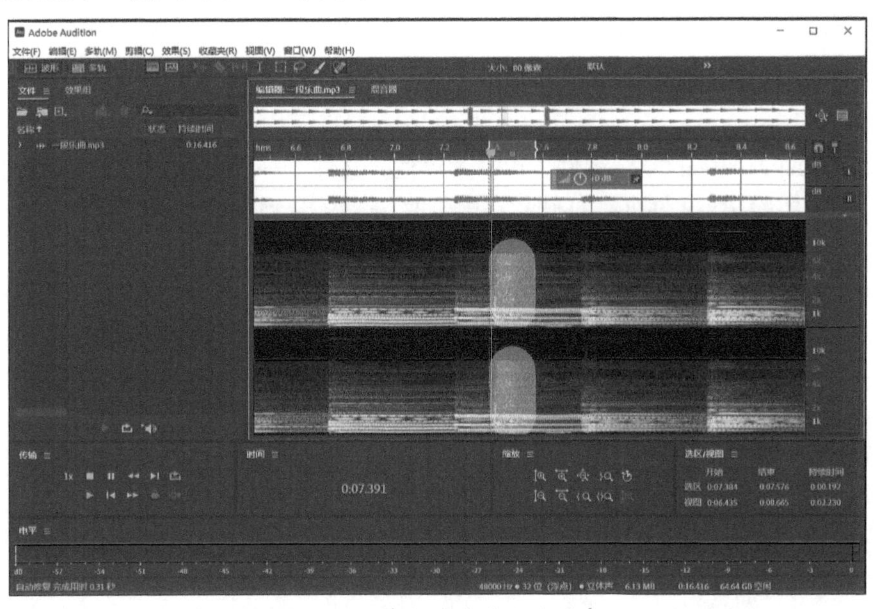

图 1–41　在频域消除人为噪声

松开鼠标左键，会发现咳嗽声的频谱被去除掉了，播放音频试听效果。

单击菜单栏“文件”→“另存为”，在“格式”下拉列表中选择“MP3 音频 (*.mp3)”，文件名设为“在频域消除人为噪声”，单击“确定”按钮，在弹出的警告对话框中单击“是”按钮，保存为 MP3 格式的音频文件。

4. 实验结果

经过实验操作，一段语音中的多处喘息声和吧嗒声被消除，一段乐曲中的咳嗽声被消除。

实验 1.2.7　降低嘶声、咔嗒声和嗡嗡声

1. 实验目的

了解嘶声、咔嗒声和嗡嗡声的特点和来源，掌握降低嘶声、咔嗒声和嗡嗡声的方法。

2. 实验原理

(1) 嘶声是在电子电路中形成的声音。麦克风前置放大器等音频信号源均会产生嘶声。

(2) 咔嗒声产生的原因有黑胶唱片中的爆音、数字音频信号中的数字时钟错误、录音过程中出现的口腔噪声、音频设备连接不良等。

(3) 嗡嗡声类似于蜜蜂翅膀下鼓膜振动所产生的声音，产生原因有音频设备接地不良、机械故障、其他电子设备的干扰等。

(4) 单击菜单栏“效果”→“降噪 / 恢复”→“降低嘶声 (处理)”，可降低嘶声。

(5) 单击菜单栏“效果”→“降噪 / 恢复”→“自动咔嗒声移除”，可降低咔嗒声。

(6) 单击菜单栏“效果”→“降噪 / 恢复”→“消除嗡嗡声”，可降低嗡嗡声。

(7) “传输”面板上的“循环播放”按钮和“效果 –xxx”(xxx 代表某种效果名称) 对话框底部的“切换循环按钮”的状态是同步的。

(8) 单击“效果 –xxx”对话框底部的“切换开关状态”按钮，可对比有无降噪效果。

3. 实验内容

(1) 降低嘶声。

启动 Adobe Audition 2023 软件，单击菜单栏“文件”→“打开”，找到“音频素材”文件夹中的“实验 7”文件夹，打开“一段乐曲 .mp3”音频文件。试听音频，可以发现存在嘶声。

选中音频波形的约前 2 s 部分，单击菜单栏“效果”→“降噪 / 恢复”，弹出“捕捉噪声样本”对话框，如图 1–42 所示，在弹出的对话框中单击“确定”按钮。

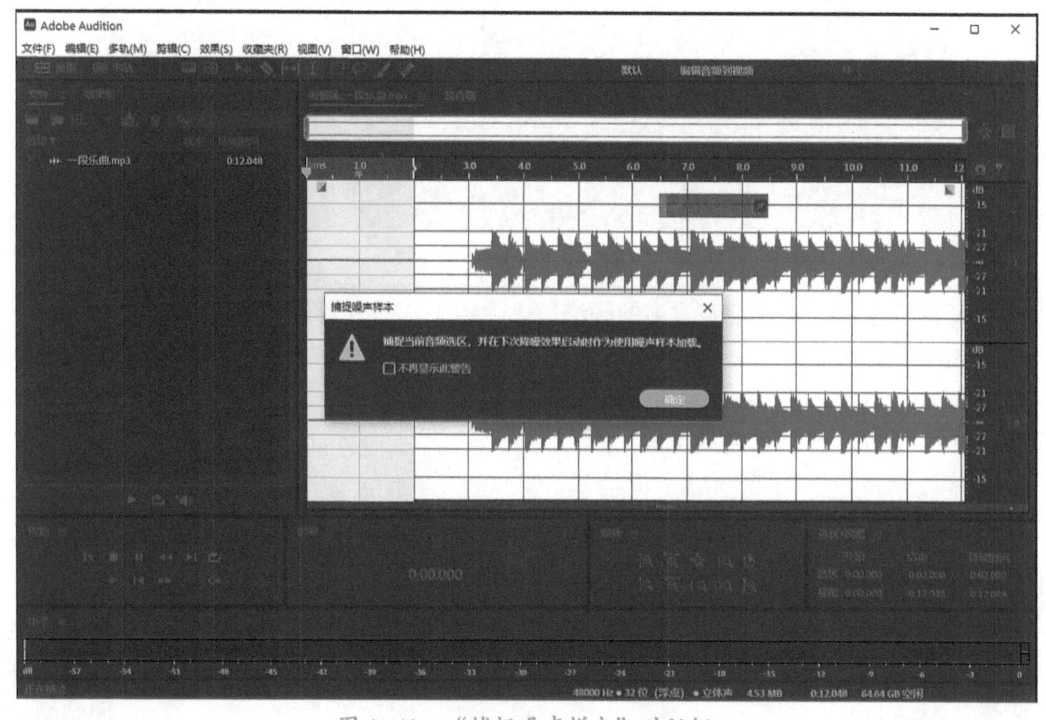

图 1–42 “捕捉噪声样本”对话框

单击菜单栏“效果”→“降噪 / 恢复”→“降低嘶声 (处理)”，在弹出的“效果 – 降低嘶声”对话框中单击“捕捉噪声基准”按钮。

不要关闭“效果 – 降低嘶声”对话框，在编辑器中选中音频波形的约前 5 s 部分，在“传输”面板上观察“循环播放”按钮是否处于激活状态 (蓝色)，如果没有激活则单击将其激活，再观察“效果 – 降低嘶声”对话框底部的“切换循环按钮”，这两处循环按钮的状态是同步的。

单击“效果 – 降低嘶声”对话框底部的“预览播放 / 停止”按钮，试听效果，如图 1–43 所示，发现嘶声降低了。单击“切换开关状态”按钮，可以对比有无降噪的效果。

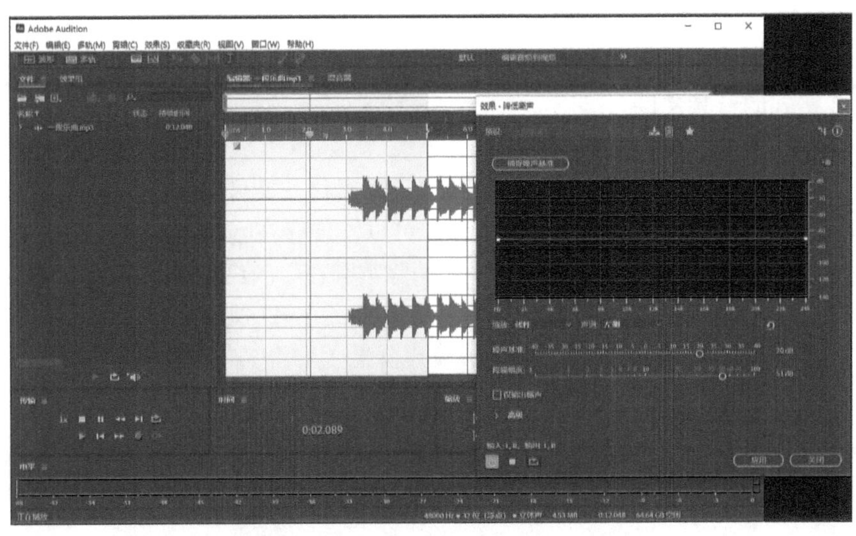

图 1-43　“效果 – 降低嘶声”对话框

可尝试调整“效果 – 降低嘶声”对话框中的“噪声基准”“降噪幅度”参数，试听降噪效果，效果满意后单击“应用”按钮。

单击菜单栏“文件”→“另存为”，在“格式”下拉列表中选择“MP3 音频 (*.mp3)”，文件名设为“降低嘶声”，单击“确定”按钮，在弹出的警告对话框中单击“是”按钮，保存 MP3 格式的音频文件。

(2) 降低咔嗒声。

单击菜单栏“文件”→“打开”，找到“音频素材”文件夹中的“实验 7”文件夹，打开“一段演奏 .mp3”音频文件。试听音频，可以发现存在咔嗒声。

单击菜单栏“效果”→“降噪 / 恢复”→“自动咔嗒声移除”，在弹出的“效果 – 自动咔嗒声移除”对话框中设置“阈值”为 20，“复杂性”为 35，如图 1-44 所示，单击“应用”按钮，试听效果，发现咔嗒声降低了。

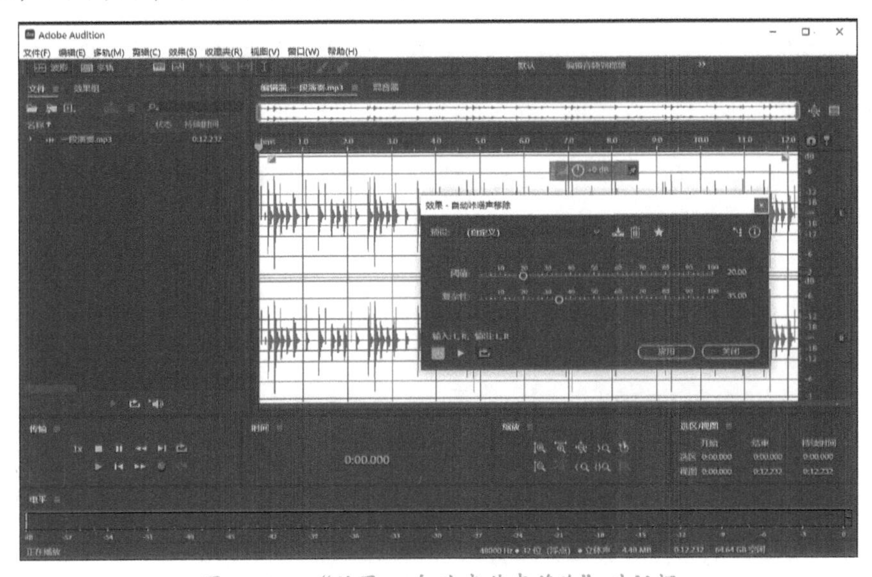

图 1-44　“效果 – 自动咔嗒声移除”对话框

单击菜单栏“文件”→“另存为”，在“格式”下拉列表中选择“MP3 音频 (*.mp3)”，文件名设为“降低咔嗒声”，单击“确定”按钮，在弹出的警告对话框中单击“是”按钮，保存为 MP3 格式的音频文件。

(3) 降低嗡嗡声。

单击菜单栏“文件”→“打开”，找到“音频素材”文件夹中的“实验 7”文件夹，打开“一段语音 .mp3”音频文件。试听音频，可以发现存在嗡嗡声。

单击菜单栏“效果”→“降噪 / 恢复”→“消除嗡嗡声”，在弹出的“效果 – 消除嗡嗡声”对话框中的“预设”下拉列表中选择“(默认)”，如图 1–45 所示，单击对话框底部的“预览播放 / 停止”按钮，试听效果，发现嗡嗡声降低了。

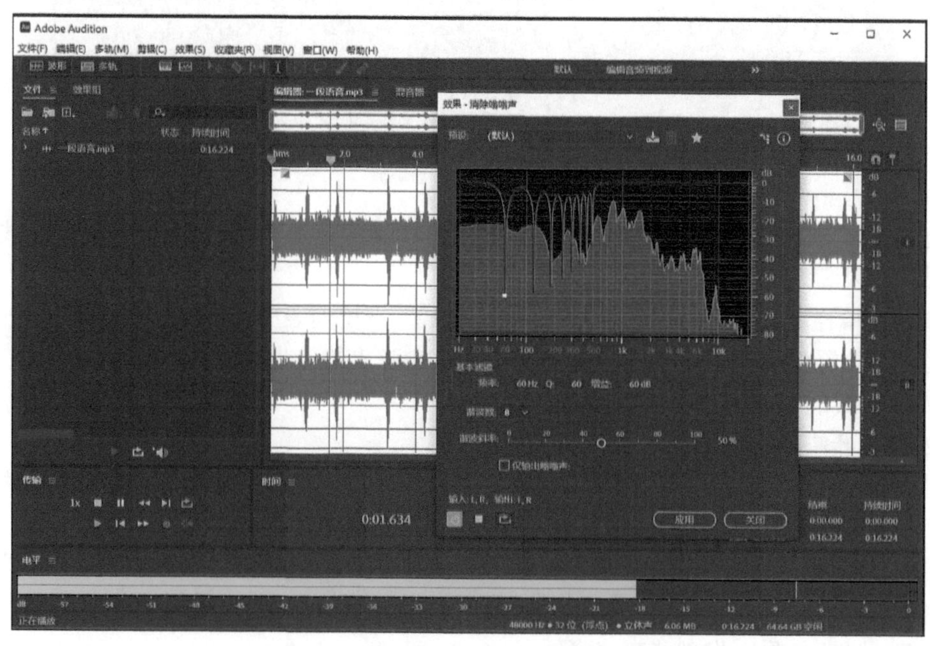

图 1–45　“效果 – 消除嗡嗡声”对话框

可尝试调整“效果 – 消除嗡嗡声”对话框中“谐波数”的参数，试听降噪效果，效果满意后单击“应用”按钮。

单击菜单栏“文件”→“另存为”，在“格式”下拉列表中选择“MP3 音频 (*.mp3)”，文件名设为“降低嗡嗡声”，单击“确定”按钮，在弹出的警告对话框中单击“是”按钮，保存为 MP3 格式的音频文件。

4. 实验结果

经过实验操作，一段乐曲中的嘶声降低了，一段演奏中的咔嗒声降低了，一段语音中的嗡嗡声也降低了。

实验 1.2.8　降低宽频段噪声

1. 实验目的

了解宽频段噪声的特点和来源，掌握降低宽频段噪声的方法。

2. 实验原理

(1) 宽频段噪声是在时域和频域上都与有用声音混合在一起、难以分离的噪声，例如在嘈杂的会议现场、喧闹的街市、充满山水和动植物声音的大自然中均会存在这种噪声。

(2) 单击菜单栏“效果”→“降噪 / 恢复”→“降噪 (处理)”，可以实现降低宽频段噪声。

(3) 实现降低宽频段噪声的关键是要先截取出一段纯正的、无有用声音的噪声，经过捕捉噪声样本、获取噪声特性后，可以降低完整文件范围内的全部噪声。

3. 实验内容

(1) 试听音频并截取纯正噪声。

启动 Adobe Audition 2023 软件，单击菜单栏“文件”→“打开”，找到“音频素材”文件夹中的“实验 8”文件夹，打开“党的二十大报告语音 .mp3”音频文件。试听音频，可以发现存在会议现场的背景噪声。

在音频中找到两句语音之间间隔时间较长的部分，在这段时间内选中一段长度约 1.5 s 的纯正噪声波形，如图 1–46 所示。

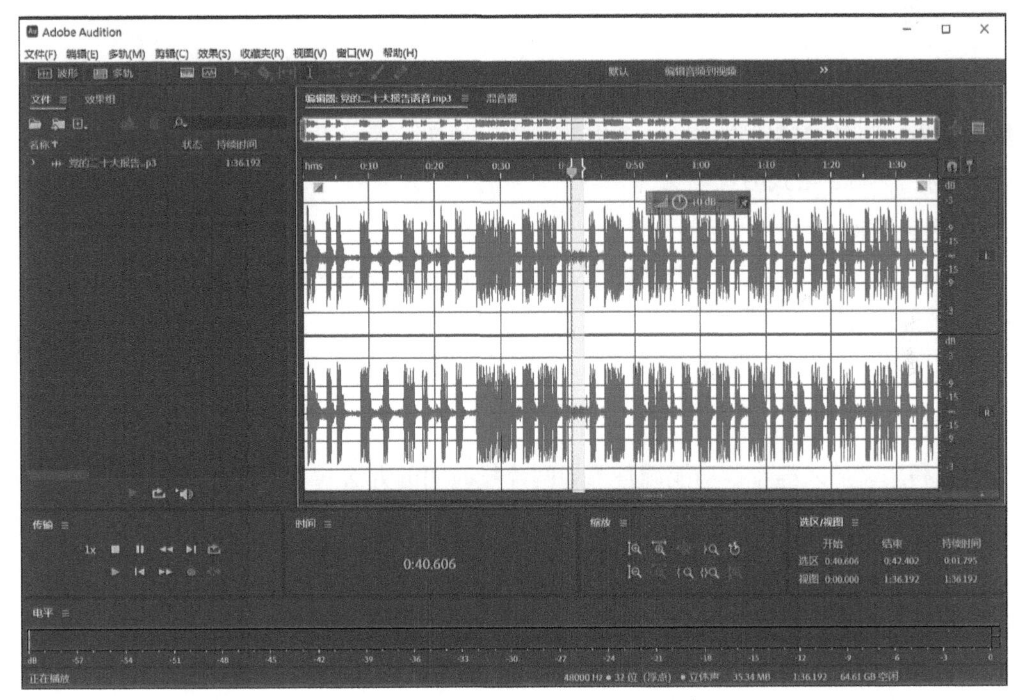

图 1–46　试听音频并截取纯正噪声

(2) 获取噪声特性并实施降噪。

单击菜单栏“效果”→“降噪 / 恢复”→“降噪 (处理)”，在弹出的“效果 – 降噪”对话框中单击“捕捉噪声样本”按钮，如图 1–47 所示，计算机获取噪声特性后显示出噪声频谱。

在“效果 – 降噪”对话框中单击“选择完整文件”按钮，设置“降噪”为 100%，“降噪幅度”为 40 dB，如图 1–47 所示，单击“应用”按钮，试听效果。

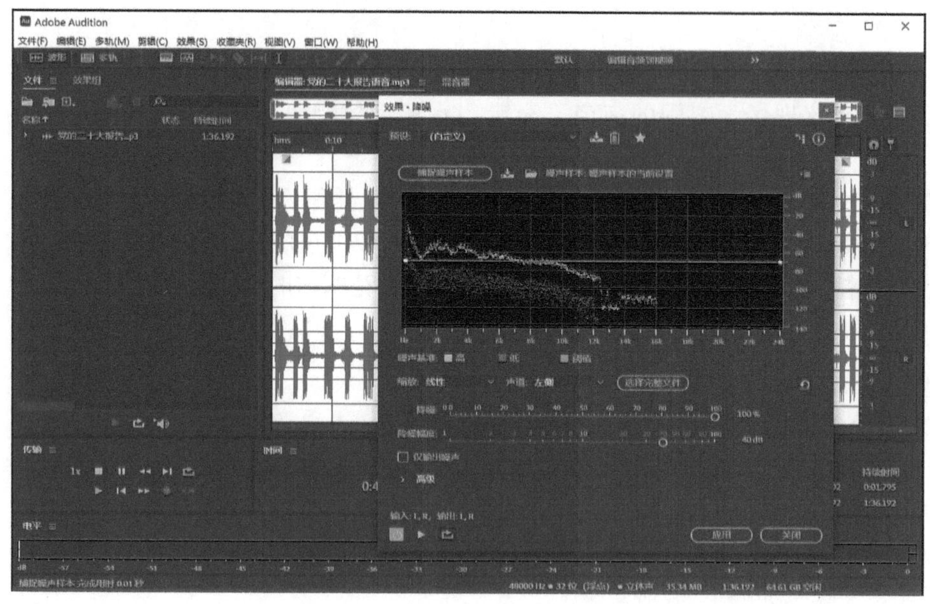

图 1-47 “效果 - 降噪”对话框

单击菜单栏“文件”→“另存为”，在“格式”下拉列表中选择“MP3 音频 (*.mp3)”，文件名设为“降低宽频段噪声”，单击“确定”按钮，在弹出的警告对话框中单击“是”按钮，保存为 MP3 格式的音频文件。

4. 实验结果

经过实验操作，党的二十大报告语音中会议现场的背景噪声降低了。

实验 1.2.9 调整语句间停顿

1. 实验目的

掌握利用“插入静音”功能调整语句间停顿时间的方法。

2. 实验原理

(1) 语句间停顿时间会影响语音的速度和节奏，当需要降低速度、放慢节奏时可采用插入静音的方式进行调整。

(2) 单击菜单栏“编辑”→“插入”→“静音”，可在音频中插入一段时长可设定的静音。

3. 实验内容

(1) 打开，试听音频。

启动 Adobe Audition 2023 软件，单击菜单栏“文件”→“打开”，找到“音频素材”文件夹中的“实验 9”文件夹，打开“一段语音 .mp3”音频文件。试听音频，发现四个词语之间的停顿时间很短。

(2) 用“插入静音”调整语句间停顿。

将时间滑块置于第一个词语与第二个词语之间的位置，单击菜单栏“编辑”→“插入”→“静音”，在弹出的“插入静音”对话框中将“持续时间”设为 0:00.600，如图 1-48 所示。

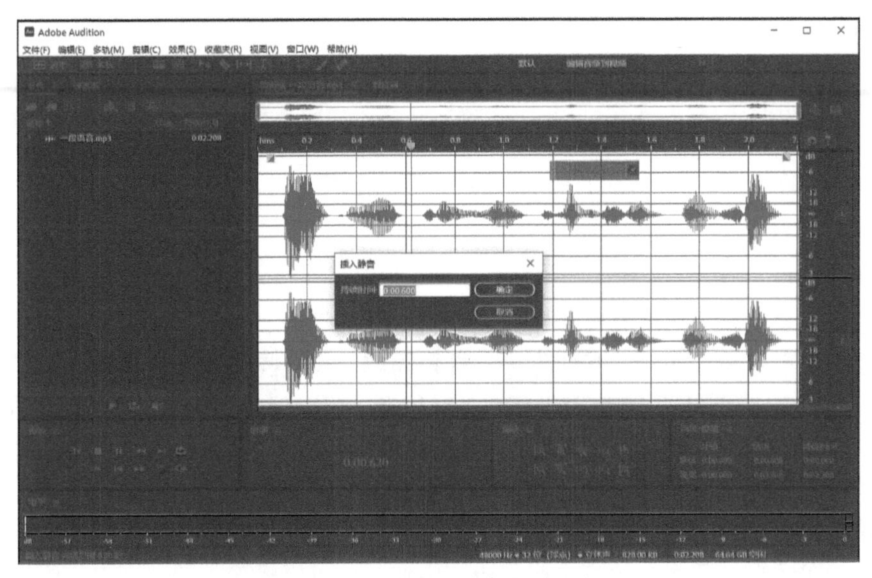

图 1–48　“插入静音”对话框

单击“确定”按钮，则在前两个词语之间插入了一段 0.6 s 的静音，如图 1–49 所示。

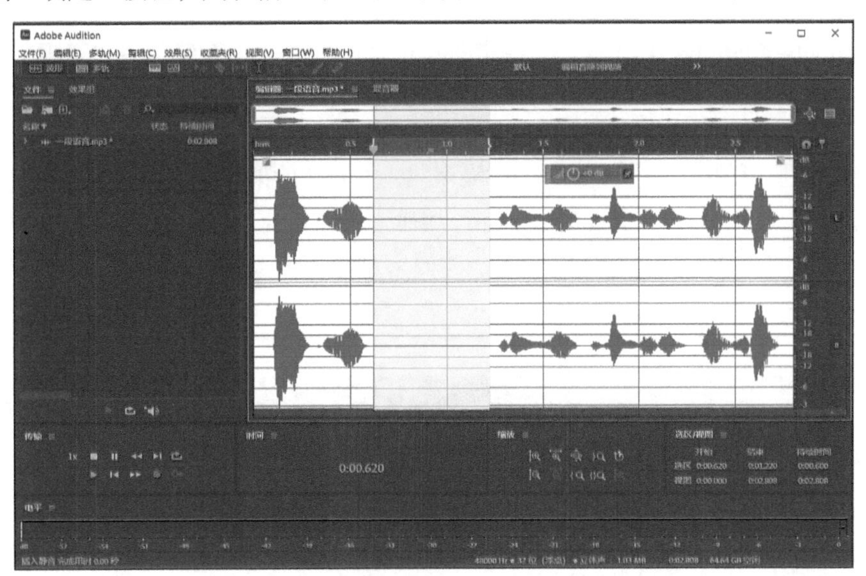

图 1–49　用“插入静音”调整语句间停顿

以此类推，在第二、第三个词语之间插入一段 0.6 s 的静音，在第三、第四个词语之间插入一段 0.6 s 的静音，在第四个词语后面插入一段 0.6 s 的静音，试听效果。

单击菜单栏“文件”→“另存为”，在“格式”下拉列表中选择“MP3 音频 (*.mp3)”，文件名设为“调整语句间停顿”，单击“确定”按钮，在弹出的警告对话框中单击“是”按钮，保存为 MP3 格式的音频文件。

4. 实验结果

经过实验操作，一段语音中四个词语之间的停顿时间由短变长，语音的速度降低了，节奏放慢了。

实验 1.2.10　制作噪声、扫频音、语音

1. 实验目的

了解噪声的分类、扫频音的特点和用途，掌握利用“生成”功能制作噪声、扫频音和语音的方法。

2. 实验原理

(1) 白噪声是功率谱密度在整个频域内均为常数的噪声。

(2) 常见的有色噪声包括：粉红噪声、棕色噪声、蓝色噪声、灰色噪声。

(3) 扫频音的特点是频率随时间的增大而升高，幅度保持恒定，主要用于测试电子元器件或系统的频率响应特性。

(4) 单击菜单栏“效果”→“生成”→“噪声”，可以生成不同种类的噪声。

(5) 单击菜单栏“效果”→“生成”→“音调”，可生成特定频率范围的声音。

(6) 单击菜单栏“效果”→“生成”→“语音”，可以将输入的文字生成语音。

3. 实验内容

(1) 制作噪声。

启动 Adobe Audition 2023 软件，单击菜单栏“文件”→“新建”→“音频文件”，打开“新建音频文件”对话框，设置文件名为“制作噪声”，采样率、声道和位深度采用默认设置，单击“确定”按钮。

单击菜单栏“效果”→“生成”→“噪声”，打开“效果－生成噪声”对话框，在“颜色”下拉列表中选择四种不同的颜色，单击“预览播放/停止”按钮▶试听噪声。在“颜色”下拉列表中选择“白色”，将“持续时间”设置为 0:05.000，如图 1-50 所示，单击“确定”按钮。

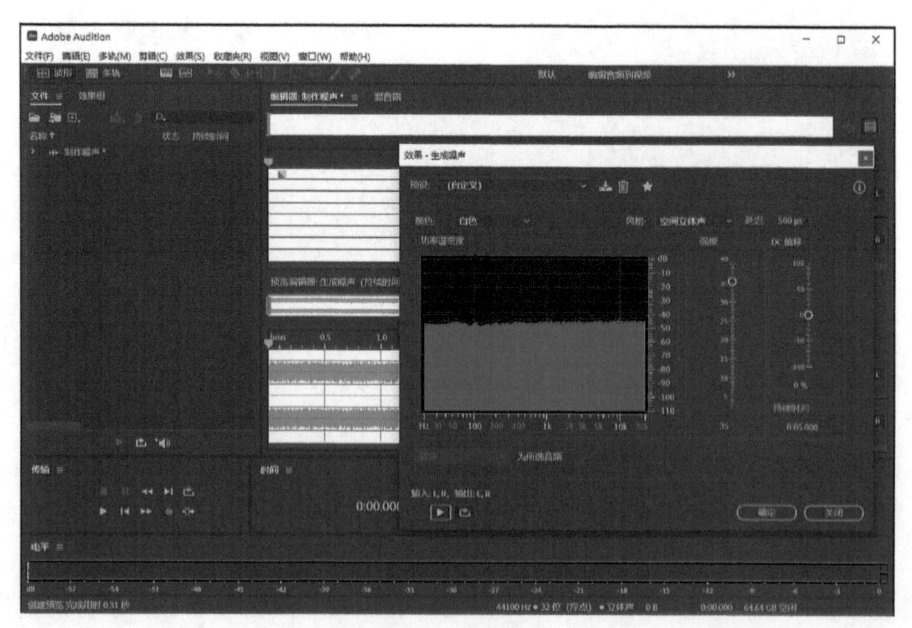

图 1-50　“效果－生成噪声”对话框

选中全部噪声音频，单击菜单栏“窗口”→“频率分析”，在频率分析区域单击“扫描选区”按钮，观察发现白噪声在全频段的振幅基本都是相等的，如图 1–51 所示。

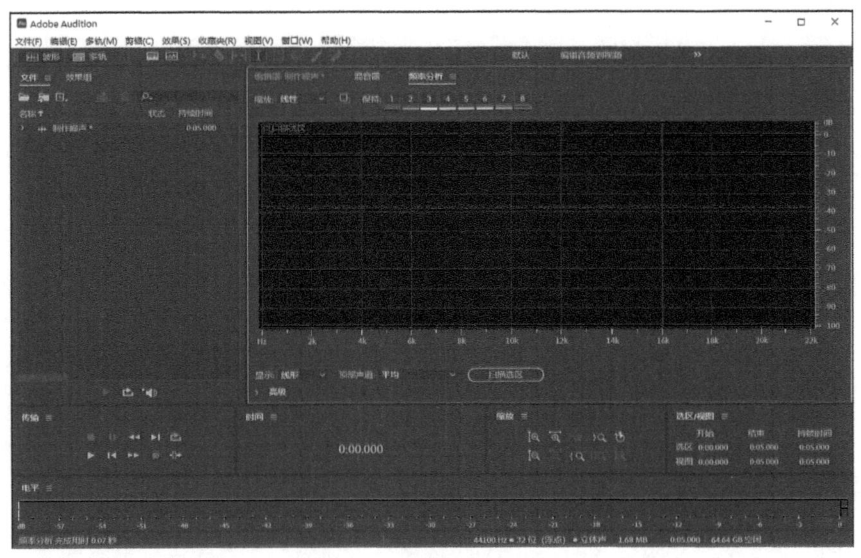

图 1–51　观察白噪声振幅

单击菜单栏“窗口”→“频率分析”，关闭频率分析。单击菜单栏“文件”→“另存为”，在“格式”下拉列表中选择“MP3 音频 (*.mp3)”，文件名设为“制作噪声”，单击“确定”按钮，在弹出的警告对话框中单击“是”按钮，保存为 MP3 格式的音频文件。

(2) 制作扫频音。

单击菜单栏“文件”→“新建”→“音频文件”，打开“新建音频文件”对话框，设置文件名为“制作扫频音”，采样率、声道和位深度采用默认设置，单击“确定”按钮。

单击菜单栏“效果”→“生成”→“音调”，打开“效果 – 生成音调”对话框，在“开始”选项处勾选“扫描频率”，设置“基频”为 20 Hz，设置“持续时间”为 0:20.000，如图 1–52 所示。

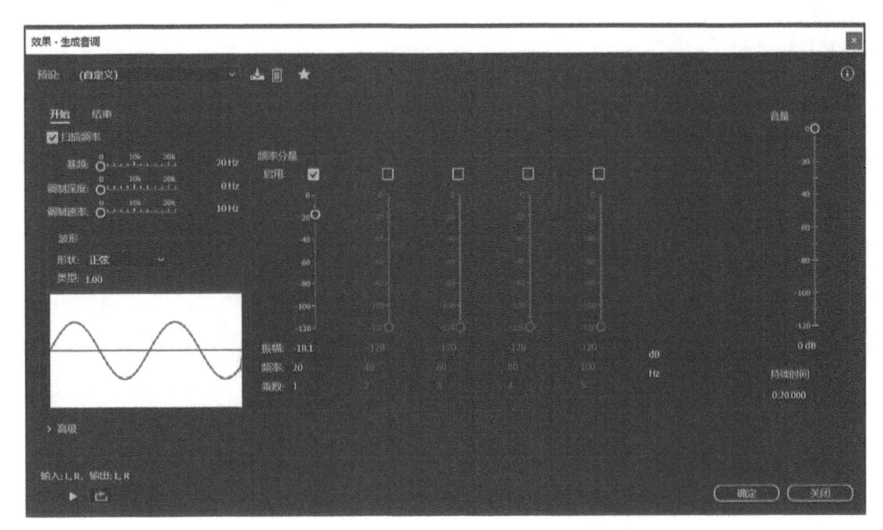

图 1–52　设置“开始”选项的基频

单击“结束”选项，设置“基频”为 20 000 Hz，如图 1–53 所示，单击“确定”按钮，则生成了一段扫频音。

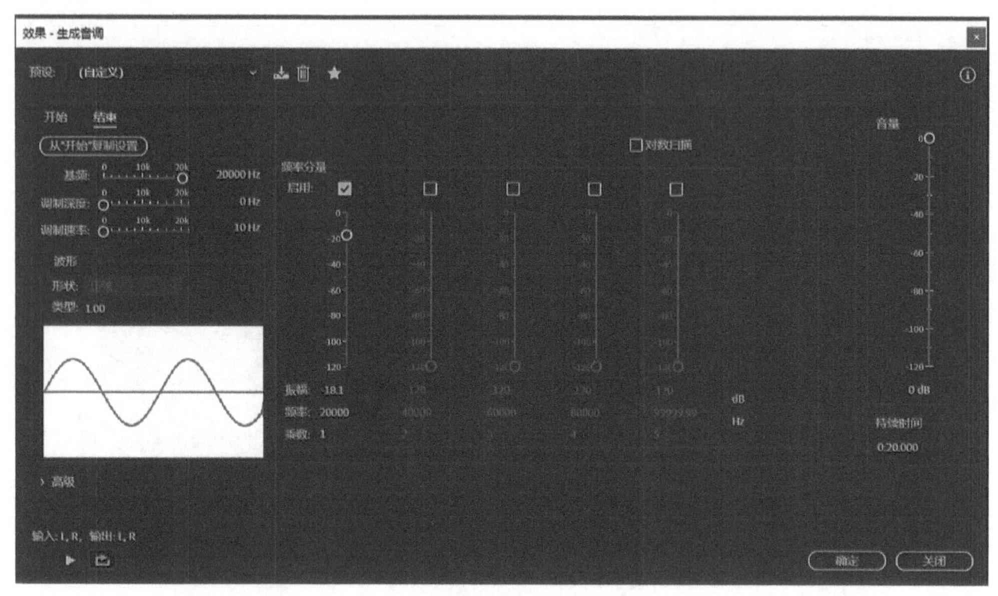

图 1–53　生成扫频音

在振幅、时间上放大音频前一小段的波形，如图 1–54 所示，观察扫频音的时域波形特点。

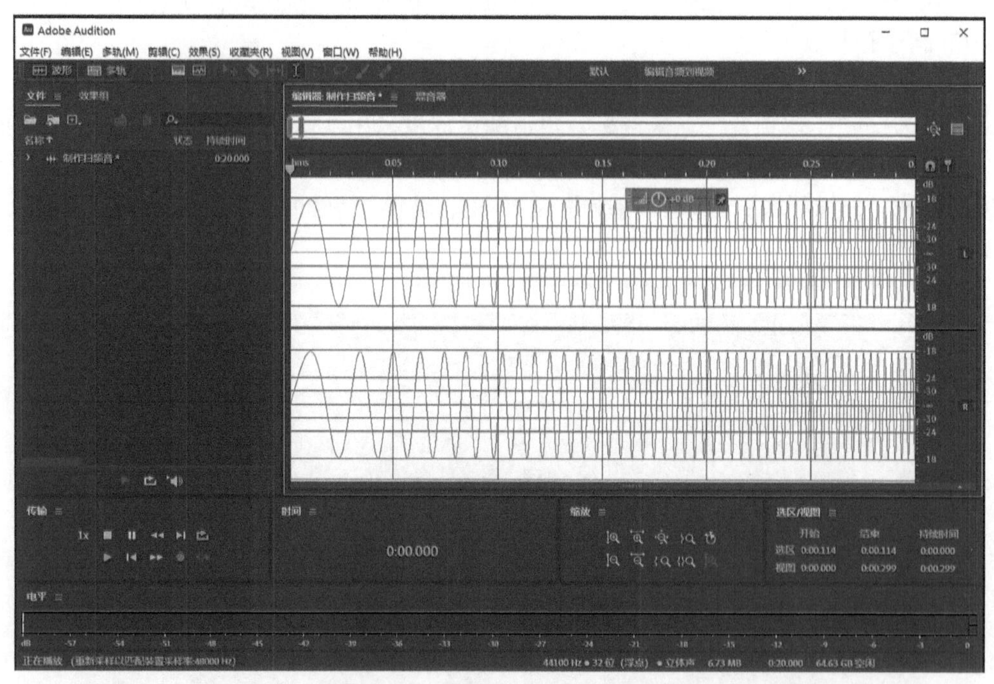

图 1–54　扫频音的时域波形

对波形进行缩小操作，显示出完整的扫频音波形。单击菜单栏“视图”→“显示频谱”如图 1–55 所示，观察扫频音的频谱特点。

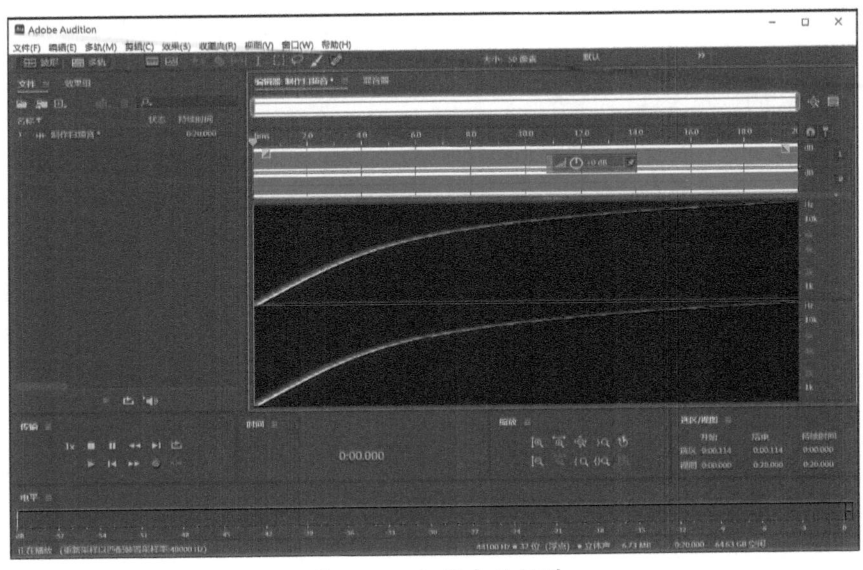

图 1-55　扫频音的频谱

单击菜单栏“视图”→“显示频谱”，关闭显示频谱。单击菜单栏“文件”→“另存为”，在“格式”下拉列表中选择“MP3 音频 (*.mp3)”，文件名设为“制作扫频音”，单击“确定”按钮，在弹出的警告对话框中单击“是”按钮，保存为 MP3 格式的音频文件。

(3) 制作语音。

单击菜单栏“文件”→“新建”→“音频文件”，打开“新建音频文件”对话框，设置文件名为“制作语音”，采样率、声道和位深度采用默认设置，单击“确定”按钮。

单击菜单栏“效果”→“生成”→“语音”，打开“效果 - 生成语音”对话框，如图 1-56 所示。“语言”选择“中文 (简体，中国)”，设置合适的“说话速率”和“音量”，在文本输入框中添加文本内容，单击“预览播放 / 停止”按钮▶试听效果。效果满意后，单击“确定”按钮，则生成了一段语音。

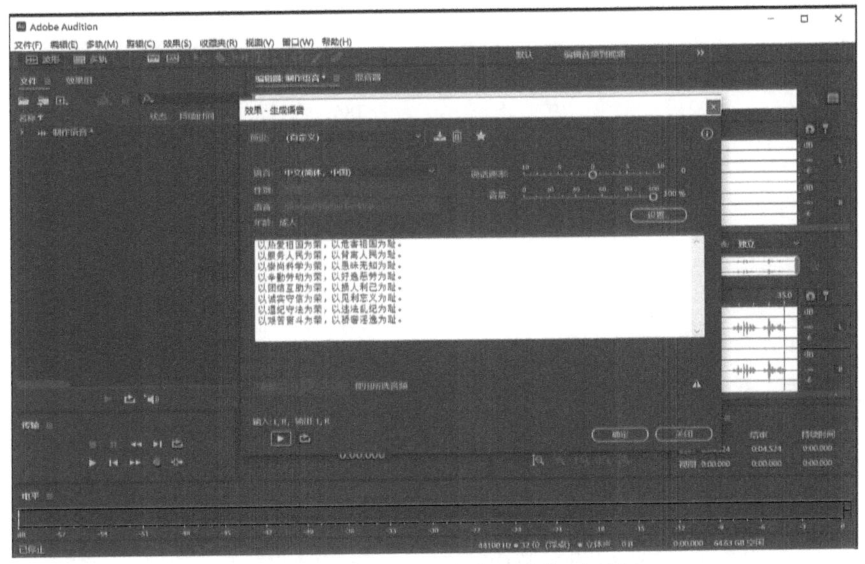

图 1-56　“效果 - 生成语音”对话框

单击菜单栏“文件”→“另存为”，在“格式”下拉列表中选择“MP3 音频 (*.mp3)”，文件名设为“制作语音”，单击“确定”按钮，在弹出的警告对话框中单击“是”按钮，保存为 MP3 格式的音频文件。

4. 实验结果

经过实验操作，分别制作出一段白噪声、一段扫频音和一段语音。

实验 1.2.11 制作电子歌曲

1. 实验目的

了解音符与频率的对照关系，掌握利用“生成”功能制作电子歌曲的方法。

2. 实验原理

(1) 每个音符都有一个固定的频率，C 调音符与频率对照表如表 1–1 所示。

表 1–1 C 调音符与频率对照表

音符	频率 /Hz	音符	频率 /Hz	音符	频率 /Hz
低音 1	262	中音 1	523	高音 1	1046
低音 1#	277	中音 1#	554	高音 1#	1109
低音 2	294	中音 2	587	高音 2	1175
低音 2#	311	中音 2#	622	高音 2#	1245
低音 3	330	中音 3	659	高音 3	1318
低音 4	349	中音 4	698	高音 4	1397
低音 4#	370	中音 4#	740	高音 4#	1480
低音 5	392	中音 5	784	高音 5	1568
低音 5#	415	中音 5#	831	高音 5#	1661
低音 6	440	中音 6	880	高音 6	1760
低音 6#	466	中音 6#	932	高音 6#	1865
低音 7	494	中音 7	988	高音 7	1976

(2) 单击菜单栏“效果”→“生成”→“音调”，设置“基频”和“持续时间”，可以生成一个音符，音符的基频可在表 1–1 中查找，持续时间需要根据节拍来计算。

(3) 单击菜单栏“效果”→“特殊效果”→“吉他套件”，可以给歌曲添加多种效果。

(4) 本实验以如图 1–57 所示的歌曲简谱为例，制作前四个小节的电子歌曲。

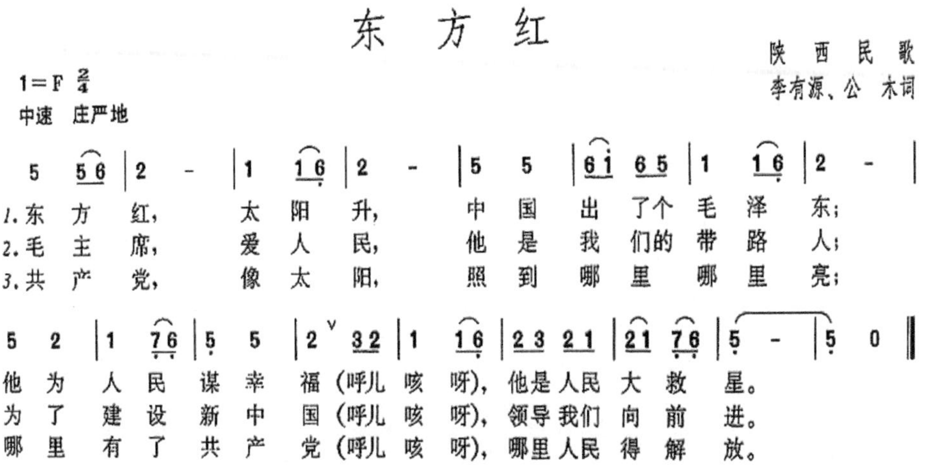

东　方　红

陕　西　民　歌
李有源、公　木词

1=F $\frac{2}{4}$
中速　庄严地

5　56 | 2　- | 1　16 | 2　- | 5　5 | 6i　65 | 1　16 | 2　- |

1.东　方　红，　太　阳　升，　中　国　出　了个　毛　泽　东；
2.毛　主　席，　爱　人　民，　他　是　我　们的　带　路　人；
3.共　产　党，　像　太　阳，　照　到　哪　里　哪　里　亮；

5　2 | 1　76 | 5　5 | 2 ˇ 32 | 1　16 | 23　21 | 21　76 | 5　- | 5　0 ‖

他　为　人　民　谋　幸　福（呼儿　咳　呀），他是人民　大　救　星。
为　了　建　设　新　中　国（呼儿　咳　呀），领导我们　向　前　进。
哪　里　有　了　共　产　党（呼儿　咳　呀），哪里人民　得　解　放。

图 1–57　歌曲简谱

3. 实验内容

(1) 新建音频文件。

启动 Adobe Audition 2023 软件，单击菜单栏“文件”→“新建”→“音频文件”，打开“新建音频文件”对话框，设置文件名为“制作电子歌曲”，采样率、声道和位深度采用默认设置，单击“确定”按钮。

(2) 按照简谱生成各个音符。

单击菜单栏“效果”→“生成”→“音调”，打开“效果 – 生成音调”对话框，如图 1–58 所示，在“开始”处取消选择“扫描频率”，设置“基频”为中音 5 的频率 784 Hz(如表 1–1 所示)，“持续时间”设置为 0:00.400。

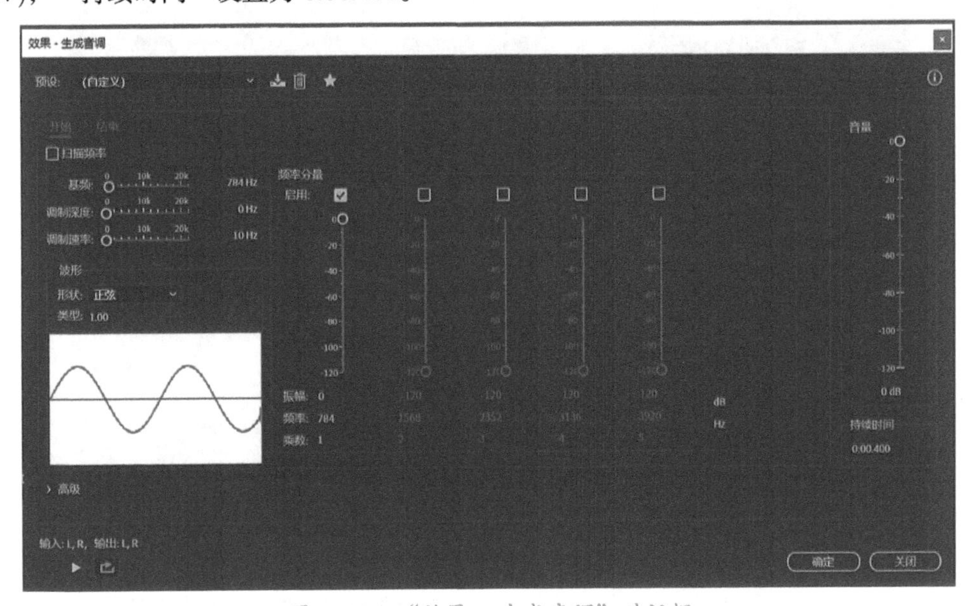

图 1–58　“效果 – 生成音调”对话框

单击“确定”按钮，则生成了一段中音 5，如图 1–59 所示。

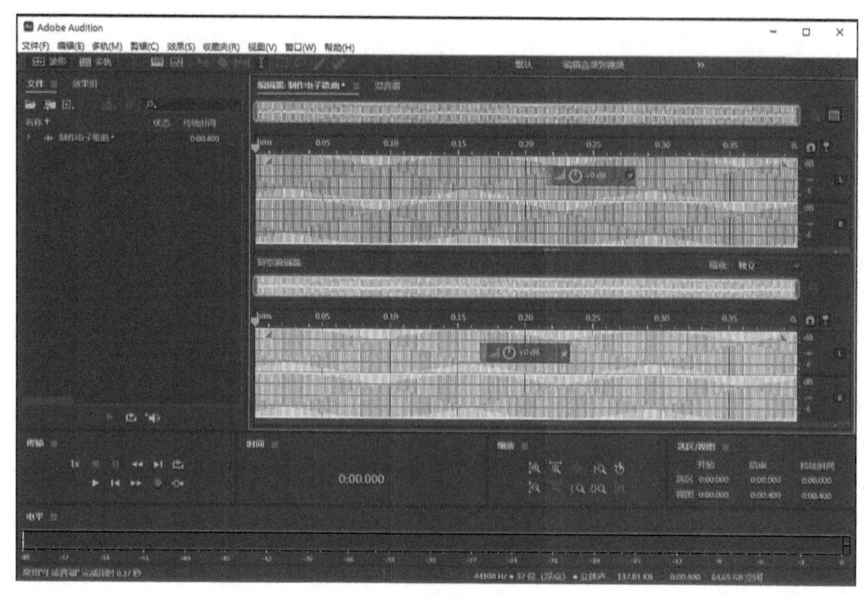

图 1-59　生成中音 5 音符

取消上面生成音频的选中状态。在“传输”面板上单击“将播放指示器移到下一个”按钮▶|，将时间滑块置于当前音频文件结尾。

单击菜单栏“效果”→“生成”→“音调”，打开“效果－生成音调”对话框，设置“基频”为中音 5 的频率 784 Hz，“持续时间”设置为 0:00.200，单击“确定”按钮，则生成了一段中音 5，如图 1-60 所示。

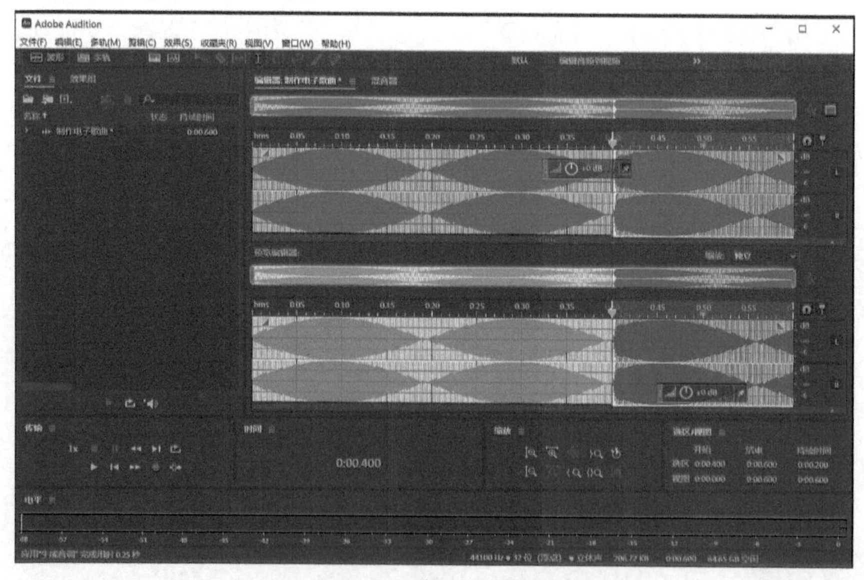

图 1-60　生成第二个中音 5 音符

取消上面生成音频的选中状态，将时间滑块置于当前音频文件结尾。单击菜单栏“效果”→“生成”→“音调”，打开“效果－生成音调”对话框，设置“基频”为中音 6 的频率 880 Hz，“持续时间”设置为 0:00.200，单击“确定”按钮，则生成了一段中音 6。

取消上面生成音频的选中状态，将时间滑块置于当前音频文件结尾。单击菜单栏“效果”→“生成”→“音调”，打开“效果 – 生成音调”对话框，设置“基频”为中音 2 的频率 587 Hz，“持续时间”设置为 0:00.800，单击“确定”按钮，则生成了一段中音 2。

以此类推，按照如图 1–57 所示的歌曲简谱，在表 1–1 中找到音符的频率，根据节拍计算音符的持续时间，逐个生成歌曲第三小节、第四小节的音符，生成完毕后如图 1–61 所示。

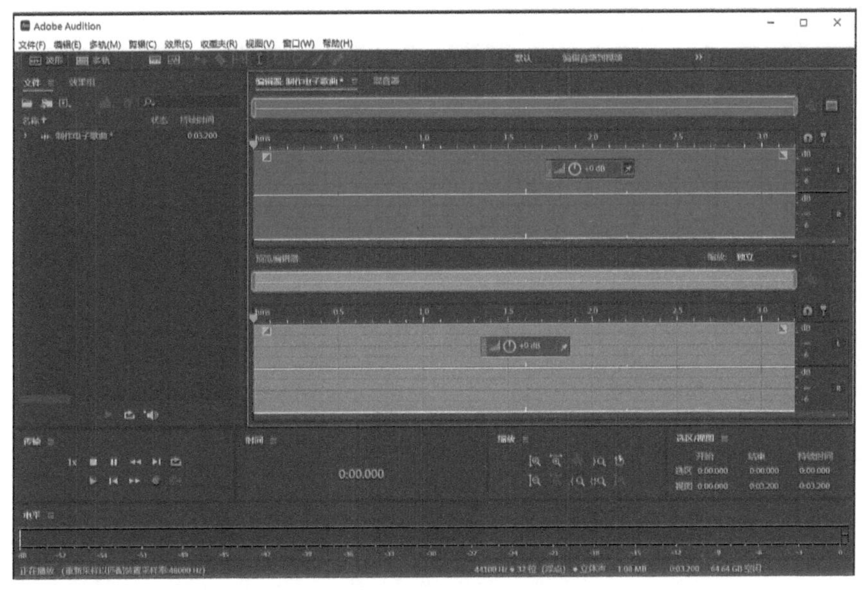

图 1–61　生成歌曲的音符

(3) 添加电子效果并保存。

单击菜单栏“效果”→“特殊效果”→“吉他套件”，打开“效果 – 吉他套件”对话框，在“预设”下拉列表中选择“A 级”，单击“应用”按钮，试听效果。

单击菜单栏“文件”→“另存为”，在“格式”下拉列表中选择“MP3 音频 (*.mp3)”，文件名设为“制作电子歌曲”，单击“确定”按钮，在弹出的警告对话框中单击“是”按钮，保存为 MP3 格式的音频文件。

4. 实验结果

经过实验操作，制作出一段《东方红》电子歌曲。

实验 1.2.12　制作电话通话效果

1. 实验目的

掌握利用“FFT 滤波器”功能制作电话通话效果的方法。

2. 实验原理

(1) 单击菜单栏“效果”→“滤波与均衡”→“FFT 滤波”，可为音频添加多种滤波效果。

(2) 单击菜单栏“效果”→“振幅与压限”→“标准化(处理)”，可实现音频幅度的调整。

3. 实验内容

(1) 打开，试听音频。

启动 Adobe Audition 2023 软件，单击菜单栏“文件”→“打开”，找到“音频素材”

文件夹中的“实验 12”文件夹，打开“天地通话 .mp3”音频文件。试听音频，内容为习近平与航天员的对话。

(2) 制作电话通话效果。

选中音频后半段航天员发言部分的波形，如图 1–62 所示。

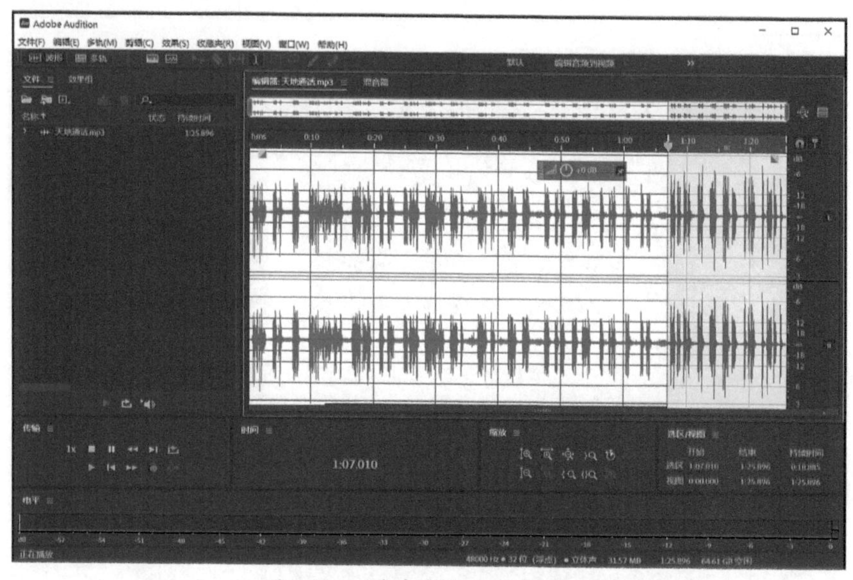

图 1–62 选中音频的部分波形

单击菜单栏“效果”→“滤波与均衡”→“FFT 滤波器”，弹出“效果 –FFT 滤波器”对话框，如图 1–63 所示，在“预设”下拉列表中选择“电话 – 听筒”，单击“应用”按钮。

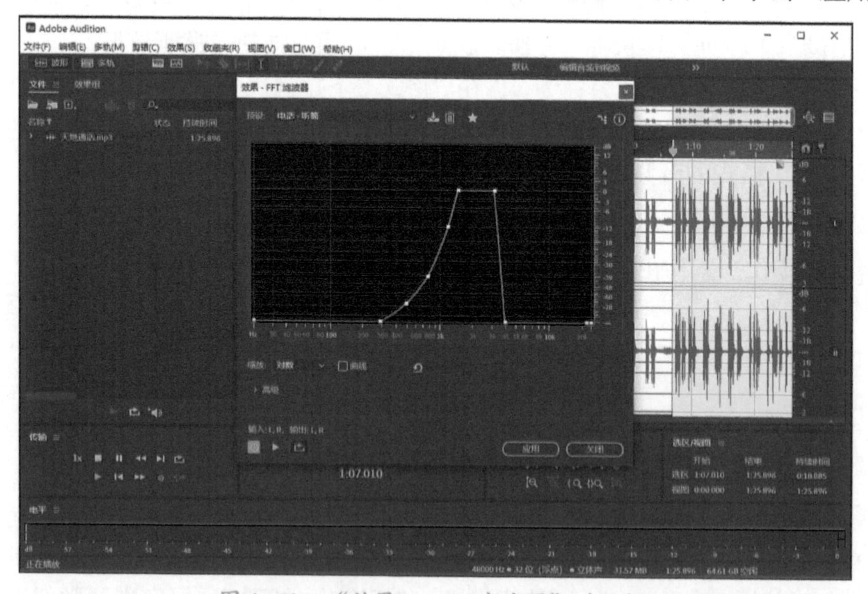

图 1–63 “效果 – FFT 滤波器”对话框

(3) 调整音量并保存。

单击菜单栏“效果”→“振幅与压限”→“标准化 (处理)”，弹出“标准化”对话框，设置“标准化为”为 60%，单击“应用”按钮，则发现选中波形的幅度增大了，试听效果。

单击菜单栏“文件”→“另存为”，在“格式”下拉列表中选择“MP3 音频 (*.mp3)”，文件名设为“制作电话通话效果”，单击“确定”按钮，在弹出的警告对话框中单击“是”按钮，保存为 MP3 格式的音频文件。

4. 实验结果

经过实验操作，习近平与航天员对话中航天员发言的部分被制作成电话听筒声音效果。

实验 1.2.13　制作水的不同声效

1. 实验目的

学会使用“效果组”面板为音频添加并编辑多种效果，掌握利用“图形均衡器”“延迟”功能制作水的不同声效的方法。

2. 实验原理

(1) 调整流水声不同频率的振幅，可得到不同场景下水的不同声效，“延迟”效果可增强距离感和空间感。

(2) 使用效果“滤波与均衡”中的“图形均衡器 (10 段)”可调整音频 10 个频率的振幅。

(3) 使用“效果组”可方便地为音频添加、编辑或移除多种效果，在没有点击“应用”按钮以前，效果组里的效果不会改变原始音频，便于反复试听和效果编辑。

3. 实验内容

(1) 制作雨声。

启动 Adobe Audition 2023 软件，单击菜单栏“文件”→“打开”，找到“音频素材”文件夹中的“实验 13”文件夹，打开“流水声 .wav”音频文件并试听。

单击显示“效果组”面板 (如果界面上没有，则单击菜单栏“窗口”→“效果组”)，单击插入位置 1 右侧的箭头，打开下拉列表，选择“滤波与均衡”→“图形均衡器 (10 段)”，如图 1-64 所示。

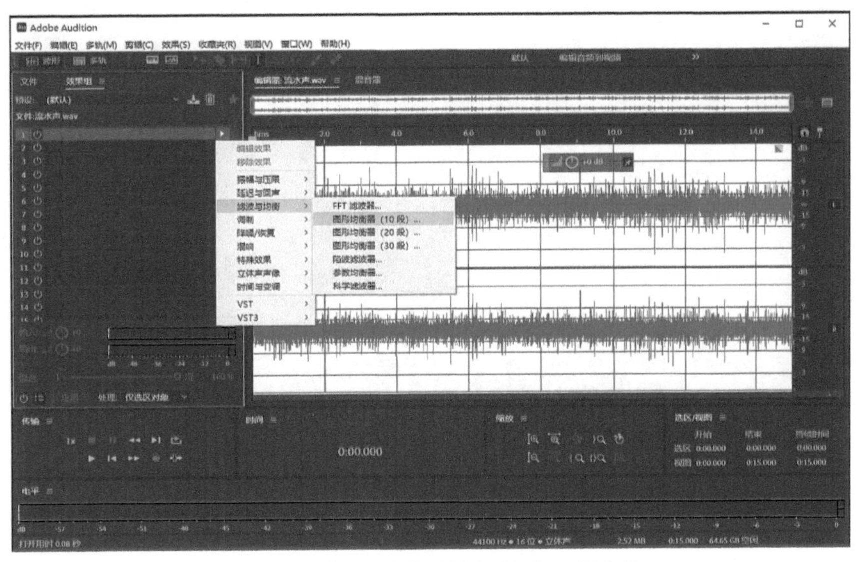

图 1-64　打开“图形均衡器（10 段）”

在弹出的“组合效果 – 图形均衡器 (10 段)”对话框中，确认“范围”为 48 dB，“增益”为 0 dB，设置“2k”的振幅是 –10，设置“4k”的振幅是 10，设置其余频率的振幅均为 –24，如图 1–65 所示。

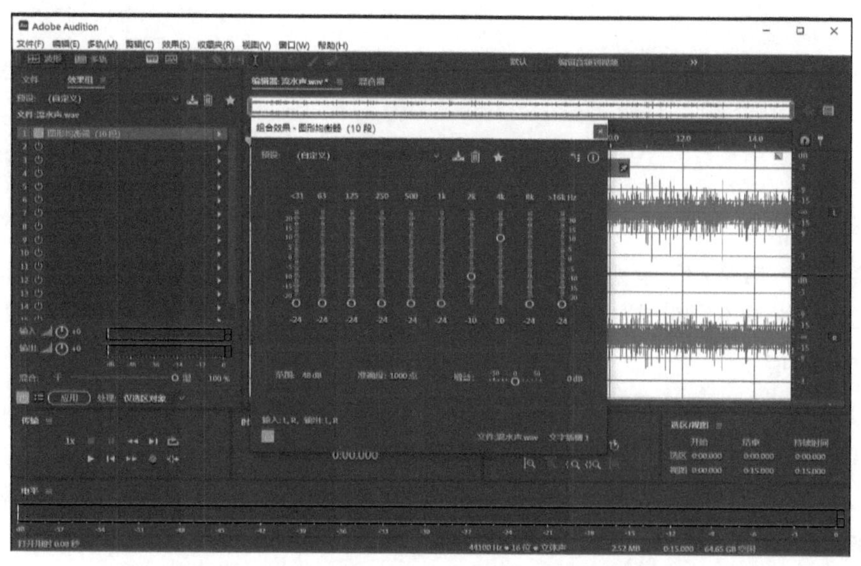

图 1–65　组合效果 – 图形均衡器 (10 段) 对话框

播放音频文件，试听效果，单击“组合效果 – 图形均衡器 (10 段)”对话框中的“切换开关状态”按钮，可以对比声音改变前后的效果，关闭“组合效果 – 图形均衡器 (10 段)”对话框。单击效果组插入位置 2 右侧的箭头，打开下拉列表，选择“延迟与回声”“延迟”，在弹出的“组合效果 – 延迟”对话框中设置左声道的“延迟时间”为 400 ms，“混合”为 60%，右声道的“延迟时间”为 500 ms，“混合”为 60%，如图 1–66 所示。

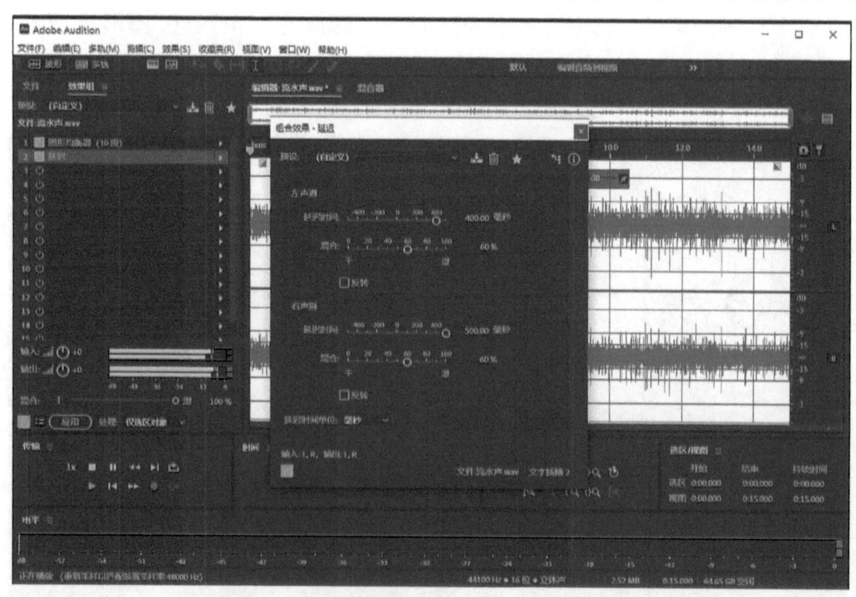

图 1–66　组合效果 – 延迟对话框

播放音频文件，试听效果，单击“组合效果 – 延迟”对话框中的“切换开关状态”按钮，可以对比声音改变前后的效果。

关闭“组合效果 – 延迟”对话框，单击效果组区域的“应用”按钮。单击菜单栏“文件”→“另存为”，在“格式”下拉列表中选择“MP3 音频 (*.mp3)”，文件名设为“制作雨声”，单击“确定”按钮，在弹出的警告对话框中单击“是”按钮，保存为 MP3 格式的音频文件。

(2) 制作溪水声。

按 Ctrl+Z 快捷键回到单击“应用”按钮之前的状态。单击效果组插入位置 2“延迟”右侧的箭头，打开下拉列表，选择“移除效果”，如图 1–67 所示。

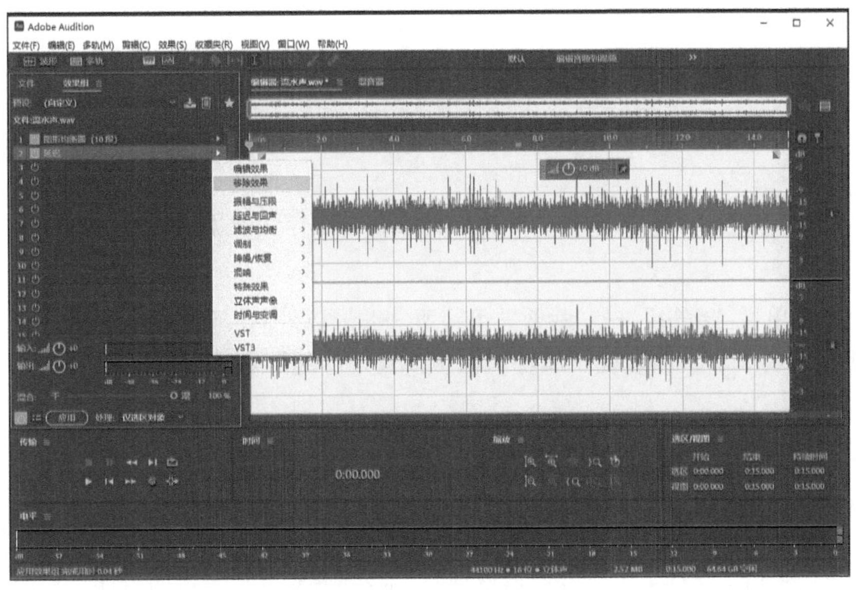

图 1–67　移除延迟效果

双击效果组插入位置 1“图形均衡器 (10 段)”，在弹出的“组合效果 – 图形均衡器 (10 段)”对话框中设置“250”“500”和“1k”的振幅是 0，设置其余频率的振幅均为 –24，如图 1–68 所示。

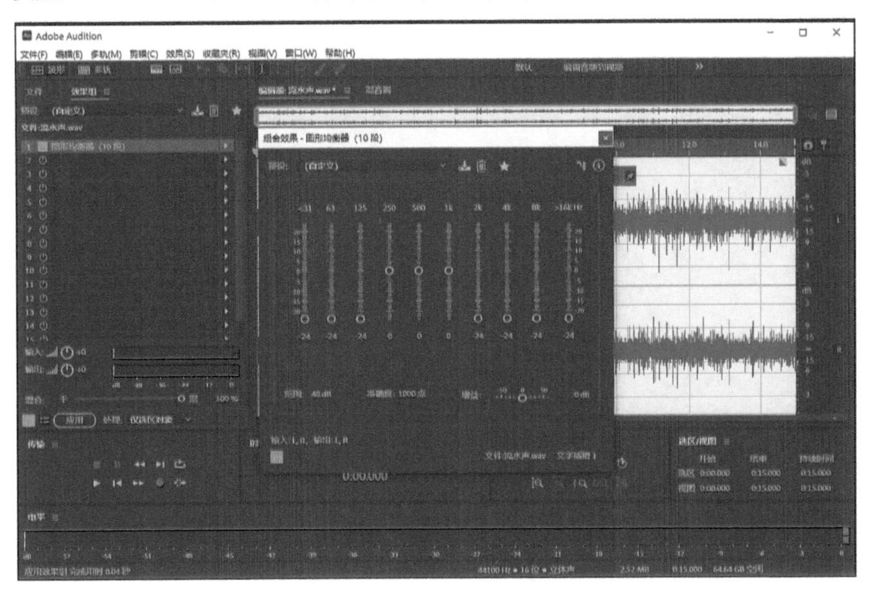

图 1–68　组合效果 – 图形均衡器 (10 段) 对话框

播放音频文件，试听效果，单击“组合效果－图形均衡器 (10 段)”对话框中的“切换开关状态”按钮可以对比声音改变前后的效果。

关闭“组合效果－图形均衡器 (10 段)”对话框，单击效果组区域的“应用”按钮。单击菜单栏“文件”→“另存为”，在“格式”下拉列表中选择“MP3 音频 (*.mp3)”，文件名设为“制作溪水声”，单击“确定”按钮，在弹出的警告对话框中单击“是”按钮，保存为 MP3 格式的音频文件。

4. 实验结果

经过实验操作，流水声被分别制作成了有环绕感的雨声和溪水声。

实验 1.2.14　制作快曲手机铃声

1. 实验目的

掌握在多轨模式下利用“属性”面板的伸缩调整制作快曲手机铃声的方法。

2. 实验原理

(1) 单击菜单栏“编辑”→“裁剪”可将所选波形以外的波形删除。

(2) 在多轨模式下，通过在“属性”面板设置“伸缩”和“音调”可调整音频的速度快慢和音调高低。

3. 实验内容

(1) 打开、裁剪音频。

启动 Adobe Audition 2023 软件，单击菜单栏“文件”→“打开”，找到“音频素材”文件夹中的“实验 14”文件夹，打开“一首歌曲 .mp3”音频文件。试听歌曲，选取歌曲中的一个片段并选中这部分波形。单击菜单栏“编辑”→“裁剪”，将所选片段以外的波形删除。

(2) 修改“伸缩”和“音调”并保存。

单击菜单栏“编辑”→“插入”→“到多轨会话中”→“新建多轨会话”，在弹出的对话框中单击“确定”按钮，结果如图 1–69 所示。

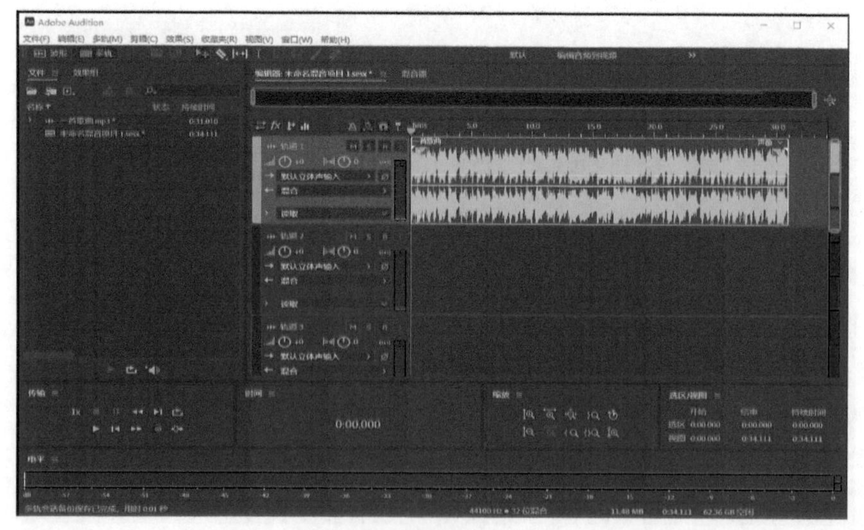

图 1–69　新建多轨会话

单击菜单栏“窗口”→“属性”，打开“属性”面板，展开“伸缩”选项，在“模式”下拉列表中选择“已渲染(高品质)”，设置“伸缩”为70%，“音调”为3半音阶，如图1-70所示。

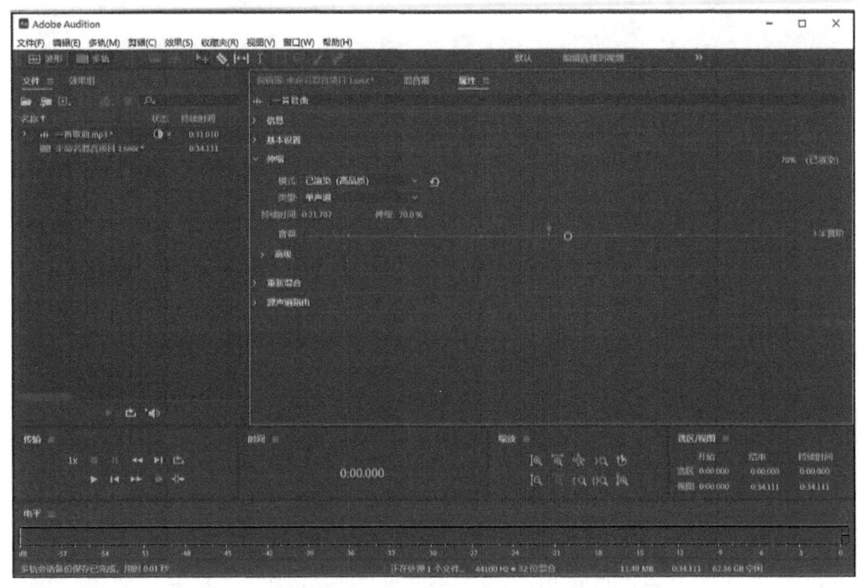

图 1-70　在“属性”面板中设置“伸缩”和“音调”

返回编辑器，等待效果处理完毕，试听效果。单击菜单栏“文件”→“导出”→“多轨混音”→“整个会话”，在“格式”下拉列表中选择“MP3 音频 (*.mp3)”，文件名设为“制作快曲手机铃声”，单击“确定”按钮，保存为 MP3 格式的音频文件。

4. 实验结果

经过实验操作，原歌曲的一个片段被加快速度并提升音调，可作为快曲手机铃声使用。

实验 1.2.15　制作分角色配音

1. 实验目的

掌握利用“伸缩与变调”功能制作分角色配音的方法。

2. 实验原理

(1) 在人物对话场景下，可根据语速和音调区分出不同人物说话的声音；

(2) 单击菜单栏“效果”→“时间与变调”→“伸缩与变调”，通过设置“伸缩”“变调”“共振变换”和“音调一致”可调整音频的速度快慢和音调高低。

3. 实验内容

(1) 打开、试听音频。

启动 Adobe Audition 2023 软件，单击菜单栏“文件”→“打开”，找到“音频素材”文件夹中的“实验 15”文件夹，打开“成语故事 .mp3”音频文件。试听音频，区分出旁白和两个人物各自说话的时间段。

(2) 修改“伸缩”“变调”等属性并保存。

选中第一个人物第一次说话的时间段波形，如图 1-71 所示。

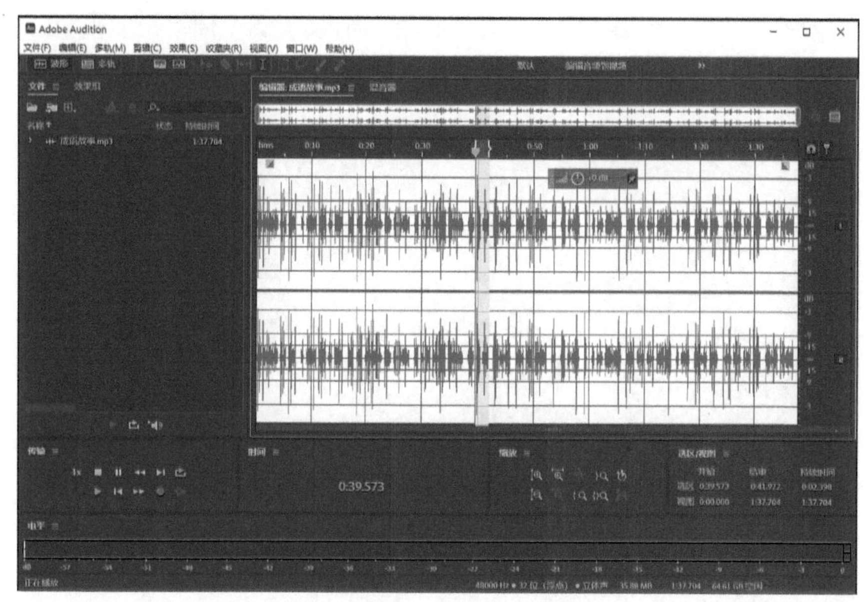

图 1–71　选中第一个人物第一次说话的时间段波形

单击菜单栏“效果”→“时间与变调”→“伸缩与变调”，打开“效果 – 伸缩与变调”对话框。在“预设”下拉列表中选择“降调”，设置“伸缩”为 100%，“变调”为“–4 半音阶”，“共振变换”为 –5 半音阶，“音调一致”为 1，单击“应用”按钮，试听效果。

选中第二个人物第一次说话的时间段波形，如图 1–72 所示。

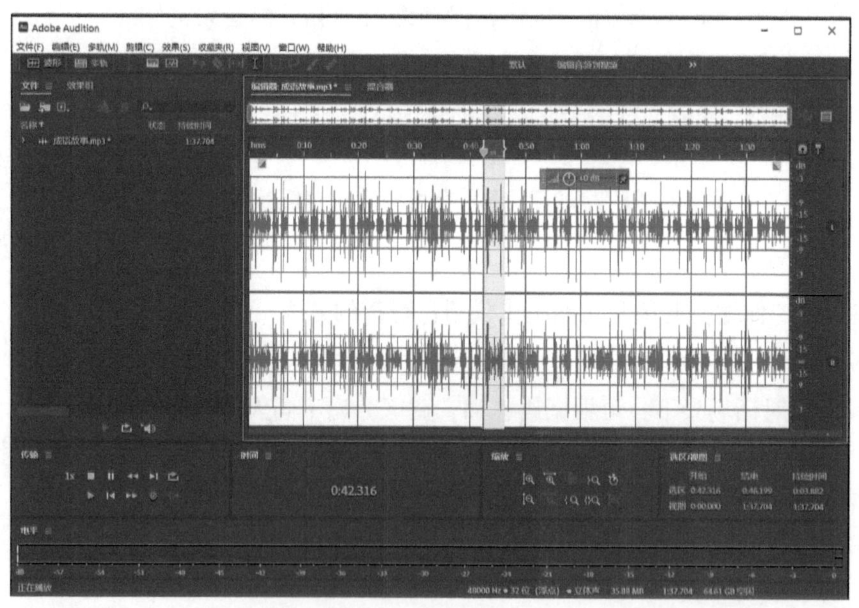

图 1–72　选中第二个人物第一次说话的时间段波形

单击菜单栏“效果”→“时间与变调”→“伸缩与变调”，打开“效果 – 伸缩与变调”对话框，在“预设”下拉列表中选择“降调”，设置“伸缩”为 160%，“变调”为“–2 半音阶”，“共振变换”为 –2 半音阶，“音调一致”为 1，单击“应用”按钮，试听效果。

以此类推，为两个角色后续各自说话的时间段波形做伸缩与变调处理。单击菜单栏“文件”→“另存为”，在“格式”下拉列表中选择“MP3 音频 (*.mp3)”，文件名设为“制作分角色配音”，单击“确定”按钮，在弹出的“警告”对话框中单击“是”按钮，保存 MP3 为格式的音频文件。

4. 实验结果

经过实验操作，原成语故事中两个人物的声音被调整为不同的语速和音调，能够很好地区分开。

实验 1.2.16　提取频段声音

1. 实验目的

掌握利用“频段分离器”提取音频不同频段声音的方法。

2. 实验原理

(1) 时域和频域是观察和研究音频信号特性的两个不同的角度，如果想研究音频信号在不同频段的分布情况，则需在频域对音频信号进行分频段的提取和分析。

(2) 单击菜单栏“编辑”→“频段分离器”，可以设置若干频段的范围并将各个频段的音频单独提取出来。

3. 实验内容

(1) 打开、试听音频。

启动 Adobe Audition 2023 软件，单击菜单栏“文件”→“打开”，找到“音频素材”文件夹中的“实验 16”文件夹，打开“东方红一号卫星发回乐曲 .ogg”音频文件，试听音频。

(2) 提取不同频段声音并保存。

单击菜单栏“编辑”→“频段分离器”，打开“频段分离器”对话框，在“预设”下拉列表中选择“(默认)”，逐个单击按钮 2 ～ 8 启用全部频段，如图 1-73 所示。

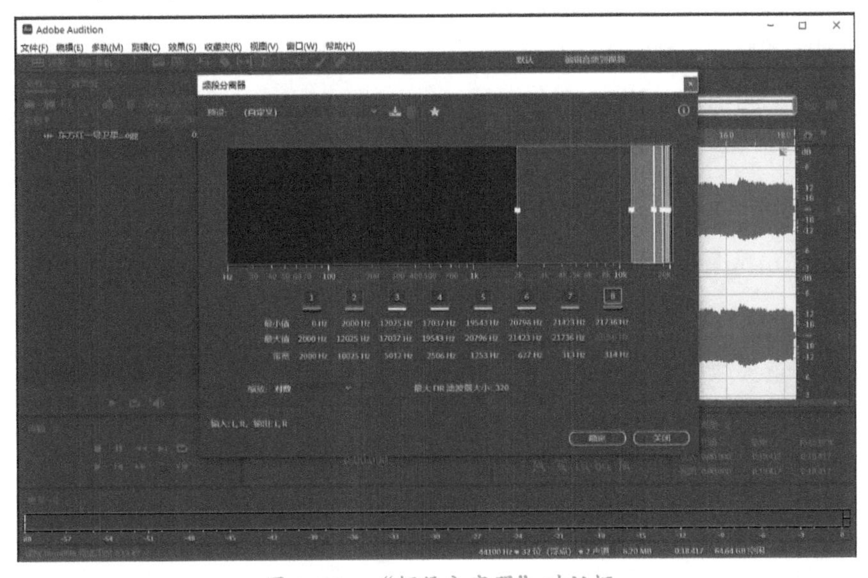

图 1-73　“频段分离器”对话框

在按钮 1 的最大值处键入 100，在按钮 2 的最大值处键入 200，在按钮 3 的最大值处键入 400，在按钮 4 的最大值处键入 800，在按钮 5 的最大值处键入 1600，在按钮 6 的最大值处键入 3200，在按钮 7 的最大值处键入 6400，单击按钮 8，如图 1-74 所示。

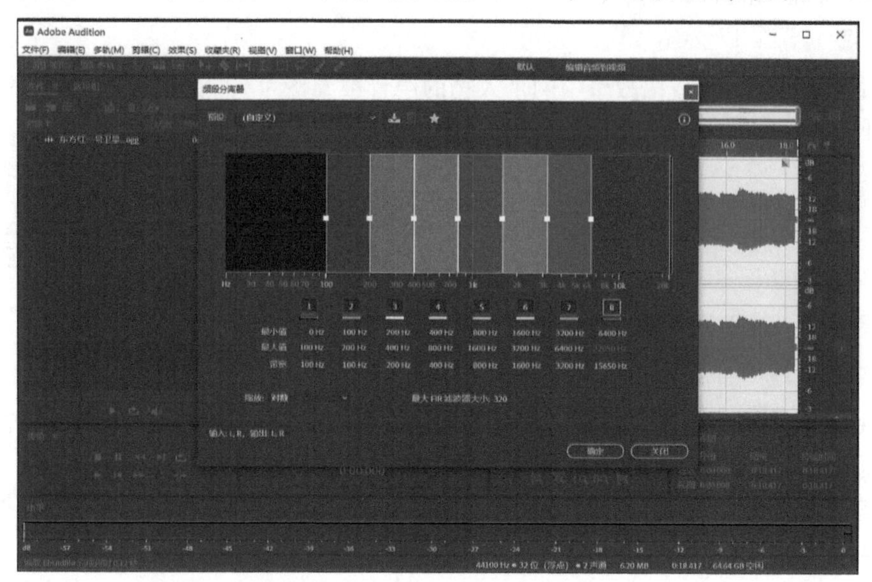

图 1-74　设置若干频段的范围

单击“确定”按钮，等待处理完成，会生成 8 个频段的音频文件，列在文件区域，试听不同频段音频的效果。

逐个选中 8 个音频文件，单击菜单栏“文件”→“另存为”，在“格式”下拉列表中选择“MP3 音频 (*.mp3)”，文件名设为“提取频段声音 n”(n 的值为 1 ～ 8)，单击“确定”按钮，在弹出的“警告”对话框中，单击“是”按钮，保存为 MP3 格式的音频文件。

4. 实验结果

经过实验操作，从原音频文件中提取出 0 ～ 100 Hz、100 ～ 200 Hz、200 ～ 400 Hz、400 ～ 800 Hz、800 ～ 1600 Hz、1600 ～ 3200 Hz、3200 ～ 6400 Hz、6400 ～ 22 050 Hz 这 8 个频段的音频文件。

实验 1.2.17　提取歌曲中的伴奏

1. 实验目的

掌握利用“中置声道提取”功能移除歌曲中的人声、提取伴奏的方法。

2. 实验原理

(1) 中置声道提取一般用于移除歌曲中的人声，其原理是：一般情况下，人声是单声道的，而伴奏是立体声的，即人声的左右声道相同，而伴奏的左右声道不同，所以只要提取出左右声道相同的部分并且降低其音量，就可以消除人声。

(2) 单击菜单栏“效果”→“立体声声像”→“中置声道提取器”，通过在“人声移除”选项下设置合适的参数可以移除人声、提取伴奏。

需要注意的是，中置声道提取器的参数设置因歌曲而异，而且无法保证有很好的效果。

3. 实验内容

(1) 打开、试听音频。

启动 Adobe Audition 2023 软件，单击菜单栏“文件”→“打开”，找到“音频素材”文件夹中的“实验 17”文件夹，打开“一首歌曲 .mp3”音频文件，试听音频。

(2) 移除人声。

单击菜单栏“效果”→“立体声声像”→“中置声道提取器”，弹出“效果 – 中置声道提取”对话框，在“预设”下拉列表中选择“人声移除”选项，“提取”选项下的参数设置如图 1–75 所示。

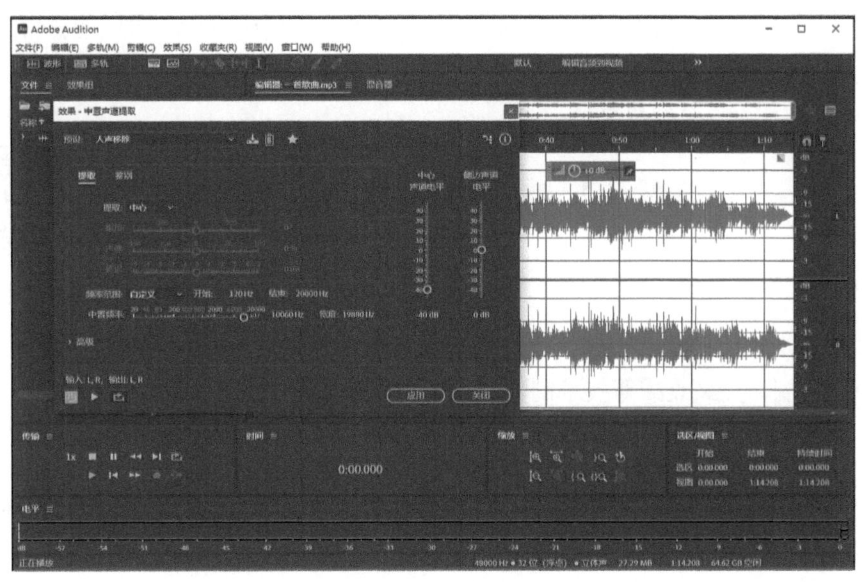

图 1–75　“效果 – 中置声道提取”对话框

单击“鉴别”选项，参数设置如图 1–76 所示，单击“应用”按钮，等待效果处理完毕。

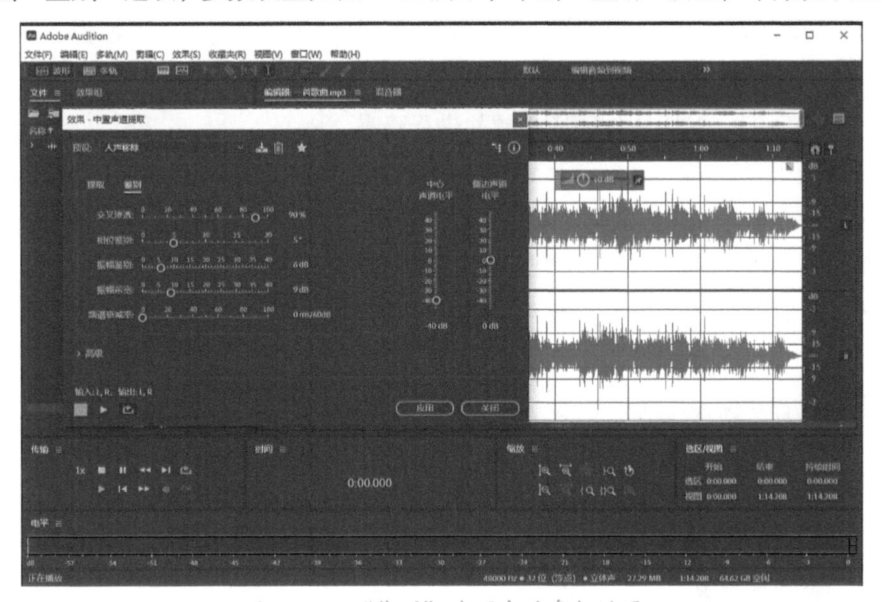

图 1–76　“鉴别”选项中的参数设置

(3) 调整音量并保存。

单击菜单栏“效果”→“振幅与压限”→“增幅”，在增幅对话框中设置增益为 4 dB，勾选“链接滑块”复选框，单击“应用”按钮。试听效果，人声已经被移除。

单击菜单栏“文件”→“另存为”，在“格式”下拉列表中选择“MP3 音频 (*.mp3)”，文件名设为“提取歌曲中的伴奏”，单击“确定”按钮，在弹出的警告对话框中单击“是”按钮，保存为 MP3 格式的音频文件。

4. 实验结果

经过实验操作，原歌曲中的人声部分被完全移除，剩余伴奏音乐部分虽然有所损失，但听觉效果尚可。

实验 1.2.18　制作诗词朗诵配乐混音

1. 实验目的

学会根据朗诵内容制订配乐方案，能够综合运用降噪、截取音频片段、混缩音频、制作淡入淡出、制作交叉衰减等技术制作诗词朗诵配乐混音效果。

2. 实验原理

配乐方案需根据朗诵内容来确定，先试听诗词朗诵内容并区分段落，根据每段时长和配乐间的过渡，确定每段配乐的时长。

3. 实验内容

(1) 音频降噪。

启动 Adobe Audition 2023 软件，单击菜单栏“文件”→“打开”，找到“音频素材”文件夹中的“实验 18”文件夹，打开“诗词朗诵 .mp3”“配乐 1.mp3”“配乐 2.mp3”“配乐 3.mp3”音频文件。试听诗词朗诵音频并进行降噪。

(2) 裁剪配乐素材。

试听诗词朗诵内容，发现其共分为三段，根据三段的时长，考虑到三段配乐之间需要过渡，确定三段配乐的时长分别为 51 s、28 s 和 38 s。分别试听配乐 1、配乐 2、配乐 3，分别选取一个 51 s 的片段、一个 28 s 的片段、一个 38 s 的片段，生成新的文件“未命名 1*”“未命名 2*”“未命名 3*”。

(3) 多轨混音并保存。

在文件区域双击文件“诗词朗诵 .mp3”，单击菜单栏“编辑”→“插入”→“到多轨会话中”→“新建多轨会话”，单击“确定”按钮。按顺序分别将 3 个“未命名 n*”文件拖曳到音轨 2、音轨 3 和音轨 4，并调整好各自的时间段，如图 1-77 所示。可使用移动工具调整文件位置。

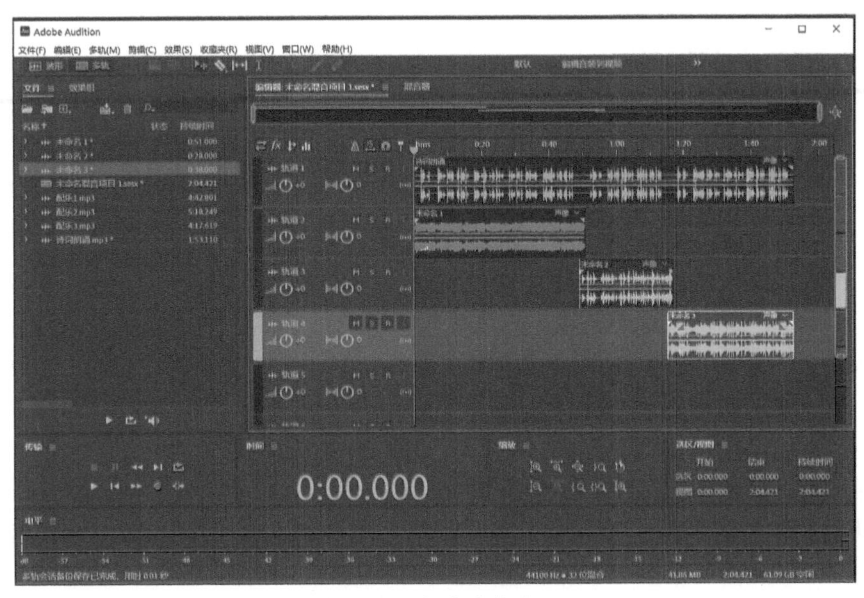

图 1–77　新建多轨会话

为轨道 2 的“未命名 1*”做淡入效果，为轨道 4 的“未命名 3*”做淡出效果，为前两段配乐的重叠部分做交叉衰减，为后两段配乐的重叠部分做交叉衰减，如图 1–78 所示。

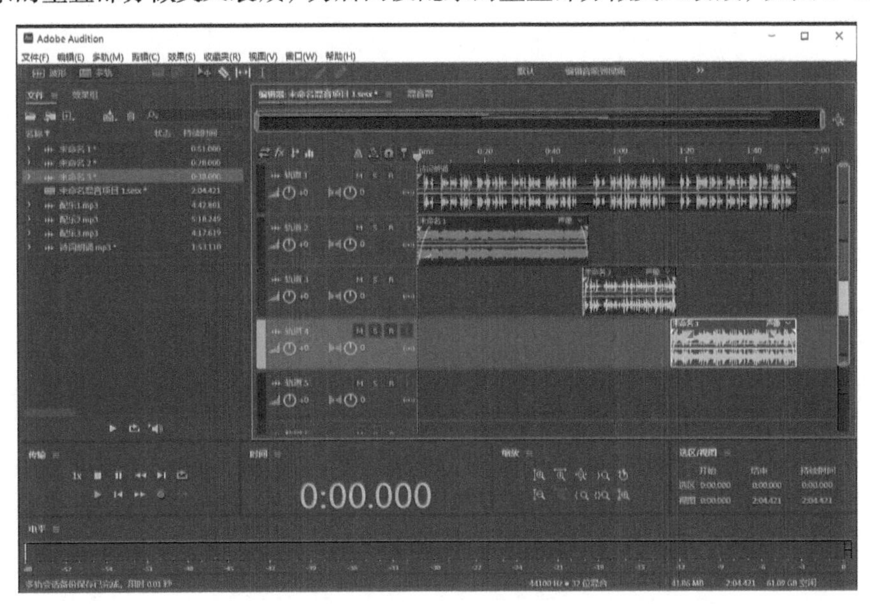

图 1–78　为多轨道做淡入淡出、交叉衰减

试听诗词朗诵配乐效果。单击菜单栏“文件”→“导出”→“多轨混音”→“整个会话”，在“格式”下拉列表中选择“MP3 音频 (*.mp3)”，文件名设为“制作诗词朗诵配乐混音”，单击“确定”按钮，保存为 MP3 格式的音频文件。

4. 实验结果

经过实验操作，原诗词朗诵中的噪声被降低了，三首诗词朗诵被配以三段不同的背景音乐，配乐之间过渡自然。

实验 1.2.19 制作伴奏与演唱混音

1. 实验目的

掌握切割音频块、删除波纹、调整轨道音量、编辑音量包络的方法，能够根据音频的实际情况灵活运用调整音量的方式。

2. 实验原理

(1) 在“时间”面板上输入时间点可指定时间滑块的位置。

(2) 使用“切断所选剪辑工具”可以切割音频块，以实现音频素材剪辑。

(3)“波纹删除”可在删除所选音频块的同时,让后续音频块与前面音频块相连接,而“删除”做不到这一点。

(4) 在“混音器”面板上可调整各轨道的音量，在各轨道左侧小面板处也可实现。

(5) 在多轨编辑中使用音量包络线可以调整音频音量，使得音频在不同时刻的音量是不同的。

3. 实验内容

(1) 新建多轨会话。

单击菜单栏“文件”→“新建”→“多轨会话”，打开“新建多轨会话”对话框，设置会话名称为“制作伴奏与演唱混音”，设置采样率为 48 000 Hz，位深度和混合采用默认设置，单击“确定”按钮。

单击菜单栏“文件”→“打开”，找到“音频素材”文件夹中的“实验 19”文件夹，打开“歌曲伴奏 .mp3”“歌曲清唱 .mp3”音频文件。单击工具栏的“多轨”按钮切换到多轨编辑器界面，把“歌曲伴奏 .mp3”文件拖曳到轨道 1 的起始位置，把“歌曲清唱 .mp3”文件拖曳到轨道 2 的起始位置。可在“缩放”面板调整时间、幅度的缩放，如图 1–79 所示。

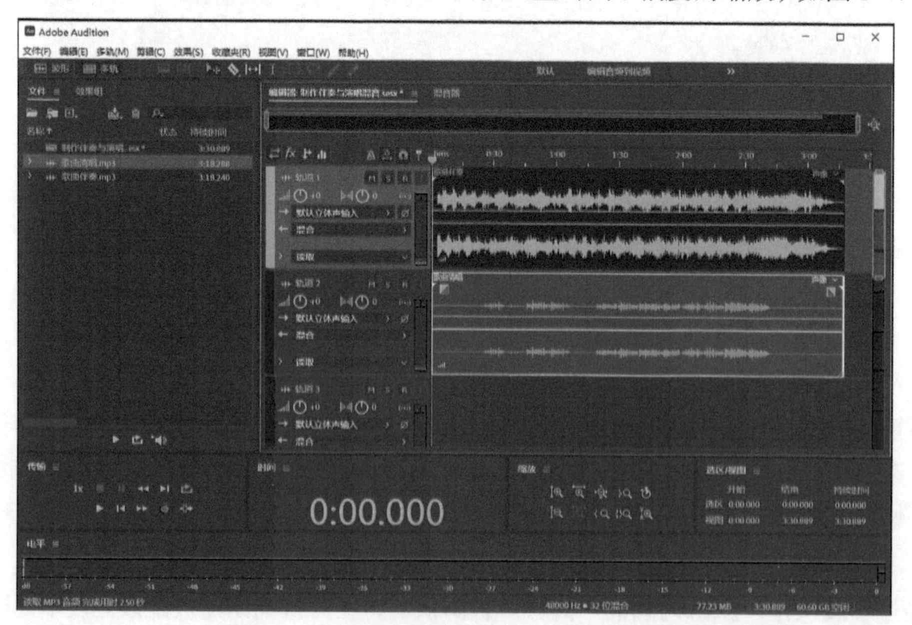

图 1–79 新建多轨会话并插入伴奏和清唱

(2) 切割音频块。

试听音频，发现有清唱跟不上伴奏的现象。在“时间”面板上输入时间 0:23.000，将时间滑块置于这个位置上，放大时间显示。单击工具栏中的“切断所选剪辑工具”，将鼠标指针放置在轨道 2 上与时间滑块对齐处，单击切割音频块，如图 1-80 所示。

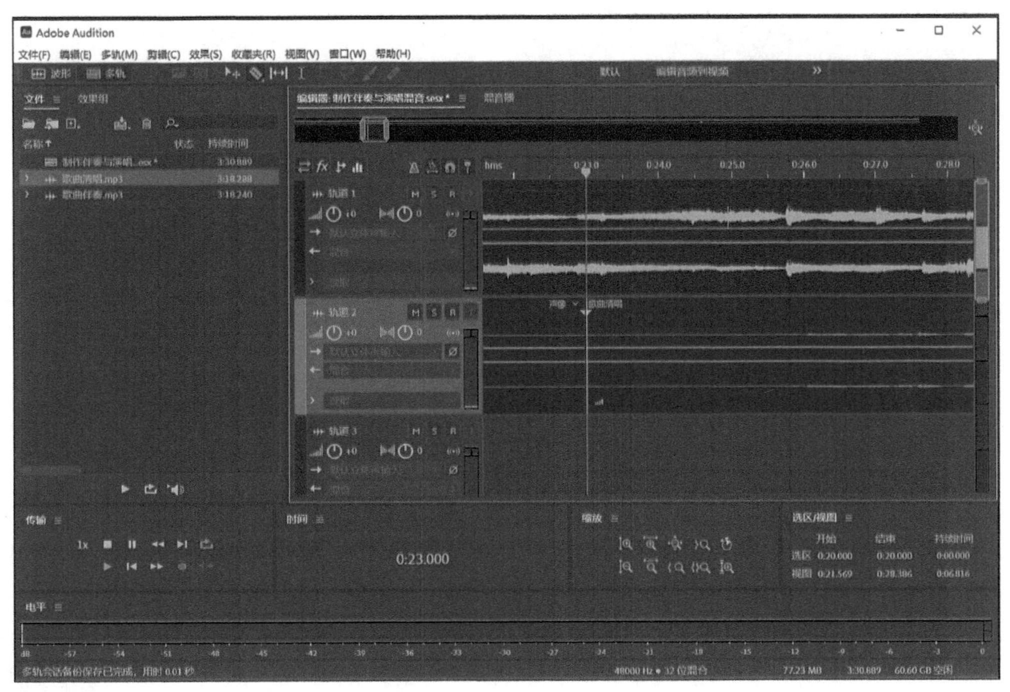

图 1-80　切断音频块

将时间滑块置于0:23.600的位置，再将鼠标指针放置在轨道2上与时间滑块对齐处，单击切割音频块。用鼠标右键单击轨道 2 上中间的小音频块，选择“波纹删除”“所选剪辑”，则小音频块被删除的同时，前后音频块相连接，试听效果。

(3) 调整轨道音量。

歌曲存在清唱声音小、伴奏声音大的问题。单击显示“混音器”面板(如果界面上没有，则单击菜单栏“窗口”→“混音器”)，在面板上设置轨道 1 的音量为 -6，轨道 2 的音量为 6，降低伴奏音量，提高清唱音量。返回编辑器，试听效果。

(4) 加强个别语句。

歌曲还存在个别语句音量过小的问题，可以使用手动调整音量包络线的方法来增大音量。将时间滑块置于 0:40.000 位置，放大时间和振幅显示，在音量包络线上单击添加几个控制点并调整成如图 1-81 所示，试听效果。

单击菜单栏“文件”→“导出”→“多轨混音”→“整个会话”，在“格式”下拉列表中选择“MP3 音频 (*.mp3)”，文件名设为“制作伴奏与演唱混音”，单击“确定”按钮，保存为 MP3 格式的音频文件。

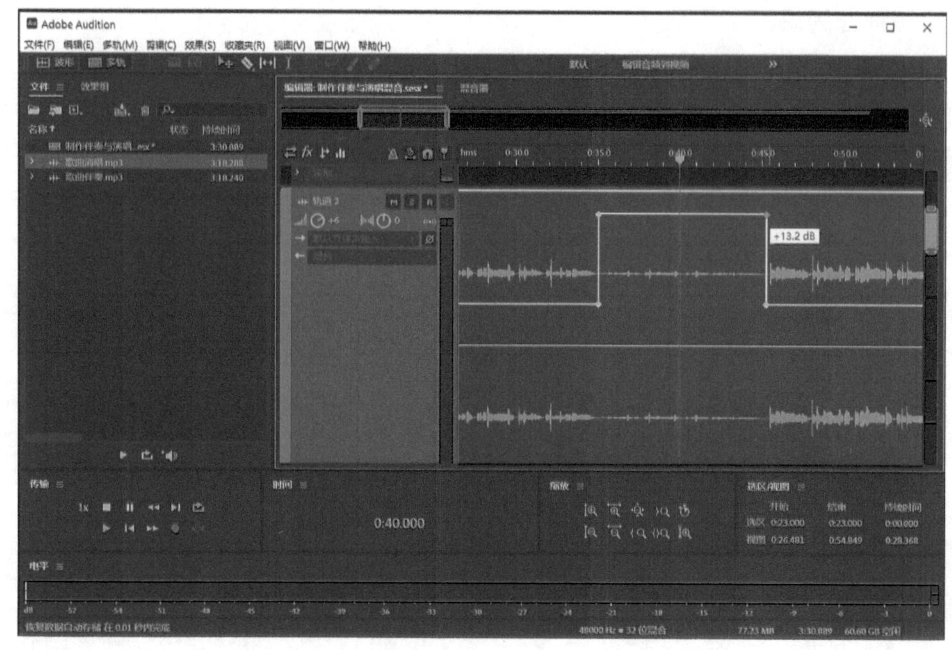

图 1-81　使用调整音量包络线的方法增大音量

4. 实验结果

经过实验操作，实现了歌曲伴奏和歌曲清唱的混音，解决了清唱跟不上伴奏、清唱声音小而伴奏声音大、个别语句音量过小的问题。

实验 1.2.20　制作电台朗诵混音

1. 实验目的

掌握素材循环、移动音频块、复制粘贴音频块的方法，结合多轨编辑、制作淡入淡出、调整轨道音量等技术，制作电台朗诵混音效果。

2. 实验原理

(1) 单击菜单栏“剪辑”→“循环”，在音频块右侧拖曳鼠标可复制素材。

(2) 使用移动工具可移动音频块，调整音频块的位置。

(3) 选中某个音频块，按 Ctrl+C 组合键，可将其复制；将时间滑块置于目标位置并选中目标位置所处轨道，按 Ctrl+V 组合键，可粘贴音频块。

3. 实验内容

(1) 新建多轨会话并处理朗诵和音乐。

启动 Adobe Audition 2023 软件，单击菜单栏“文件”→“新建”→“多轨会话”，设置会话名称为“制作电台朗诵混音”，设置采样率为 44 100 Hz，单击“确定”按钮。

导入“音频素材”文件夹中的“实验 20”文件夹中的“毛泽东的拐杖情缘 .mp3”“音乐 .mp3”“流水声 .mp3”“鸟鸣声 .mp3”“蝉鸣声 .mp3”5 个音频文件。把“毛泽东的拐杖情缘 .mp3”文件拖曳到轨道 1 的起始位置，把“音乐 .mp3”文件拖曳到轨道 2 的起始位置，如图 1-82 所示。

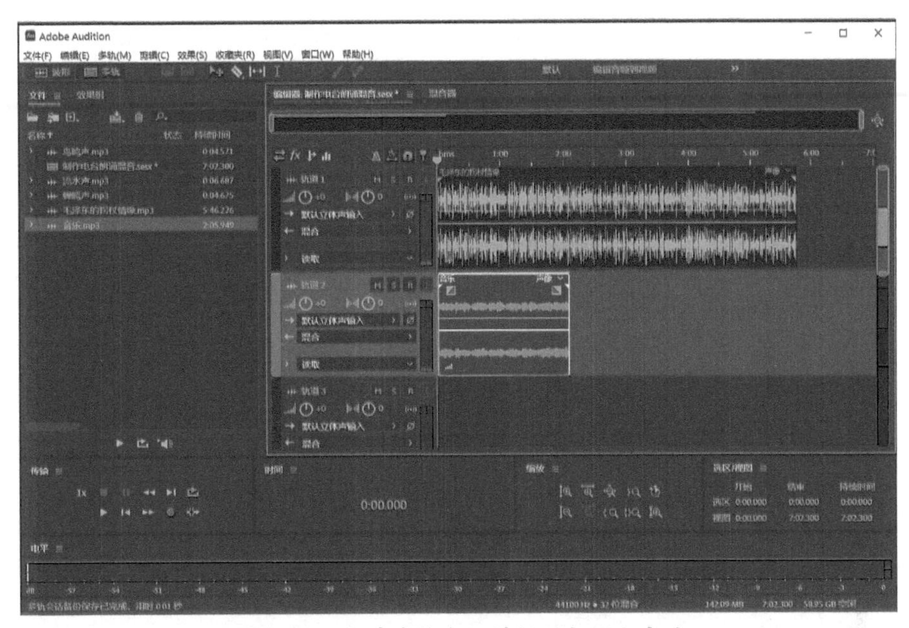

图 1-82　新建多轨会话并插入朗诵和音乐

选中轨道 2，单击菜单栏“剪辑”→“循环”，在轨道 2 音频块左下方会出现循环图标。将鼠标指针放置在轨道 2 音频块的右侧，当鼠标变成时，单击并向右拖曳到超出轨道 1 素材约 6 s 处，松开鼠标，如图 1-83 所示。

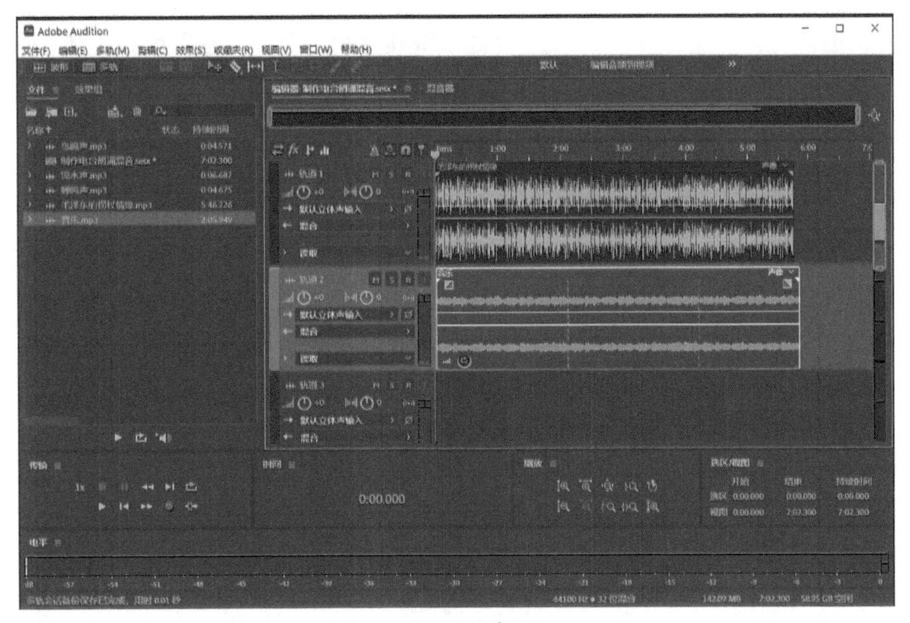

图 1-83　音乐素材循环

在轨道 2 左侧面板处修改音量为 -8，降低轨道 2 的音量大小。

(2) 处理朗诵开始处的音效。

把“流水声 .mp3”文件拖曳到轨道 3 的起始位置，把“鸟鸣声 .mp3”文件拖曳到轨道 4 的起始位置，把“蝉鸣声 .mp3”文件拖曳到轨道 5 的起始位置。将轨道 1 的音频块和轨道 2 的音频块向右拖曳到适当位置，在轨道 3、轨道 4 和轨道 5 左侧面板处修改音量均为 -6。为轨道 2 的素材做淡入效果，为轨道 3、轨道 4、轨道 5 的素材做淡入淡出效果，如图 1-84 所示，试听效果。

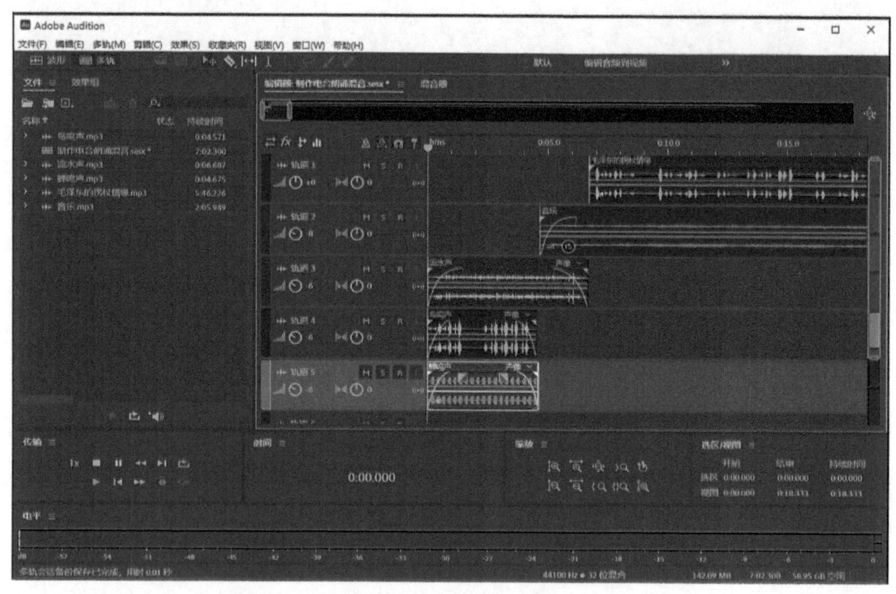

图 1-84　为轨道 3、4、5 的素材做淡入淡出

(3) 处理朗诵结束处的音效。

选中轨道 3 的音频块，按 Ctrl+C 组合键，将其复制，在“传输”面板上单击几下“将播放指示器移到下一个”按钮，将时间滑块移动到轨道 1 的素材的结尾处，按 Ctrl+V 组合键，粘贴音频块。用同样的方法将轨道 4 的音频块、轨道 5 的音频块复制粘贴到各自轨道的结尾处，如图 1-85 所示。

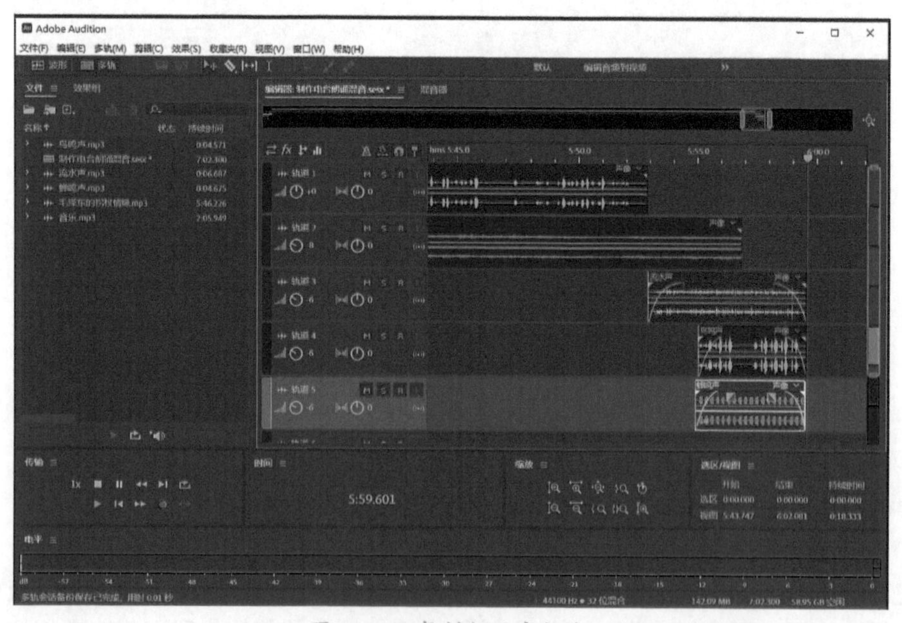

图 1-85　复制粘贴音频块

为轨道 2 素材做淡出效果，如图 1-86 所示，试听效果。

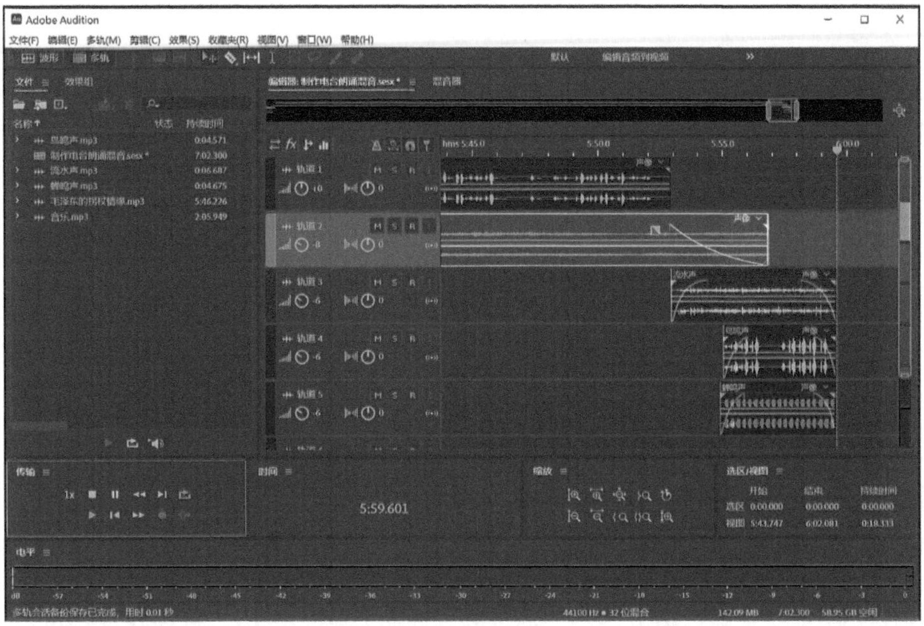

图 1-86　为轨道 2 的素材做淡出效果

单击菜单栏“文件”→“导出”→“多轨混音”→“整个会话”，在“格式”下拉列表中选择“MP3 音频 (*.mp3)”，文件名设为“制作电台朗诵混音”，单击“确定”按钮，保存为 MP3 格式的音频文件。

4. 实验结果

经过实验操作，为朗诵内容添加了配乐以及开始、结束处的大自然音效，制作出电台朗诵混音效果。

1.3　数字音频处理课后作业

课后作业 1.3.1　语音加密处理

1. 内容及制作要求

先录制一段语音，然后对语音做加密处理，使得原来的声音效果发生改变，听者无法辨别出说话者的身份。使用 Adobe Audition 软件录制至少 3 个不同人物的语音，做必要的降噪处理，利用“伸缩与变调”功能改变语音的属性，对加密效果做出评价，将制作好的音频文件保存为 MP3 格式。

2. 上交文件要求

上交一个 MP3 格式的音频文件和一个 Word 文档，均命名为“学号 - 姓名 - 语音加密处理”，Word 文档中包含作品内容介绍、素材介绍、制作过程介绍、收获感悟。

课后作业 1.3.2 校园文艺广播节目制作

1. 内容及制作要求

录制一段校园文艺内容的语音，根据文案内容添加音效和配乐，以广播节目的效果呈现出来。使用 Adobe Audition 2023 软件录制播音员的语音，做必要的降噪处理，查找、收集合适的音效和配乐素材，参考实际校园广播节目的效果，运用音频剪辑、效果添加、多轨混音等技术完成音频编辑，将制作好的音频文件保存为 MP3 格式。

2. 上交文件要求

上交一个 MP3 格式的音频文件和一个 Word 文档，均命名为“学号－姓名－校园文艺广播节目制作”，Word 文档中包含作品内容介绍、素材介绍、制作过程介绍、收获感悟。

课后作业 1.3.3 个人演唱歌曲制作

1. 内容及制作要求

录制一首个人演唱的歌曲，处理好人声和伴奏的关系，尽量优化人声效果，力争达到更好的制作水准。查找、收集合适的伴奏音乐，或者使用乐器伴奏，使用 Adobe Audition 2023 软件跟随伴奏录制演唱者声音，做必要的降噪处理，运用音量调整、效果添加、多轨混音等技术完成演唱和伴奏的混音效果，将制作好的音频文件保存为 MP3 格式。

2. 上交文件要求

上交一个 MP3 格式的音频文件和一个 Word 文档，均命名为“学号－姓名－个人演唱歌曲制作”，Word 文档中包含作品内容介绍、素材介绍、制作过程介绍、收获感悟。

第 2 章　数字图像处理

2.1　数字图像处理基础知识

2.1.1　图像和数字图像

1. 图像

图像是存在于自然界和人类社会中的各种现象、风景、动植物、人物、建筑、物品等通过视觉器官在人的大脑中留下的印记。图像所携带的信息呈现出来非常直观，便于快速地观察、认识和理解，图像也是一种人们接触最多、最为常用的媒体对象。

2. 数字图像

当需要将图像在计算机中进行存储、处理和传播时，就需要先将图像做数字化处理，将其转化为数字图像(即用一系列二进制数字来表示的图像)。例如，如果需要将一幅手绘的画转化为数字图像，可以使用扫描仪。扫描仪会按照一定的输入分辨率和色彩深度对手绘画进行采样，获得离散化空间位置坐标后的离散的像素点，如图 2–1 所示，再通过量化将像素灰度转换成离散的整数值，然后进行编码，最终就生成一幅数字图像，此时转存入计算机中就可以做图像处理了。

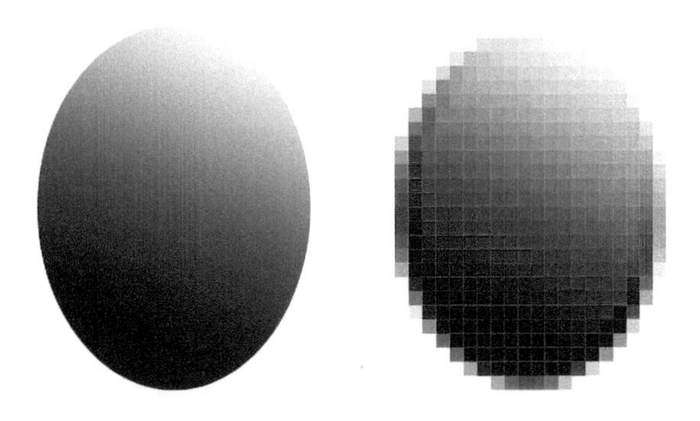

图 2–1　图像数字化

2.1.2　数字图像的获取方法

1. 互联网下载

在互联网上搜索和下载图像素材是一种很常用的数字图像获取方法。互联网上有很多专门的图片素材网站，这些网站可以提供不同主题、风格、类别的数字图像素材，也有打包整理好的数字图像库。在互联网上下载图像和使用图像素材时一定要做到合理、合法，注意区分免费素材和付费素材，要有尊重版权的意识。

2. 用绘图绘画软件创建

目前，可供创建数字图像的绘图绘画软件种类繁多，用户可以根据自身不同的需求选择使用。常用的绘图软件有 Adobe Photoshop、Adobe Illustrator、AutoCAD、CorelDRAW、Visio 等。常用的手绘绘画软件有 Painter、Procreate、Krita、Illuststudio、OpenCanvas 等。另外，Microsoft Office 办公软件中最常用的 Word、Excel、PowerPoint 和 Windows 操作系统中预装的画图程序（如图 2-2 所示）也具有一定的绘图功能。

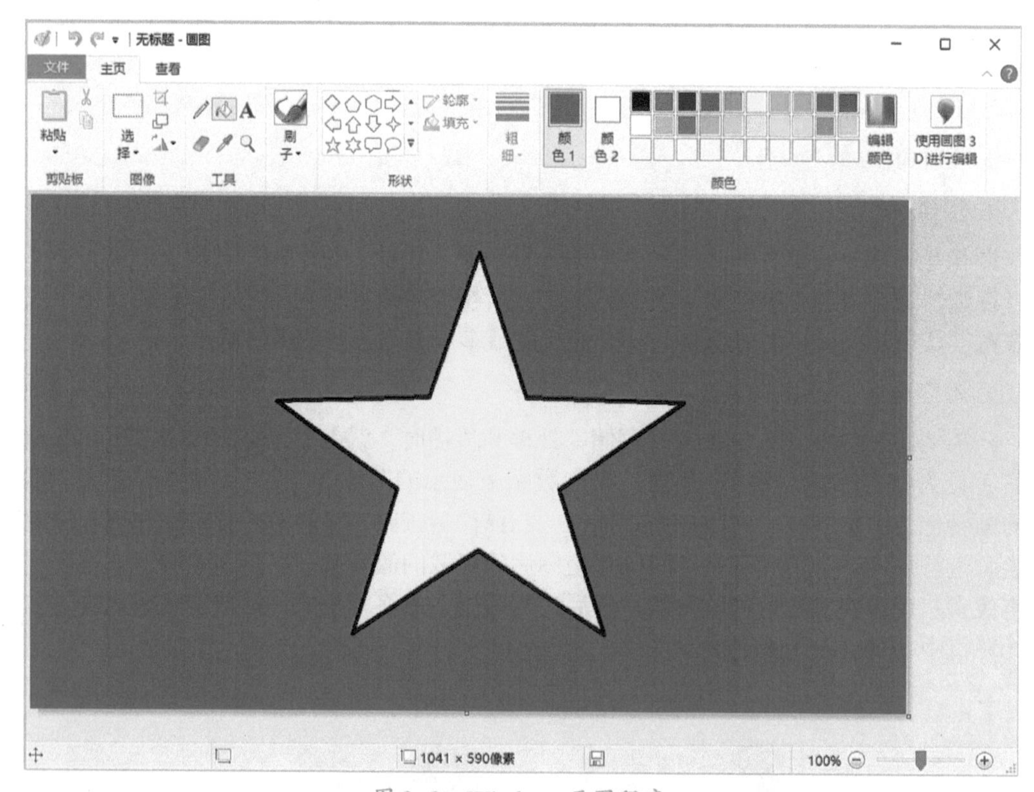

图 2-2　Windows 画图程序

3. 用数码相机、手机拍摄

随着社交媒体平台的发展，人们对用摄影的方式记录和分享美好生活的需求愈发强烈。使用数码相机或者手机亲自拍摄照片获取数字图像几乎是人们每天都在做的事情。数码相机拍摄的照片画质稳定，细节丰富，效果逼真，适合高质量专业照片的拍摄；而智能手机携带方便，可随时随地拍照，画质好且便于社交分享，完全可以满足日常的拍照需求。

4. 用扫描仪生成

如果已有实物图片或者照片，可以使用扫描仪进行扫描获取相应的数字图像，这是一个将模拟图像转换成数字图像的过程，可以生成多种格式的数字图像文件。用扫描仪生成的数字图像的质量和大小取决于设置的输入分辨率和色彩深度，输入分辨率越高，色彩深度位数越多，扫描获取的数字图像效果越逼真，图像文件也越大。

2.1.3　数字图像的相关概念和技术参数

1. 位图和矢量图

位图也称为点阵图，是由像素点构成的图形。位图适合表示色彩丰富、内容复杂、需要展现细节的图像，其文件数据量一般比较大。数码相机或手机拍摄的照片、扫描仪扫描得到的图像都属于位图。Adobe Photoshop 是典型的位图处理软件。

矢量图是基于一定的数学方式描述的图形。矢量图非常便于修改，适合表示色彩和形状比较简单的图像，其文件数据量比较小。矢量图一般是由绘图软件 (如 Adobe Illustrator、CorelDRAW 等) 创建出来的。

直观地区分一幅图像是位图还是矢量图的方法是将图像放大。放大图像时，位图图像会产生模糊和锯齿，而矢量图不会，如图 2-3 所示。位图是基于像素的，修改位图就是在修改像素，在放大过程中位图会减少单位面积内的像素数量，所以图像质量就会有所损失。而矢量图是基于数学参量的，修改矢量图就是在修改数学参量，在放大过程中矢量图只是修改一些坐标点，然后重新生成图像，所以图像质量不会损失。

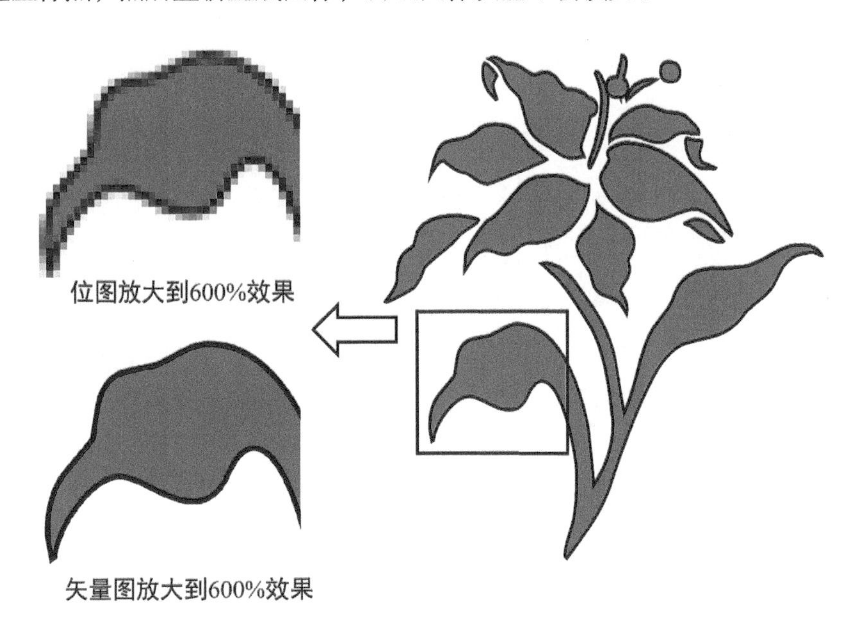

图 2-3　位图、矢量图的放大效果

2. 像素

像素 (Pixel) 是构成位图图像的最基本单元，每个像素都具有一种特定的颜色，与整幅图像的尺寸相比，像素的尺寸非常小。这些尺寸极小的、具有不同颜色的像素纵、横排列起来，就构成了颜色和细节丰富的位图图像，如图 2-4 所示。单位面积内所含像素越多，图像的质量就越好。

图 2–4　位图的像素

3. 分辨率

图像分辨率是指位图图像单位长度内含有的像素数量，单位是像素 / 英寸 (pixels per inch，ppi) 或点 / 英寸 (dot per inch，dpi)。这两个单位用于不同场合，前者在描述显示器、扫描仪等电子设备时使用，后者在打印或印刷时使用。图像分辨率是图像文件所固有的属性，它不会随着环境的不同而发生改变，同时它也是衡量一幅图像质量好坏的关键因素之一。一幅图像的分辨率越高，意味着单位长度内所包含的像素数量越多，图像具有的细节越多，颜色过渡越平滑，图像质量越好，如图 2–5 所示。

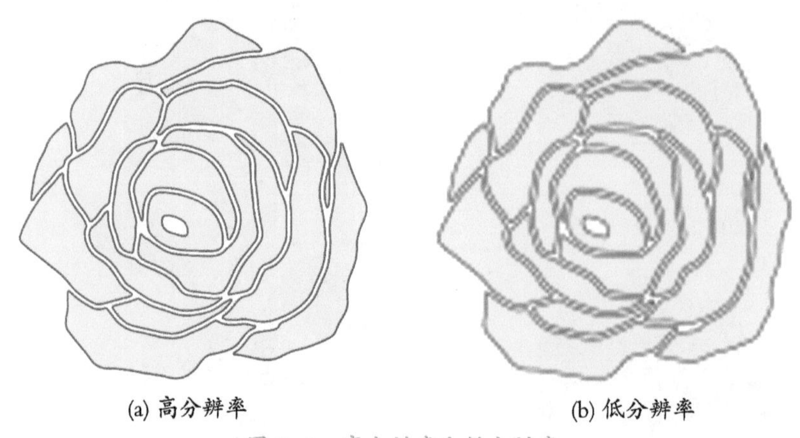

(a) 高分辨率　　(b) 低分辨率

图 2–5　高分辨率和低分辨率

除了图像分辨率以外，还有输入分辨率和输出分辨率的概念。输入分辨率是针对输入设备 (数码相机、扫描仪等) 而言的，指图像被输入时输入设备对图像细节的分辨能力，即单位长度内所能获得的采样点的个数。输出分辨率是针对输出设备 (显示器、打印机等) 而言的，指图像被输出时输出设备对图像细节的分辨能力，即单位长度内所能输出的像素点数。

4. 色彩深度

色彩深度是指存储位图图像中的一个像素的颜色所用的二进制数字的位数。色彩深度决定了一幅图像中能够出现的最多的颜色数量，色彩深度越大，可用的颜色就越多。如果色彩深度是 n 位，那么就有 2^n 种颜色可供使用。

当色彩深度是 1 位时，只有黑、白两种颜色可用来表示图像中的像素，这种图像叫作单色位图或黑白图像。黑白图像的数据量很小，无法展现细节和层次，只能看出整体轮廓，如图 2-6 所示。

图 2-6　单色位图

当色彩深度是 8 位时，有 $2^8 = 256$ 种颜色可用。如果只需要表示出图像的明暗而不是各种色彩，那么这 256 种颜色就被设置为 256 种灰度等级。图像中的每个像素都具有一个在 0～255 之间的灰度值。灰度值为 0 代表白色，灰度值为 255 代表黑色，灰度值为 1～254 代表从白到黑的一系列过渡色，这种图像叫作灰度图像，如图 2-7 所示。

图 2-7　灰度图像

当色彩深度是 24 位时，共有 2^{24} 种颜色可用。如果使用 RGB(红绿蓝)颜色空间，图像中的每个像素都会被分成 R(红)、G(绿)、B(蓝)三个基色分量，24 位的色彩深度被平均分给 R、G、B 三个分量，即 R∶G∶B = 8∶8∶8，则每个基色分量都有 $2^8 = 256$ 种亮度等级，这种图像叫作真彩色图像，也叫作 1600 万色图像或千万色图像。

5. 色彩模式

色彩模式是一种用于表现色彩的数学算法，即数字图像用什么方式在计算机中显示和输出，也可理解为图像的颜色范围及合成方式。

1）RGB 模式

红色 (Red，R)、绿色 (Green，G)、蓝色 (Blue，B) 被称为色光三原色。任意一种颜色的光都可以由不同比例的红、绿、蓝三种颜色的光叠加在一起生成，如图 2-8 所示。RGB 色彩模式就是以色光三原色为基础的色光加色法，是电影、电视、显示器等设备使用的色彩模式。R、G、B 三者各有 8 位的色彩深度，亮度变化范围均为 0 ～ 255，0 表示亮度最小，255 表示亮度最大。

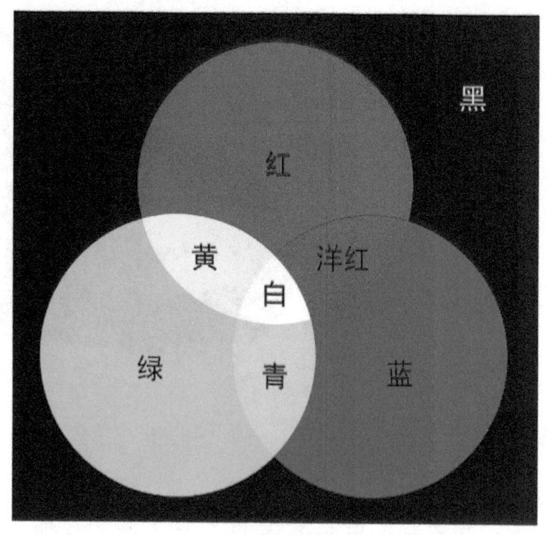

图 2-8　色光三原色

2）CMYK 模式

青色 (Cyan，C)、洋红色 (Magenta，M)、黄色 (Yellow，Y) 被称为色料三原色。任意一种颜色的油墨都可以由不同比例的青、洋红、黄三种颜色的油墨混合在一起生成，如图 2-9 所示。CMYK 色彩模式就是以色料三原色再加上黑色 (Black，B) 为基础的色光减色法，是在印刷中使用的色彩模式。当自然光照射到被印刷在纸上的不同比例的 C、M、Y、K 四种颜色的油墨上时，一部分光被油墨吸收，另一部分光被反射到我们的眼睛里形成色彩视觉。四种油墨的浓度分别用一个百分数来表示，变化范围是 0% ～ 100%，0% 表示浓度最低，100% 表示浓度最高。

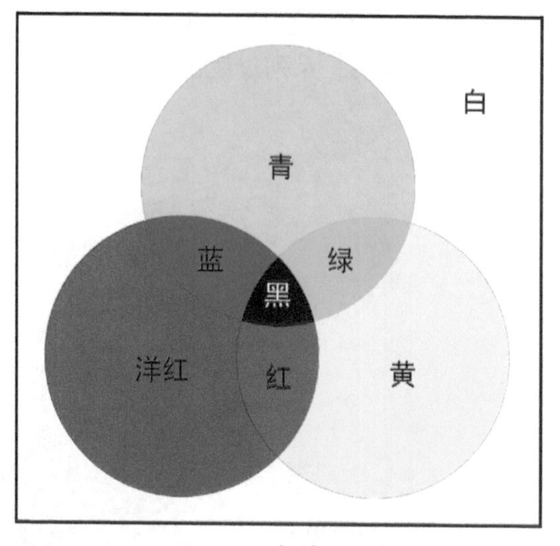

图 2-9　色料三原色

3）HSB 模式

HSB 模式是最符合人眼对色彩的直觉感受的色彩模式，它把色彩分为色相 (Hue，H)、饱和度 (Saturation，H)、明度 (Brightness，B) 三个因素。色相指的是颜色的种类，饱和度指的是颜色的强度或纯度，明度指的是亮度。

图 2-10 所示是标准色轮，红、橙、黄、绿、青、蓝、紫按照逆时针方向排列且首尾相接，中间有一个三角形，上面的小圆圈处的颜色是由当前的 H、S、B 值确定的颜色。

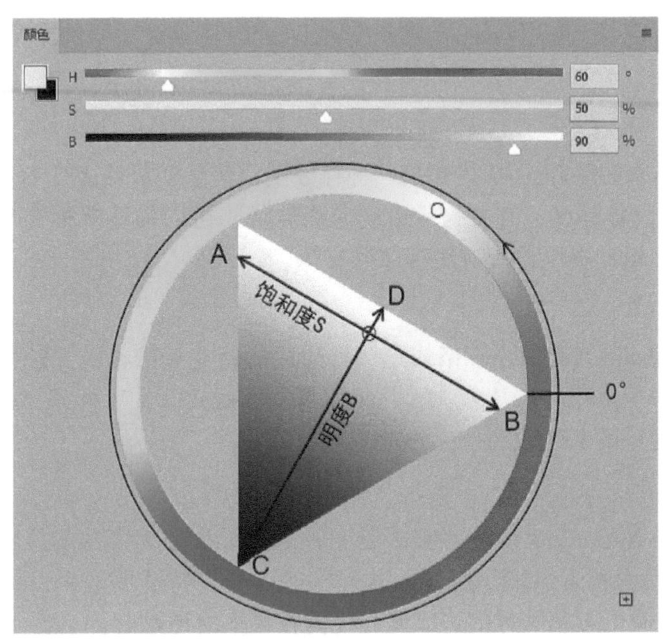

图 2-10　标准色轮

色相的取值是 0°～360°，代表位于色轮上某个角度处的颜色。饱和度的取值是 0%～100%，表示色相中的颜色成分所占的比例，当饱和度从 0% 变化到 100% 时，中间三角形上的小圆圈位置会从 A 点移动到 B 点。明度的取值是 0%～100%，表示颜色的相对明暗程度，0% 代表最暗，100% 代表最亮，当明度从 0% 变化到 100% 时，中间三角形上的小圆圈位置会从 C 点移动到 D 点。

2.1.4　数字图像的文件格式

1. JPEG 格式

JPEG (Joint Photographic Experts Group) 格式是一种高效的压缩图像文件格式，其特点是文件数据量比较小，压缩比可以调节，图像重建质量好，通常用于图像预览和超文本文档中，是互联网上的主流图像格式。

2. PSD 格式

PSD (Photoshop Document) 格式是 Adobe Photoshop 软件的专用图像文件格式。它是唯一可以存取所有 Photoshop 的特有文件信息的格式，使用 Photoshop 做处理并保存为 PSD 格式的文件可以很方便地被再次打开做修改。

3. BMP 格式

BMP (Bitmap) 格式是一种 Windows 平台上常用的标准的点阵式图形文件格式。它支持 1 位、4 位、8 位和 24 位的色彩深度，图像文件几乎不做压缩，包含的信息比较丰富，所以文件数据量比较大，不适合在网络上传输。

4. GIF 格式

GIF (Graphics Interchange Format) 格式是一种在网页上通用的图像格式。它用来存储索引颜色模式的图形图像，采用 Lempel-Zev-Welch(LZW) 压缩算法压缩图像数据以减小文件，加快网络传输时间。

5. TIFF 格式

TIFF (Tag Image File Format) 格式是一种存放图像信息的灵活多变的位图图像格式。它允许多达 48 位的色彩深度，支持跨平台的应用软件，可以描述多种类型的图像，受绝大多数绘画、图像编辑和页面排版应用程序的支持。

6. EPS 格式

EPS (Encapsulated Post Script) 格式是一种通用的行业标准格式。它可同时包含像素信息和矢量信息，图像体积一般比较大，几乎所有页面版式、文字处理、图形应用和绘画程序都接受导入或置入的 EPS 文件。

7. PNG 格式

PNG (Portable Network Graphics) 格式是一种采用无损压缩算法的位图格式。它支撑真彩色图像、灰度图像和索引颜色图像，其突出特点是支持透明效果，可以为原图像定义 256 个透明层次，使得彩色图像的边缘能与任何背景平滑地融合。

8. SVG 格式

SVG (Scalable Vector Graphics) 格式是一种用于描述二维矢量图形的图像格式。它具有图像文件可读、易于修改和编辑、可方便地创建文字索引、支持多种滤镜和特殊效果、可动态生成图形、可与现有技术互动融合等优点。

2.2 数字图像处理实验

实验 2.2.1 图片的缩放、移动和保存

1. 实验目的

熟悉 Adobe Photoshop 2023 软件的工作界面，掌握图像文件的打开、面板的显示和移动、图像显示方式的改变、图像的缩放、“移动工具”的使用、图像文件的保存，了解 PSD 和 JPEG 两种图像格式的区别。

2. 实验原理

(1) 单击菜单栏“文件”→“打开”可打开图像文件。

(2) 单击菜单栏中“窗口”中的某种面板，可显示或隐藏该面板，面板的位置可任意移动，几个不同的面板可合并显示。

(3) 单击菜单栏“窗口”→“排列”可改变图像的显示方式。

(4) 使用“缩放工具”“抓手工具”“导航器”面板可缩放图像。

(5) 使用“移动工具”可将一幅图像插入另一幅图像中，也可调整一幅图像在另一幅图像中的位置。

(6) 单击菜单栏“文件”→“存储为”可保存 PSD 等格式的图像文件，单击菜单栏“文件”→“存储副本”可保存 JPEG 等格式的图像文件。

(7) PSD 格式是 Photoshop 软件专用的图像格式，用于保留图层、通道等信息，便于再次编辑；JPEG 格式是一种常用的图像格式，在无须再次编辑，输出成品图像时使用。

3. 实验内容

(1) 启动软件，打开图像文件，熟悉工作界面。

启动 Adobe Photoshop 2023 软件，单击菜单栏“文件”→“打开”，找到“图像素材”文件夹中的“实验 1”文件夹，打开“海洋 .jpg”“鱼 .png”图像文件，如图 2–11 所示。

图 2–11　打开图像文件

熟悉工作界面的各部分，包括第一行的菜单栏、第二行的属性栏、左侧的工具栏、中间的图像窗口、右侧的常用面板等。

(2) 面板的显示和移动、图像的显示方式。

单击菜单栏“窗口”(里面有全部面板)，单击一个面板(或再次单击)可以使该面板在工作界面中显示(或隐藏)。面板的位置可以任意移动，几个不同的面板可以合并显示。例如，“图层”面板、“通道”面板和“路径”面板一般合并在一起显示。单击菜单栏“窗口”→“排列”，其中有若干种图像的显示方式，可分别尝试一下。

(3) 图像的缩放。

在工具栏中单击选择“缩放工具”，在图像上单击鼠标左键、长按左键或点住左键向右拖曳，可以将图像放大。在键盘上按住 Alt 键，在图像上单击鼠标左键、长按左键或点住左键向左拖曳，可以将图像缩小。当图像被放大到在图像窗口中只有一部分显示时，在工具栏中单击选择“抓手工具”，在图像上点住鼠标左键拖曳，可以改变图像显示部分的位置。利用“导航器”面板也可以对图像进行缩放和改变显示部分位置，如图 2–12 所示。

图 2-12 利用“导航器”面板缩放和改变显示部分位置

(4) “移动工具”的使用。

单击菜单栏“窗口”→“排列”→“使所有内容在窗口中浮动”，调整两幅图像的大小和缩放，让它们同时显示出来。在工具栏中选择“移动工具”，在“鱼”图像中点住鼠标左键，把图像拖曳到“海洋”图像中，松开鼠标左键，则“鱼”图像被插入了“海洋”图像中。还可以使用“移动工具”在“海洋”图像中调整“鱼”图像的位置，如图 2-13 所示。

图 2-13 使用“移动工具”调整图像位置

(5) 保存图像文件。

单击“海洋 .jpg”图像的标题，单击菜单栏“文件”→“存储为”，在“保存类型”下拉列表中选择“Photoshop(*.PSD、*.PDD、*.PSDT)”，文件名设为“图片的缩放、移动和保存”，单击“保存”按钮，在弹出的对话框中单击“确定”按钮，保存为 PSD 格式的图像文件。

单击“海洋 .jpg”图像的标题，单击菜单栏“文件”→“存储副本”，在“保存类型”下拉列表中选择“JPEG(*.JPG;*.JPEG;*.JPE)”，文件名设为“图片的缩放、移动和保存”，单击“保存”按钮，在弹出的“JPEG 选项”对话框中设置“品质”为 12，单击“确定”按钮，保存为 JPEG 格式的图像文件。

4. 实验结果

经过实验操作，“鱼 .png”图像被插入到“海洋 .jpg”图像中，“海洋 .jpg”图像被保存为 PSD 和 JPEG 两种格式的图像文件。

实验 2.2.2　认识图像的图层

1. 实验目的

认识“图层”的概念，能够熟练应用“图层”面板实现图层的显示、隐藏、重命名、顺序调整、移动、链接、删除、新建、属性设置、合并等操作。

2. 实验原理

(1) “图层”面板中“图层缩览图”前面的眼睛标志可控制图层的显示和隐藏。

(2) 在“图层”面板某个图层名称上双击鼠标左键可重命名该图层。

(3) 在“图层”面板中用点住鼠标左键拖曳的方式可改变图层的顺序。

(4) 使用“移动工具”在图像区域点住鼠标左键拖曳图层内容可以移动图层。

(5) 在“图层”面板中选中若干图层作链接图层，被链接的图层可被同时移动。

(6) 在“图层”面板中选中某图层，单击鼠标右键选择“删除图层”，或者用鼠标左键点住该图层拖曳到“删除图层”按钮上，均可删除图层。

(7) 单击“图层”面板下方的“创建新图层”按钮可新建图层。

(8) 在“图层”面板的右上方是图层“不透明度”，左上方是图层“混合模式”。

(9) 在“图层”面板中选中所有图层，在某个图层处单击鼠标右键，选择“合并图层”可合并这些图层。

3. 实验内容

(1) 启动软件，打开图像文件，显示和隐藏图层。

启动 Adobe Photoshop 2023 软件，单击菜单栏“文件”→“打开”，找到“图像素材”文件夹中的“实验 2”文件夹，打开“水果 .psd”图像文件。在“图层”面板中可以看到，它包含图层 0、1、2、3、4、5 共六个图层。

在“图层”面板中，每个“图层缩览图”的前面都有一个眼睛标志，它可以控制该图层的显示和隐藏，尝试单击几个图层的眼睛标志，观察图像的变化，如图 2-14 所示。

图 2-14　显示和隐藏图层

(2) 重命名图层。

在“图层”面板中某一个图层的名称上双击鼠标左键，即可重命名该图层，重命名图层可以帮助区分各个图层的内容，如图 2-15 所示。

图 2-15　重命名图层

(3) 调整图层顺序。

在“图层”面板中，图层的顺序就是图像中各个图层实际叠放的顺序，可以在“图层”面板中用点住鼠标左键拖曳的方式改变图层的顺序，从而改变图像中图层实际叠放的顺序。例如，将“橙子”图层拖曳到“草莓”图层的上方，如图 2-16 所示。

图 2–16　调整图层顺序

(4) 移动图层。

在“图层”面板中单击选中想要移动的图层，在工具栏中单击选择“移动工具”，在图像区域点住鼠标左键拖曳图层内容可以移动图层。例如，分别移动“西瓜”“苹果”图层，如图 2–17 所示。

图 2–17　移动图层

(5) 链接图层。

按下 Ctrl 键，在“图层”面板中分别单击选中“苹果”“草莓”图层，在“苹果”或“草莓”图层处单击鼠标右键，选择“链接图层”，可以发现“苹果”“草莓”图层名称后方都出现了“锁链”形状，代表二者已经被链接，此时这两个图层可同时被移动，如图 2–18 所示。

图 2-18　链接图层

(6) 删除和新建图层。

在“图层”面板中选中“背景”图层，单击鼠标右键，选择“删除图层”，在弹出的对话框中单击“是”按钮，或者用鼠标左键点住“背景”图层拖曳到“图层”面板右下角的“删除图层”按钮上，则可发现图像背景变为马赛克，即为透明的。

单击“图层”面板下方的“创建新图层”按钮，新建一个“图层 1”，将这个图层移动到最下方。选中此图层，单击菜单栏“编辑”→“填充”，弹出“填充”对话框，在“内容”下拉列表中选择“颜色”，在弹出的“拾色器”中选择某一种颜色，单击“确定”按钮，再单击“确定”按钮，就为新建的图层填充了颜色，如图 2-19 所示。

图 2-19　删除和新建图层

(7) 设置图层属性。

在“图层”面板右上方可以设置当前图层的“不透明度”，在左上方可以设置当前图层的“混合模式”，可分别尝试一下，观察图像效果。例如，设置“橙子”图层的“不透明度”为 70%，设置“香蕉”图层的“混合模式”为实色混合，如图 2-20 所示。

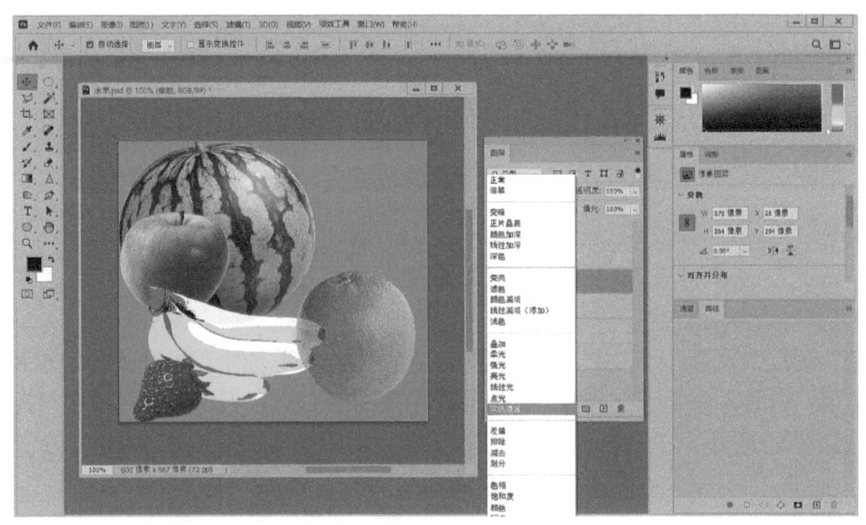

图 2-20　设置图层属性

(8) 合并图层并保存图像文件。

完成所有图层编辑后，如果确认不需要再次编辑，就可以合并图层。按住 Shift 键，在“图层”面板中单击最上、最下两个图层可选中所有图层，在某个图层处单击鼠标右键，选择“合并图层”，则将所有图层合为一个图层，如图 2-21 所示。

图 2-21　合并图层

注意，合并图层并保存 PSD 图像文件后，如果再次打开 PSD 文件，则只有一个图层，原来的多个图层无法再恢复，所以一定要先确认是否需要再次编辑，再决定是否合并图层。分别保存 PSD 格式、JPEG 格式图像文件，文件名均设为“认识图片的图层”。

4. 实验结果

经过实验操作，西瓜、苹果和草莓的位置均发生了变化，橙子变到了香蕉的前面且透明度发生变化，香蕉的混合模式发生了变化，背景颜色也发生了变化。

实验 2.2.3　建立规则形状选区

1. 实验目的

认识“选区”的概念，掌握解锁图层、用“矩形选框工具”和“椭圆选框工具”建立选区、取消选区、设置“羽化”、填充颜色的方法。

2. 实验原理

(1) “选区”是被移动着的虚线包围起来的一片区域，作用是使得一片区域被选中，以备进行某些编辑操作。

(2) 在“图层”面板中双击图层可解锁图层，图层被锁定时不能做某些编辑操作。

(3) 使用“矩形选框工具”“椭圆选框工具”在图像区域点住鼠标左键并拖曳可建立选区。

(4) 在属性栏选择“新选区”方式的情况下，在图像中单击鼠标左键可取消选区，单击菜单栏“选择”→“取消选择”也可取消选区。

(5) 设置“羽化”可让选区边缘柔和过渡，羽化越大，过渡区越大。

(6) 建立选区后，单击菜单栏“编辑”→“填充”，可为选区填充指定颜色。

3. 实验内容

(1) 启动软件，打开图像文件。

启动 Adobe Photoshop 2023 软件，单击菜单栏“文件”→“打开”，找到“图像素材”文件夹中的“实验 3”文件夹，打开“企鹅.jpg”“沙丁鱼.jpg”图像文件，选择显示“企鹅.jpg”图像。

(2) 解锁图层。

在“图层”面板中发现，此图像文件包含一个背景图层，这个图层右侧有一个锁头标志，表示图层被锁定，不能做某些编辑操作，所以要先解锁这个图层。在“图层”面板中双击“背景”图层，在弹出的对话框中单击“确定”按钮，则图层被解锁，图层名称也改为“图层 0”，如图 2–22 所示。

图 2–22　解锁图层

(3) 建立选区和取消选区。

在工具栏中，“矩形选框工具”、“椭圆选框工具”、“单行选框工具”和“单列选框工具”位于同一个工具组中。在当前工具栏上显示的该工具组中的某个工具上，长按鼠标左键或者单击鼠标右键，可以显示该工具组中的全部工具，单击选择需要的工具。

在工具栏中选择“矩形选框工具”，在图像区域点住鼠标左键并拖曳，可以建立矩形选区。“选区”是被移动着的虚线包围起来的一片区域，如图 2-23 所示。

图 2-23　建立选区

在软件第二行的属性栏中有四个建立选区的方式，分别是“新选区”“添加到选区”“从选区减去”“与选区交叉”。选区被建立以后，在选择“新选区”方式的情况下，在图像中单击鼠标左键即可取消选区。单击菜单栏“选择”→“取消选择”也可取消选区。

(4) 使用“移动工具”。

单击菜单栏“窗口”→“排列”→“使所有内容在窗口中浮动”，调整两幅图像的大小和缩放，让它们同时显示出来。在工具栏中单击“移动工具”，在“沙丁鱼”图像中点住鼠标左键，把图像拖曳到“企鹅”图像中松开鼠标左键，则“沙丁鱼”图像被插入到“企鹅”图像中，再将“沙丁鱼”图像移动到“企鹅”图像的右上方，如图 2-24 所示。

在“图层”面板中可以看到图像多了一个“图层 1”，将图层 1 拖曳到图层 0 下方，关闭“沙丁鱼”图像。

图 2-24　使用“移动工具”

(5) “羽化”的作用。

在“图层”面板中单击选中图层 0（企鹅图层），在工具栏中选择“椭圆选框工具” ，在属性栏设置“羽化”为 20 像素，在图像右上方点住鼠标左键，拖曳建立一个椭圆选区，如图 2-25 所示。

图 2-25　建立一个椭圆选区

在键盘上按 Delete 键，删除选区中的内容，露出了下方的沙丁鱼图像，在图像中单击鼠标左键取消选区。

新建一个图层 2，位于图层 0 上方，在工具栏选择“椭圆选框工具”，在属性栏设置

“羽化”为 10 像素，建立一个小椭圆选区，单击菜单栏“编辑”→“填充”，弹出“填充”对话框，在“内容”下拉列表中选择“黑色”，设置“不透明度”为 80%，单击“确定”按钮，取消选区。同理，再建立一个更小的羽化的小椭圆选区，进行同样的填充，取消选区，完成效果如图 2-26 所示。

图 2-26　建立羽化的选区并填充颜色

分别保存为 PSD 格式、JPEG 格式的两个图像文件，文件名均设为“建立规则形状选区”。

4. 实验结果

经过实验操作，制作出一幅企鹅梦想吃沙丁鱼的图像。

实验 2.2.4　魔棒工具的使用

1. 实验目的

能够识别纯色背景的主体并选用“魔棒工具”抠图，掌握用“魔棒工具”抠图、反选、自由变换的方法。

2. 实验原理

(1) “魔棒工具”抠图适合主体的背景是大片同一种颜色的情况。

(2) 用“魔棒工具”抠图要先单击纯色背景建立背景选区，再反选建立主体选区，并注意单击前要在属性栏勾选“连续”。

(3) 在“图层”面板中选中某图层，单击菜单栏“编辑”→“自由变换”或按 Ctrl+T 组合键，图层周围会出现一个带节点的边框，可完成图层的缩放、旋转、移动等自由变换操作。

3. 实验内容

(1) 启动软件，打开图像文件，解锁图层。

启动 Adobe Photoshop 2023 软件，单击菜单栏“文件”→“打开”，找到“图像素材”文件夹中的“实验 4”文件夹，打开“蝴蝶 .jpg”“花朵 .jpg”图像文件，分别解锁图层，选择显示“蝴蝶 .jpg”图像。

(2) 用“魔棒工具”抠图。

在工具栏中选择“魔棒工具”。注意，“对象选择工具”、“快速选择工具”和“魔棒工具”位于同一个工具组中。

在属性栏中不勾选“连续”，设置“容差”为 30，在图片的白色区域单击鼠标左键，可选中所有白色部分，除了蝴蝶外部的白色区域以外，蝴蝶身体上的白色区域也被选中了，如图 2–27 所示。

图 2–27　不勾选“连续”时建立背景选区

单击图像取消选区。在属性栏勾选“连续”，设置“容差”为 30，在图片白色区域单击鼠标左键，这次只选中了蝴蝶外部的白色区域，如图 2–28 所示。

图 2–28　勾选“连续”时建立背景选区

(3) 反选、移动和自由变换。

单击菜单栏“选择”→“反选”，此时蝴蝶被选中。单击菜单栏“窗口”→“排列”→“使所有内容在窗口中浮动”，调整两幅图像的大小和缩放，让它们同时显示出来。在工具栏中单击“移动工具”，在“蝴蝶”图像中的蝴蝶选区上点住鼠标左键，把选区拖曳到“花朵”图像中，松开鼠标左键，则蝴蝶选区被插入了“花朵”图像中，在图层面板中可以看到“花朵”图像多了一个图层“图层 1”。关闭“蝴蝶”图像，在弹出的对话框中单击“否”按钮，即不保存。

在花朵图像的“图层”面板中选中“图层 1”，单击菜单栏“编辑”→“自由变换”或按 Ctrl+T 组合键，可以发现蝴蝶周边出现一个带节点的边框。点住鼠标左键拖曳边框，可以按比例缩放蝴蝶，按住 Shift 键拖曳边框，可不按比例缩放，在边框四角拖曳可旋转蝴蝶，在边框内部点住鼠标拖曳可以移动蝴蝶，单击鼠标右键还可选择其他自由变换操作，如图 2-29 所示。完成编辑后，按回车键，或在边框内部双击鼠标左键，或单击属性栏右侧的“提交变换”按钮✓均可结束编辑。

图 2-29　蝴蝶的自由变换

分别保存为 PSD 格式、JPEG 格式的两个图像文件，文件名均设为“魔棒工具的使用”。

4. 实验结果

经过实验操作，在纯色背景中实现了蝴蝶的抠图，将蝴蝶移入花朵图像中并完成蝴蝶的自由变换。

实验 2.2.5　多边形套索的使用

1. 实验目的

能够识别具有直线边缘的主体并选用“多边形套索工具”抠图，掌握用“多边形套索工具”抠图的方法。

2. 实验原理

(1)“多边形套索工具”抠图适合具有直线边缘的主体的情况。

(2) 用“多边形套索工具”抠图要在主体的一个顶点上单击鼠标左键后松开，沿着主体的边缘拖曳鼠标，遇到其他顶点时单击一下鼠标后松开，直到鼠标移动到起始点附近区域出现一个小圆圈为止，单击鼠标左键后选区形成。

(3) 在拖曳和点击过程中，如果在错误的点单击了鼠标，可按 Delete 键取消这个点。

3. 实验内容

(1) 启动软件，打开图像文件，解锁图层。

启动 Adobe Photoshop 2023 软件，单击菜单栏“文件”→“打开”，找到“图像素材”文件夹中的“实验 5”文件夹，打开“积木.jpg”“树枝.jpg”图像文件，分别解锁图层，选择显示“积木.jpg”图像。

(2) 用“多边形套索工具”抠图。

在工具栏中单击“多边形套索工具”。注意，“套索工具”、“多边形套索工具”和“磁性套索工具”位于同一个工具组中。

在“积木”图像左侧房子的一个顶点上，单击鼠标左键后松开，沿着房子的边缘拖曳鼠标，遇到其他顶点时，单击一下鼠标后松开，如图 2-30 所示。在拖曳和点击过程中，如果在错误的点单击了鼠标，想要取消这个点，可以按 Delete 键。

图 2-30　取消错误的点

继续沿着房子的边缘拖曳鼠标，直到鼠标移动到起始点附近区域时，可以发现鼠标旁边出现一个小圆圈，此时，单击鼠标左键一个闭合的完整选区就形成了，如图 2-31 所示。

图 2-31　用多边形套索工具抠图

(3) 移动和自由变换。

单击菜单栏“窗口”→“排列”→“使所有内容在窗口中浮动”，调整两幅图像的大小和缩放，让它们同时显示出来。在工具栏中单击“移动工具”，在“积木”图像中的房子选区上点住鼠标左键，把选区拖曳到“树枝”图像中，松开鼠标左键，则房子选区被插入了“树枝”图像中。在图层面板中可以看到“树枝”图像多了一个“图层 1”。关闭“积木”图像，在弹出的对话框中单击“否”按钮，即不保存。在“树枝”图像的“图层”面板中选中“图层 1”，单击菜单栏“编辑”→“自由变换”或按 Ctrl+T 组合键，可以发现房子周边出现一个带节点的边框。点住鼠标左键拖曳边框按比例缩放房子，在边框内部点住鼠标拖曳移动房子，单击鼠标右键选择“水平翻转”，如图 2-32 所示。完成编辑后，按回车键结束编辑。

图 2-32　移动和自由变换

分别保存为 PSD 格式、JPEG 格式的两个图像文件，文件名均设为“多边形套索的使用”。

4. 实验结果

经过实验操作，实现了具有直线边缘的房子的抠图，将房子移入树枝图像中，并完成房子的自由变换。

实验 2.2.6　磁性套索的使用

1. 实验目的

能够识别具有不规则边缘的主体并选用“磁性套索工具”抠图，掌握用“磁性套索工具”抠图、反选、图像去色的方法。

2. 实验原理

(1) “磁性套索工具”抠图适合具有不规则边缘的主体的情况。

(2) 用“磁性套索工具”抠图要在主体的一个顶点上单击鼠标左键后松开，沿着主体的边缘拖曳鼠标，磁性套索可自动追踪主体的边缘，必要时要利用鼠标左键的单击帮助磁性套索选取正确的点，即自动追踪结合人为指引，共同选出正确的选区，直到鼠标移动到起始点附近区域出现一个小圆圈为止，单击鼠标左键后选区形成。

(3) 如果在拖曳和点击过程中在错误的点单击了鼠标，可按 Delete 键取消这个点。

(4) 单击菜单栏“图像”→“调整”→“去色”，可将图层或选区变成灰色图像。

3. 实验内容

(1) 启动软件，打开图像文件，解锁图层。

启动 Adobe Photoshop 2023 软件，单击菜单栏“文件”→“打开”，找到“图像素材”文件夹中的“实验 6”文件夹，打开“花儿和蜜蜂 .jpg”图像文件，解锁图层，将有蜜蜂的花儿区域完整地放大显示。

(2) 用“磁性套索工具”抠图。

在工具栏中单击“磁性套索工具”。注意，“套索工具”、“多边形套索工具”和“磁性套索工具”位于同一个工具组中。

在有蜜蜂的花儿的边缘处单击鼠标左键后松开，沿着花儿的边缘拖曳鼠标，可以发现，套索可以自动追踪花儿的边缘，如图 2–33 所示，这是因为粉色花朵和相邻背景的色差较大，很容易区分出边界。

图 2–33　用“磁性套索工具”自动追踪花儿的边缘

当遇到花儿的杆时，由于杆的颜色和邻近背景的色差很小，此时，选区走向很可能出现如下错误，即出现了错误的点，如图 2-34 所示，可以按 Delete 键消除这些点。

图 2-34　可能出现的错误点

正确的处理办法是利用鼠标左键的单击帮助磁性套索工具选一些边缘上正确的点，人为指引着选出正确的选区，直到鼠标移动到起始点附近区域时，可以发现鼠标旁边出现一个小圆圈，此时，单击鼠标左键，一个闭合的完整选区就形成了，如图 2-35 所示。

图 2-35　自动追踪结合人为指引选出正确选区

(3) 反选和颜色调整。

缩小图像使其全部显示，单击菜单栏“选择”→“反选”，此时，除有蜜蜂的花儿之外的部分被选中。单击菜单栏“图像”→“调整”→“去色”，可以将除有蜜蜂的花儿之外的部分变成灰色图像。单击菜单栏“选择”→“取消选择”取消选区。完成效果如图 2–36 所示。

图 2–36 反选和颜色调整

分别保存为 PSD 格式、JPEG 格式的两个图像文件，文件名均设为“磁性套索的使用”。

4. 实验结果

经过实验操作，实现了具有不规则边缘的花儿和蜜蜂的抠图，并将除有蜜蜂的花儿之外的部分变成灰色图像。

实验 2.2.7 文字的设计

1. 实验目的

掌握使用“文字工具”和“字符”面板创建点文字、纹理文字、路径文字、段落文字的方法，学会运用“标尺”和“参考线”、创建“剪贴蒙版”、添加“图层样式”，熟悉“路径”的概念。

2. 实验原理

(1) 创建点文字的方法：选择“文字工具”，单击鼠标左键设置插入点，输入文字，在属性栏单击“提交所有当前编辑”按钮✓。

(2) 创建纹理文字的方法：将纹理图层置于文字图层上方并选中，在图层面板右上角单击打开图层面板菜单，选择“创建剪贴蒙版”。

(3) 创建路径文字的方法：先绘制一条路径，选择“文字工具”后将鼠标指针指向路径，等出现一条斜线之后单击一下，输入文字，文字的走向就是路径的走向。

(4) 创建段落文字的方法：选择“文字工具”，绘制文本框，在文本框输入文字。

(5) 单击菜单栏“视图”→“标尺”，可显示标尺，从左标尺或上标尺可拖曳出垂直或水平参考线。

(6) 添加“图层样式”的方法：选中某图层，单击图层面板底部的“添加图层样式”按钮，或者单击菜单栏“图层”→“图层样式”。

(7)“路径”是图像处理过程中的一种辅助工具，例如可以沿着路径编排文字。

3. 实验内容

(1) 启动软件，打开图像文件，解锁图层，制作叶片纹理文字。

启动 Adobe Photoshop 2023 软件，单击菜单栏“文件”→“打开”，找到“图像素材”文件夹中的“实验 7”文件夹，打开“校园 .jpg”“叶片 .jpg”图像，解锁图层，选择显示“校园 .jpg”图像。单击菜单栏“视图”→“标尺”，显示标尺。从左标尺拖曳出一条垂直参考线，放在封面中央，如图 2–37 所示。

图 2–37　显示标尺并设置垂直参考线

在工具栏中单击选择“横排文字工具”。注意，“横排文字工具”、“直排文字工具”、“直排文字蒙版工具”、“横排文字蒙版工具”位于同一个工具组中。

单击菜单栏“窗口”→“字符”，打开“字符”面板和“段落”面板。在“字符”面板中设置字体为“华文琥珀”，字符大小为 300 点，字距为 150，颜色为黑色，在属性栏中单击“居中对齐文本”按钮。在中央参考线上单击鼠标左键设置插入点，输入“校园印象”四个字，然后在属性栏中单击“提交所有当前编辑”按钮。在“图层”面板中出现了一个名为“校园印象”的文字图层，选中这个文字图层，用“移动工具”移动它到封面顶部居中的位置，如图 2–38 所示。

图 2-38　选中并移动文字

选择显示“叶片”图像，让两张图像在窗口中浮动，同时显示出来。选择“移动工具”，在“叶片”图像中点住鼠标左键，把叶片图像拖曳到“校园”图像中放开鼠标左键，关闭“叶片”图像，单击“否”按钮，无须保存。

在“图层”面板中出现一个新图层“图层 1”，选中“图层 1”，单击菜单栏“编辑”→“自由变换”或按 Ctrl+T 组合键，可以发现叶片周边出现一个带节点的边框，点住鼠标左键拖曳边框将叶片放大到能覆盖“校园印象”文字，在边框内部点住鼠标拖曳移动叶片，让其覆盖“校园印象”文字，按回车键结束编辑，如图 2-39 所示。

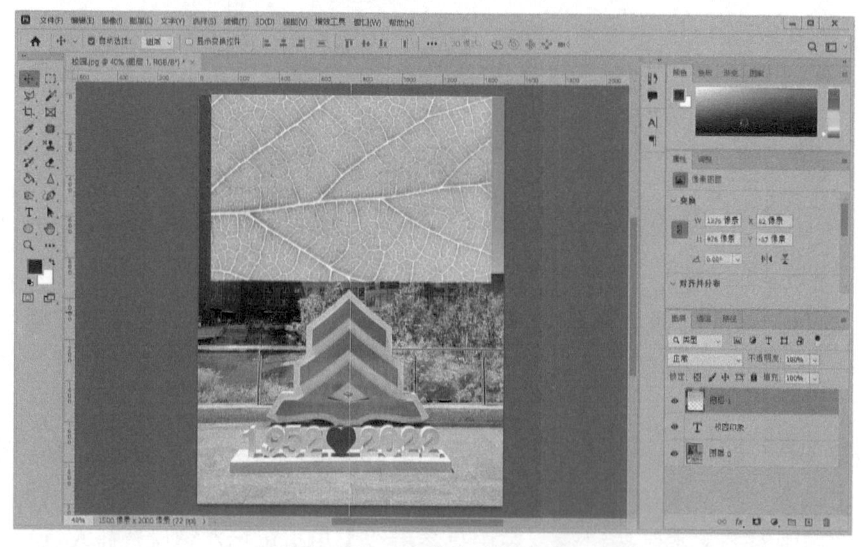

图 2-39　让叶片覆盖文字

选中“图层 1”，在“图层”面板右上角☰处单击打开图层面板菜单，选择“创建剪贴蒙版”，则叶片图像透过“校园印象”文字显示出来，如图 2-40 所示。在“图层”面板处，图层 1 的缩览图左侧有一个小箭头，而“校园印象”文字图层的名称下面带有下画线，这表明应用了“剪贴蒙版”。

图 2-40　创建“剪贴蒙版”

选中“校园印象”文字图层，单击“图层”面板底部的“添加图层样式”按钮 fx，从下拉列表中选择“内阴影”，在图层样式对话框中，设置“混合模式”为“正片叠底”，“不透明度”为 48%，“角度”为 30 度，“距离”为 8 像素，“阻塞”为 0%，“大小”为 0 像素，单击“确定”按钮。

(2) 制作路径文字。

新建一个图层 2 并选中，在工具栏中单击选择“自由钢笔工具”。“自由钢笔工具”、“钢笔工具”、“弯度钢笔工具”等位于同一个工具组。在图像中点住鼠标左键拖曳，沿着树的边缘绘制出一条路径，如图 2-41 所示。

图 2-41　绘制路径

在工具栏中选择“横排文字工具”，在属性栏中设置字体为“华文行楷”，字体大小为 60 点，单击“左对齐文本”按钮，颜色为白色。将鼠标指针指向路径左端，出现一条斜线后单击一下，输入文字“下楼转转你会爱上这个地方！”，在属性栏单击“提交所有当前编辑”按钮✓，如图 2-42 所示，图层面板中出现一个新的文字图层。

图 2-42　制作路径文字

(3) 制作段落文字。

新建一个图层 2 并选中，从左边的垂直标尺上拖出一条参考线，放置在图像的左侧，从顶端的标尺上拖出一条参考线，放置在“校园印象”文字的下方。

在工具栏中选择“横排文字工具”T，单击左侧垂直参考线和上方水平参考线的交点并向右下方拖曳，绘制出一个文本框。单击菜单栏“窗口”→“字符”，打开“字符”面板和“段落”面板。在“字符”面板中设置字体为“黑体”，字体大小为 60 点，行间距为 80，字距为 10，颜色为白色，在属性栏中单击“左对齐文本”按钮，在文本框中输入文字，如图 2-43 所示。

图 2-43　制作段落文字

选中“你准备好了吗”文字，在“字符”面板中设置字体大小为 100 点，颜色为绿色(RGB：165、241、19)，单击“仿粗体”按钮 T 。选中“阳光长跑”文字，在“字符”面板中设置字体大小为 70 点，颜色为绿色 (RGB：165、241、19)，仿粗体。在属性栏中单击“提交所有当前编辑”按钮 ✓ 。在工具栏中选择“抓手工具”，在键盘上同时按 Ctrl 键和 ; 键，隐藏参考线，如图 2-44 所示。

图 2-44　修改部分文字属性

分别保存为 PSD 格式、JPEG 格式的两个图像文件，文件名均设为“文字的设计”。

4. 实验结果

经过实验操作，在校园背景上设计了叶片纹理文字、路径文字和段落文字，文字美观，样式多变。

实验 2.2.8　仿制图章的使用

1. 实验目的

掌握使用“仿制图章工具”在同一图层、不同图层和不同图像上取样并复制主体的方法，学会利用“历史记录”面板取消已经做完的操作步骤。

2. 实验原理

(1) 使用“仿制图章工具”需根据复制目标主体实际情况设置画笔的大小和硬度。

(2) “仿制图章工具”的使用方法是：在键盘上按住 Alt 键，在主体部分点击一下鼠标左键后松开，完成取样，在目标位置单击并点住鼠标左键拖曳，复制出主体，复制完成后松开鼠标左键。

(3) “仿制图章工具”的属性栏的“对齐”选项使得复制点和取样点相对位置始终固定。

(4) 使用“仿制图章工具”复制主体可在同一图层、不同图层和不同图像中进行。

3. 实验内容

(1) 启动软件，打开图像文件，解锁图层。

启动 Adobe Photoshop 2023 软件，单击菜单栏“文件”→“打开”，找到“图像素材”文件夹中的“实验 8”文件夹，打开“飞鸟 .jpg”“风景 .jpg”图像文件，分别解锁图层，选择显示“飞鸟 .jpg”图像。

(2) 在同一图层上使用“仿制图章工具”。

在工具栏中选择“仿制图章工具”。注意“仿制图章工具”和“图案图章工具”位于同一个工具组中。

在属性栏中设置画笔大小为 70 像素，硬度为 0%，不勾选“对齐”选项，如图 2–45 所示。

图 2–45 设置画笔属性

按住 Alt 键，在图像中飞鸟的中心部分点击一下鼠标左键后松开，完成取样。在其他位置单击并点住鼠标左键拖曳，复制出整只飞鸟，复制完成后松开鼠标左键，如图 2–46 所示。

图 2–46 取样并复制主体

可以发现在拖曳复制的过程中，在取样区域有一个十字符号，在复制区域有一个圆形符号，二者位置对应。在其他区域再复制一只飞鸟，如图 2–47 所示。

图 2–47　在同一图层使用“仿制图章工具”效果

单击“窗口”→“历史记录”，打开“历史记录”面板，单击选择“建立图层”，回到复制飞鸟之前的状态，在属性栏勾选“对齐”选项。

按住 Alt 键，在图像中飞鸟的中心部分取样，在其他位置复制出整只飞鸟，松开鼠标左键。再次试图在其他区域点住鼠标左键复制第二只飞鸟，发现并不能实现，这是因为“对齐”选项使得复制点和取样点相对位置始终固定。

(3) 在不同图层中使用“仿制图章工具”。

在“历史记录”面板中单击选择“建立图层”，回到复制飞鸟之前的状态，在属性栏中取消勾选“对齐”选项。

在图层面板处新建一个图层 1，填充为不透明度 100% 的白色，暂时隐藏图层 1。选中图层 0，按住 Alt 键，在图像中飞鸟的中心部分点击一下鼠标左键后松开，完成取样。在“图层”面板处显示并选中图层 1，单击并点住鼠标左键拖曳，在图层 1 中复制出整只飞鸟，复制完成后松开鼠标左键，如图 2–48 所示。这种情况下，仿制的飞鸟和取样的飞鸟并不在同一图层内。

(4) 在不同图像中使用“仿制图章工具”。

在“历史记录”面板中单击选择“建立图层”，回到复制飞鸟之前的状态。

按住 Alt 键，在图像中飞鸟的中心部分点击一下鼠标左键后松开，完成取样。选择显示“风景”图像，在天空中单击并点住鼠标左键拖曳，复制出整只飞鸟，复制完成后松开鼠标左键，如图 2–49 所示。这种情况下，仿制的飞鸟和取样的飞鸟并不在同一图像内。

图 2-48 在不同图层使用“仿制图章工具”

图 2-49 在不同图像使用“仿制图章工具”

观察图像发现，被复制的飞鸟周围还有原图像中的蓝色部分，这和风景图像的天空并不融合，这个问题留到“实验 2.2.11 修复画笔的使用”中解决。

关闭“飞鸟”图像，无须保存。将“风景”图像分别保存为 PSD 格式、JPEG 格式的两个图像文件，文件名均设为“仿制图章的使用”。

4. 实验结果

经过实验操作，实现了在同一图层、不同图层和不同图像中复制飞鸟，当飞鸟被复制到其他图像中和图像背景并不融合。

实验 2.2.9　图案图章的使用

1. 实验目的

掌握使用“图案图章工具”绘制平铺图案的方法，并且能够自定义图案，学会使用“裁剪工具”裁剪图像。

2. 实验原理

(1) 使用“图案图章工具”需要根据绘制区域的实际情况设置画笔的大小和硬度。

(2) “图案图章工具”的使用方法是：在属性栏中选择一种图案，在绘制区域点住鼠标左键拖曳，绘制平铺图案，绘制完成后松开鼠标左键。

(3) 单击菜单栏“编辑”→“定义图案”可将图像定义为图案。

(4) 使用“裁剪工具”可通过调整图像四周的边框位置实现裁剪图像。

3. 实验内容

(1) 启动软件，新建图像文件，解锁图层。

启动 Adobe Photoshop 2023 软件，单击菜单栏“文件”→“新建”，在弹出的对话框中设置宽度为 1824 像素，高度为 1248 像素，分辨率为 120 像素 / 英寸，颜色模式为 RGB 颜色，背景内容为白色，单击“创建”，则完成新建文件，解锁图层。

(2) 使用“图案图章工具”绘画。

在工具栏中选择“矩形选框工具”，在属性栏中设置“羽化”为 30 像素，在图像区域建立矩形选区，如图 2–50 所示。

图 2–50　设置羽化并建立矩形选区

在工具栏中选择“图案图章工具”。注意，“仿制图章工具”和“图案图章工具”位于同一个工具组中。在属性栏中设置画笔大小为400像素，硬度为0%，在右侧“图案”下拉列表中选择一个“草”图案，如图2-51所示。

图2-51　“图案图章工具”界面

在矩形选区中点住鼠标左键拖曳绘画，可以发现选区内部被所选图案填满，而选区外部没有图案，如图2-52所示，取消选区。

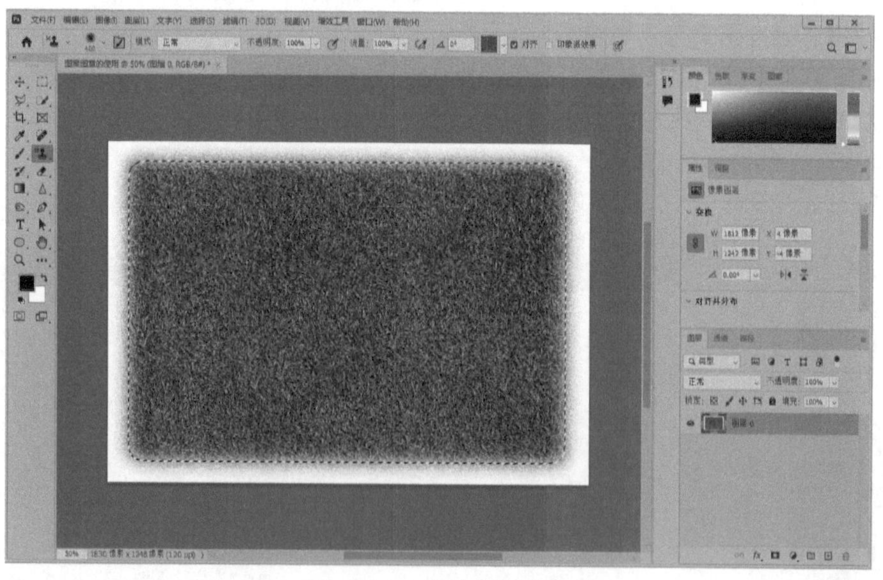

图2-52　绘制平铺图案

(3) 自定义图案。

单击菜单栏“文件”→“打开”，找到“图像素材”文件夹中的“实验9”文件夹，打开“福字.jpg”图像文件，解锁图层。用“多边形套索工具”建立福字选区，单击菜单栏“选择”→“反选”，按Delete键，删除福字周围部分，取消选区，如图2-53所示。

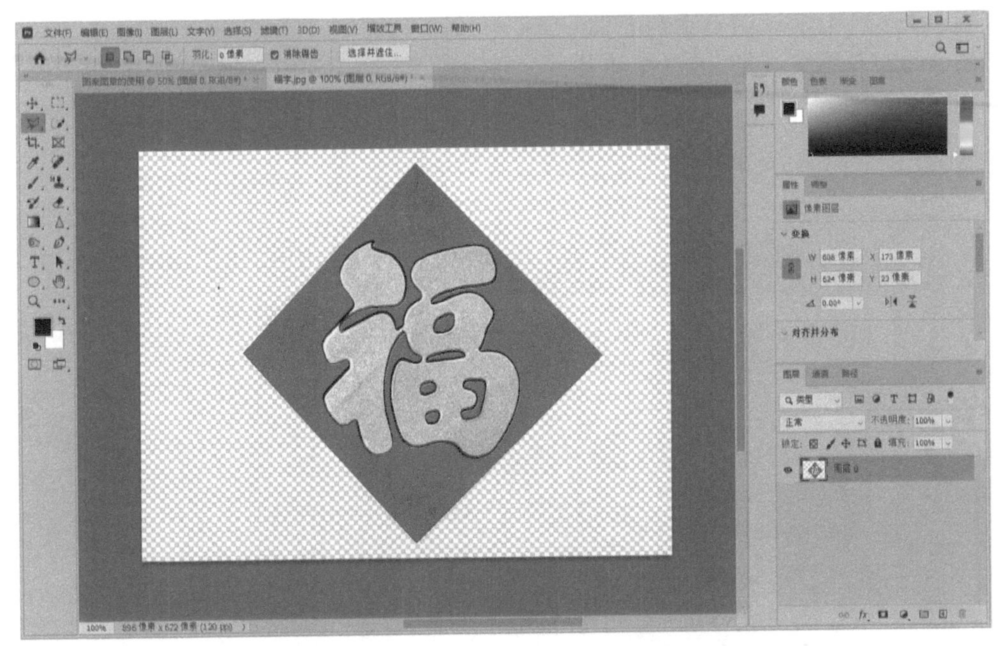

图 2-53　用“多边形套索工具”建立选区

在工具栏中单击“裁剪工具”，调整图像四周的边框位置，裁剪出福字部分，按回车完成裁剪，如图 2-54 所示。

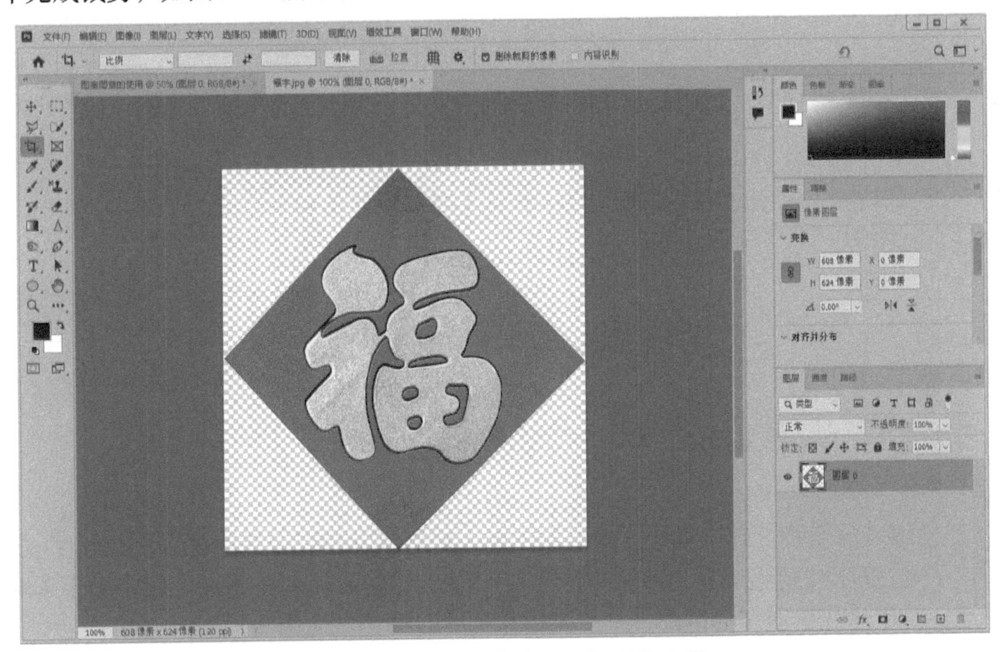

图 2-54　使用“裁剪工具”调整图像

单击菜单栏“编辑”→“定义图案”，弹出图案名称对话框，单击“确定”按钮，则定义了福字图案。关闭“福字.jpg”图像文件，单击“否”按钮，无须保存。

(4) 使用自定义图案“图案图章”绘画。

在“图案图章的使用”图像中新建一个图层 1，选中图层 1。

在工具栏中选择“图案图章工具”，在属性栏右侧“图案”下拉列表中选择刚刚定义的“福字”图案。在图层 1 上点住鼠标左键拖曳绘画，可以发现图层 1 被福字图案填满，如图 2–55 所示。

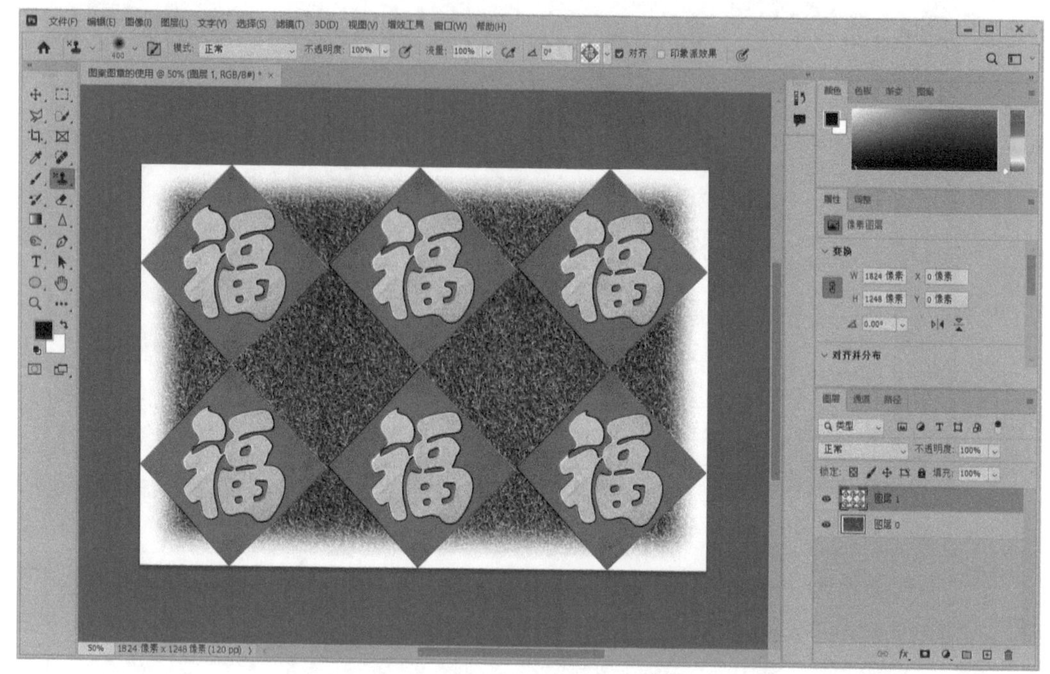

图 2–55　用“图案图章”绘制自定义图案

分别保存为 PSD 格式、JPEG 格式的两个图像文件，文件名均设为“图案图章的使用”。

4. 实验结果

经过实验操作，使用“图案图章”绘制出羽化的草地背景和平铺的六个福字，其中“草”是软件自有图案，而“福字”是自定义图案。

实验 2.2.10　污点修复画笔的使用

1. 实验目的

掌握使用“污点修复画笔工具”去除污点、污迹的方法。

2. 实验原理

(1) 使用“污点修复画笔工具”需根据污点、污迹实际情况设置画笔大小和硬度。

(2) “污点修复画笔工具”使用方法：对于呈点状的污点，在污点上单击一下鼠标覆盖污点；对于呈线条形态的污迹，点住鼠标左键沿着线条方向拖曳覆盖污迹。

(3) 使用“污点修复画笔工具”去除污点、污迹时，在属性栏的“类型”中选择“内容识别”或“近似匹配”效果比较好。

3. 实验内容

(1) 启动软件，打开图像文件，解锁图层。

启动 Adobe Photoshop 2023 软件，单击菜单栏“文件”→“打开”，找到“图像素材”

文件夹中的“实验 10”文件夹，打开“湖面 .jpg”图像文件，解锁图层。观察发现天空中共有 6 个污点污迹。

(2) 用“污点修复画笔工具”去除污点和污迹。

在工具栏中的修补工具组中有“污点修复画笔工具”“移除工具”“修复画笔工具”“修补工具”“内容感知移动工具”和“红眼工具”共 6 个工具，如图 2–56 所示。

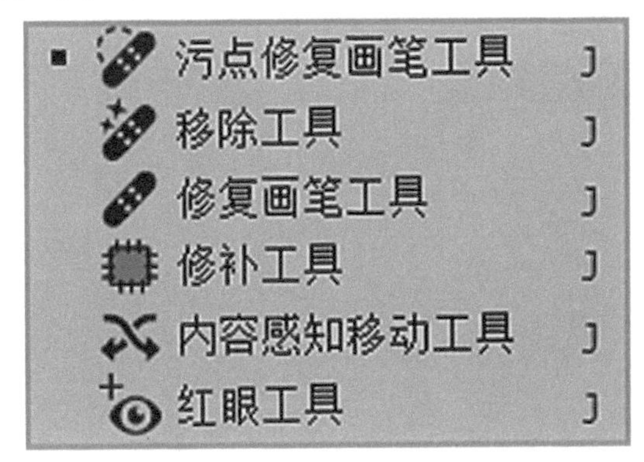

图 2–56　修补工具组对话框

在工具栏中选择“污点修复画笔工具”，在属性栏设置画笔的大小为 60 像素，硬度为 80%，使得画笔能够盖住图像左上角的污点，在“类型”中选择“内容识别”，在左上角污点处单击一下鼠标，则污点被去除，如图 2–57 所示。

图 2–57　选择“内容识别”去除污点

修改画笔的大小，去除图像右侧三个大一些的污点，效果如图 2–58 所示。

图 2-58　修改画笔大小去除污点效果

对于图像左下角这样呈线条形态的污迹，可以点住鼠标左键沿着线条方向拖曳覆盖污迹，如图 2-59 所示。

图 2-59　用“污点修复画笔工具”去除污迹

设置画笔的大小为 30 像素，去除最后一条污迹。

分别保存为 PSD 格式、JPEG 格式的两个图像文件，文件名均设为“污点修复画笔的使用”。

4. 实验结果

经过实验操作，湖面风景图像天空中的六个污点污迹被去除，天空背景没有留下明显的编辑处理痕迹。

实验 2.2.11　修复画笔的使用

1. 实验目的

掌握使用“修复画笔工具”复制主体或绘制平铺图案的方法，能够根据需要灵活切换修复画笔的“模式”和“源”的类型。

2. 实验原理

(1) 使用“修复画笔工具”，当“模式”选择“替换”，“源”选择“取样”时，可实现与“仿制图章工具”完全相同的复制主体的功能，主体和背景不融合。

(2) 使用“修复画笔工具”，当“模式”选择“正常”，“源”选择“取样”时，可实现与“仿制图章工具”类似的复制主体的功能，但是主体和背景是融合起来的。

(3) 使用“修复画笔工具”，当“模式”选择“替换”，“源”选择“图案”时，可实现与“图案图章工具”完全相同的绘制平铺图案的功能。

3. 实验内容

(1) 启动软件，打开图像文件，解锁图层。

启动 Adobe Photoshop 2023 软件，单击菜单栏“文件”→“打开”，找到“图像素材”文件夹中的“实验 11”文件夹，打开“飞鸟 .jpg”“风景 .jpg”图像文件，分别解锁图层，选择显示“飞鸟 .jpg”图像。

(2) 用“修复画笔”复制主体。

在工具栏中选择“修复画笔工具”，在属性栏中设置画笔大小为 70 像素，硬度为 0%，在“模式”下拉列表中选择“正常”，在“源”处选择“取样”选项。

按住 Alt 键，在图像中飞鸟的中心部分点击一下鼠标左键后松开，完成取样。在其他位置单击并点住鼠标左键拖曳，复制出整只飞鸟，复制完成后松开鼠标左键，如图 2–60 所示。

图 2–60　用“修复画笔”复制主体

可发现，“修复画笔工具”（“源”选择“取样”）可以实现与“仿制图章工具”相同的复制主体的功能。选择显示“风景”图像，在天空中单击并点住鼠标左键拖曳，复制出整只飞鸟，复制完成后松开鼠标左键，如图 2–61 所示。

图 2–61 用“修复画笔”复制主体和背景融合

可发现，使用“仿制图章工具”复制飞鸟时，被复制的飞鸟周围还有原图像中的蓝色部分，和风景图像的天空并不融合，而使用“修复画笔工具”(“模式”选择“正常”)复制飞鸟时，被复制的飞鸟及周围和风景图像天空是融合起来的。

在“模式”下拉列表中选择“替换”，在天空中另一处单击并点住鼠标左键拖曳，复制出整只飞鸟，复制完成后松开鼠标左键，如图 2–62 所示。

图 2–62 用“修复画笔”复制主体和背景不融合

可发现，这时和使用“仿制图章工具”复制飞鸟效果一致，飞鸟以及周围的蓝色部分与天空不融合。这说明使用“修复画笔工具”(“模式”选择“替换”)复制飞鸟时，效果与使用“仿制图章工具”一致。

(3) 用“修复画笔”绘制图案。

在“源”处选择“图案”，在出现的“图案”下拉列表中选择福字图案，在图像上点住鼠标左键拖曳，绘制出福字图案，如图 2–63 所示。

图 2–63　用“修复画笔”绘制图案

可以发现，“修复画笔工具”(“源”选择“图案”) 可以实现与“图案图章”相同的绘制平铺图案的功能。

分别保存为 PSD 格式、JPEG 格式的两个图像文件，文件名均设为“修复画笔的使用”。

4. 实验结果

经过实验操作，使用“修复画笔工具”实现了与“仿制图章工具”一致的飞鸟复制和与“图案图章工具”一致的平铺图案绘制，当飞鸟被复制到其他图像中时，可以和图像背景相融合。

实验 2.2.12　修补工具的使用

1. 实验目的

掌握使用“修补工具”去除主体或复制主体的方法，能够根据需要灵活切换修补工具的“源”和“目标”属性。

2. 实验原理

(1) 使用“修补工具”需先建立主体选区，可根据主体的形状选择建立选区的方式，如果主体是规则形状的，可使用矩形或椭圆形选框工具；如果主体是不规则形状的，可使用修补工具圈住主体。

(2) “修补工具”的“源”属性代表用目标区域代替源区域，可实现去除主体。“目标”属性代表用源区域代替目标区域，可实现复制主体。

(3) “修补工具”的使用方法是：先建立主体选区，然后用鼠标左键点住主体选区拖曳鼠标，把主体选区移动到附近的目标区域处。

3. 实验内容

(1) 启动软件，打开图像文件，解锁图层。

启动 Adobe Photoshop 2023 软件，单击菜单栏“文件”→“打开”，找到“图像素材”文件夹中的“实验 12”文件夹，打开“峡谷 .jpg”“沙滩 .jpg”图像文件，分别解锁图层，选择显示“峡谷 .jpg”图像。

(2) 用“修补工具”去除石块。

在工具栏中选择“修补工具”，在水流中间的石块旁边点住鼠标左键，拖曳圈住石块建立选区，如图 2-64 所示。

图 2-64　用“修补工具”建立主体选区

在属性栏的“修补”下拉列表中选择“正常”，再选择“源”选项(用目标区域代替源区域)，用鼠标左键点住石块选区，拖曳鼠标移动选区到附近的水流中，如图 2-65 所示。

图 2-65　用“修补工具”去除石块

松开鼠标，单击鼠标取消选区，可以发现石块部分已经被水流替代了。保存为 JPEG 格式的图像文件，文件名设为“修补工具的使用－去除石块”。

(3) 用“修补工具”复制石块。

在“历史面板”中单击“修补工具”，在属性栏“修补”下拉列表中选择“正常”，再选择“目标”选项 (用源区域代替目标区域)，用鼠标左键点住石块选区，拖曳鼠标移动选区到附近的水流中，如图 2–66 所示。

图 2–66　用“修补工具”复制石块

单击鼠标取消选区，可以发现石块旁边又出现一个石块。保存为 JPEG 格式的图像文件，文件名设为“修补工具的使用 – 复制石块”。

(4) 用“修补工具”去除数字。

选择显示“沙滩”图像，在工具栏选择“矩形选框工具”，设置羽化为 0 像素，把右下方的数字圈上，建立选区，如图 2–67 所示。

图 2–67　用“矩形选框工具”建立主体选区

在工具栏中选择“修补工具”，在属性栏“修补”下拉列表中选择“正常”，后面选择“源”选项 (用目标区域代替源区域)。用鼠标左键点住数字选区，拖曳鼠标，把选区移动到下方的沙子中，如图 2-68 所示。

图 2-68　用“修补工具”去除数字

松开鼠标，单击鼠标取消选区，可以发现数字部分已经被沙子替代了。保存为 JPEG 格式的图像文件，文件名设为“修补工具的使用 - 去除数字”。

4. 实验结果

经过实验操作，峡谷图像里水流中央的石块可以被去除，也可以被复制，沙滩图像右下角的数字可以被去除，均没有留下明显的编辑处理痕迹。

实验 2.2.13　内容感知移动工具的使用

1. 实验目的

学会用“内容识别”做填充的方式快速去除主体，掌握使用“内容感知移动工具”快速移动或复制主体的方法。

2. 实验原理

(1) 在“填充”功能的“内容”下拉列表中选择“内容识别”时，可用周围背景内容填充主体选区，从而实现快速去除主体的目的。

(2) “内容感知移动工具”的“模式”属性选择“移动”时，可实现主体的快速移动，当“模式”属性选择“扩展”时，可实现主体的快速复制。

(3) “内容感知移动工具”的使用方法是：先建立主体选区 (使用矩形或椭圆形选框工具或“内容感知移动工具”自身圈选)，然后，用鼠标左键点住主体选区，拖曳鼠标，把主体选区移动到附近的背景区域处。

(4) 使用“内容识别”做填充或使用“内容感知移动工具”，当主体所处背景的内容、色彩比较重复单一时，去除、移动或复制的效果较好。

3. 实验内容

(1) 启动软件，打开图像文件，解锁图层。

启动 Adobe Photoshop 2023 软件，单击菜单栏“文件”→“打开”，找到“图像素材”文件夹中的“实验 13”文件夹，打开“沙漠的树 .jpg”文件，解锁图层。

(2) 快速去除主体。

在工具栏中选择“矩形选框工具”，设置“羽化”为 0 像素，框选图像左下角的枯树，如图 2-69 所示。

图 2-69　使用“矩形选框工具”建立主体选区

单击鼠标右键，选择“填充”，在“内容”下拉列表中选择“内容识别”，单击“确定”，等待处理完毕，取消矩形选区。如图 2-70 所示，发现枯树已经被快速去除了，原来枯树所处的位置已经被填充，且能与背景较好融合。

图 2-70　快速去除主体

(3) 快速移动主体。

用“矩形选框工具”框选图像右下角的绿树。在工具栏中选择“内容感知移动工具”，在属性栏“模式”下拉列表中选择“移动”。用鼠标左键点住并拖曳选区，向左移动到沙子中，松开鼠标按回车，等待处理完毕，取消选区。如图 2–71 所示，绿树已经被快速移动，且原位置和新位置均与背景较好融合。

图 2–71　使用“内容感知移动工具”快速移动主体

(4) 快速复制主体。

用“矩形选框工具”框选图像上方的绿树，在工具栏中选择“内容感知移动工具”，在属性栏“模式”下拉列表选择“扩展”。用鼠标左键点住并拖曳选区，向右移动到沙子中，松开鼠标，按回车，等待处理完毕，取消选区。如图 2–72 所示，发现绿树已被快速复制，且原位置和新位置均与背景较好融合。

图 2–72　使用“内容感知移动工具”快速复制主体

分别保存为 PSD 格式、JPEG 格式的两个图像文件，文件名均设为“内容感知移动工具的使用”。

4. 实验结果

经过实验操作，沙漠中的枯树被去除，一棵绿树被移动，另一棵绿树被复制，且去除、移动和复制后原位置和新位置均与背景较好融合。

实验 2.2.14　修复画笔和修补工具的应用

1. 实验目的

能够根据待修补图像的具体情况选择合适的修补工具，综合运用“修复画笔工具”和“修补工具”完成去除文字的任务。

2. 实验原理

(1) “修补工具”和“修复画笔工具”都能实现主体的去除。

(2) “修补工具”是先建立主体选区，然后将主体选区移动到周围背景处，用背景内容替代主体内容从而去除主体，要求周围背景有和主体选区一样大的区域。

(3) “修复画笔工具”是先从周围背景取样，然后用画笔绘画覆盖从而去除主体，对周围背景是否有和主体选区一样大的区域没有要求。

3. 实验内容

(1) 启动软件，打开图像文件，解锁图层。

启动 Adobe Photoshop 2023 软件，单击菜单栏“文件”→“打开”，找到“图像素材”文件夹中的“实验 14”文件夹，打开“道路两侧标志 .jpg”“禁止停车标志 .jpg”图像文件，分别解锁图层，选择显示“道路两侧标志 .jpg”图像，放大显示“道路两侧”文字部分。

(2) 用“修复画笔”去除文字。

在工具栏中选择“修复画笔工具”，在属性栏中设置画笔大小为 60 像素，硬度为 60%，在“模式”下拉列表中选择“替换”，在“源”处选择“取样”选项。按住 Alt 键，在“道”字的上方蓝色区域点击一下鼠标左键后松开，完成取样，在“道”字左上方点击一下鼠标左键，去除一部分文字，如图 2-73 所示。

图 2-73　用“修复画笔”去除部分文字

继续在蓝色区域取样，在“道”字区域点击或拖曳鼠标。为了让颜色更自然，最好多次取样、点击或拖曳去除，逐步去除“道”字，如图 2-74 所示。

图 2–74　用“修复画笔”去除“道”字

用同样的方法去除“路”字。

(3) 用“修补工具”去除文字。

“道”字和“路”字被去除以后，出现了比较大的蓝色区域，所以考虑使用“修补工具”去除其他文字。

在工具栏中选择“矩形选框工具”，设置“羽化”为 0 像素，把“两”字圈上，建立选区。在工具栏中选择“修补工具”，在属性栏的“修补”下拉列表中选择“正常”，后面选择“源”选项。用鼠标左键点住“两”字选区，拖曳鼠标，把选区移动到左边的蓝色区域，如图 2–75 所示。

图 2–75　用“修补工具”去除文字

松开鼠标，单击鼠标取消选区，“两”字被去除了。用同样的方法去除“侧”字。

(4) 文字的选择、移动和自由变换。

选择显示“禁止停车标志 .jpg”图像，放大显示“禁止停车”文字部分。使用“魔棒工具”建立“禁止停车”文字区域，如图 2–76 所示。

图 2–76　使用“魔棒工具”建立文字区域

使用“移动工具”将“禁止停车”文字区域移入“道路两侧标志”图像中，并用“自由变换”功能做适当的缩放、旋转和移动，将其置于标志框中央，如图 2–77 所示。

图 2–77　使用“移动工具”移动文字并进行自由变换

关闭“禁止停车标志 .jpg”图像，无须保存。将“道路两侧标志 .jpg”图像分别保存为 PSD 格式、JPEG 格式的两个图像文件，文件名均设为“修复画笔和修补工具的应用”。

4. 实验结果

经过实验操作，“道路两侧”标志上的文字被去除，换成了“禁止停车”，替换的文字与标志的蓝色背景自然融合。

实验 2.2.15 蒙版的使用

1. 实验目的

认识蒙版的概念，学会使用“图层蒙版”按钮、“选择并遮住”选项、“以快速蒙版模式编辑”按钮三种方式创建蒙版，可以根据需要设置前景色和背景色。

2. 实验原理

(1) 蒙版是覆盖在图像图层上的一个特殊层，可以控制图层区域的显示和隐藏。

(2) 蒙版对显示和隐藏的控制取决于蒙版的颜色，被白色蒙版覆盖的部分完全显示，被黑色蒙版覆盖的部分完全隐藏。

(3) 单击菜单栏“选择”→“选择并遮住”能够识别图像中典型的主体(如人物、动物和物体)并建立蒙版。

(4) 单击工具栏中的“以快速蒙版模式编辑”按钮，用黑色画笔绘画，退出快速蒙版模式后，绘画部分以外的区域将被选中。

(5) 工具栏中有两个挨在一起的方块，左上方方块的颜色是“前景色”，右下方方块的颜色是“背景色”，单击方块可以打开拾色器来修改颜色，可恢复前景、背景色的默认设置，也可交换前景色和背景色。

3. 实验内容

(1) 启动软件，打开图像文件，认识“蒙版”。

启动 Adobe Photoshop 2023 软件，单击菜单栏“文件”→“打开”，找到“图像素材”文件夹中的“实验 15”文件夹，打开“儿童和背景 .psd”图像文件。

在“图层”面板上选中“儿童”图层，单击“图层蒙版”按钮，可发现“图层”面板中“图层缩览图”的右侧出现了一个“图层蒙版缩览图”，如图 2-78 所示。注意，“图层缩览图”和“图层蒙版缩览图”是不同的对象。

图 2-78 白色蒙版

当前蒙版颜色是白色。可以看出，白色蒙版让儿童图像全部显示。

在“图层”面板上单击选中“图层蒙版缩览图”，单击菜单栏“编辑”→“填充”，在弹出的“填充”对话框中的“内容”下拉列表中选择黑色，将不透明度设为 100%，单击“确定”按钮，如图 2-79 所示。

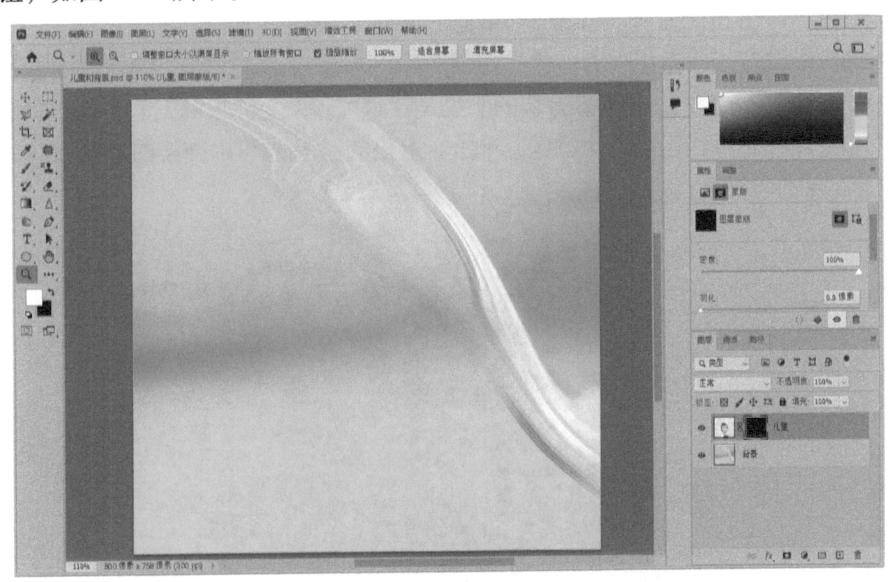

图 2-79　黑色蒙版

当前蒙版颜色是黑色。可以看出，黑色蒙版让儿童图像全部隐藏，显示出下方背景图层。在“历史记录”面板中单击“添加图层蒙版”。在“图层”面板上单击选中“图层蒙版缩览图”，单击菜单栏“编辑”→“填充”，在“内容”下拉列表中选择黑色，不透明度设为 50%，单击“确定”，如图 2-80 所示。

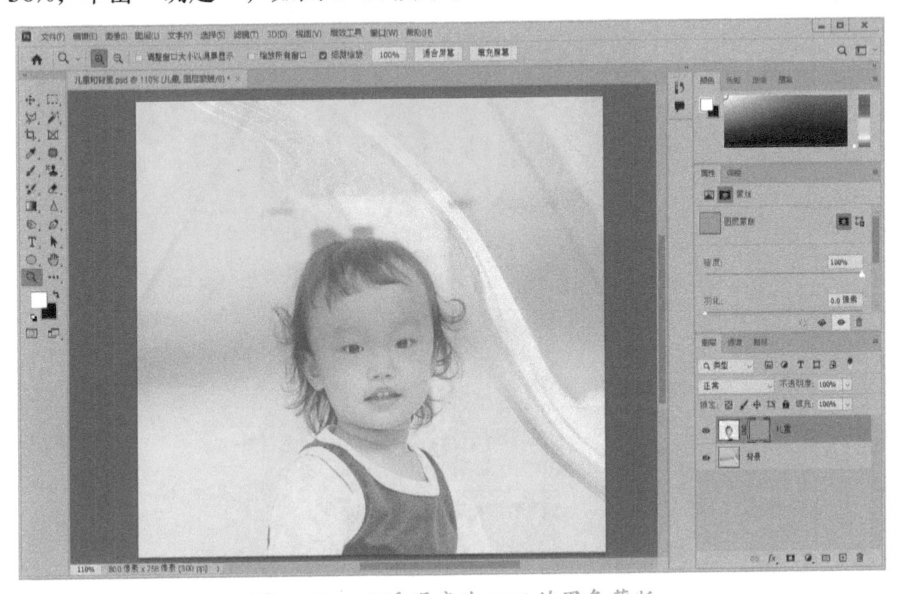

图 2-80　不透明度为 50% 的黑色蒙版

当前蒙版颜色是不透明度为 50% 的黑色。可以看出，不透明度为 50% 的黑色蒙版既没有让儿童图像全部显示，也没有让其全部隐藏，而是半透明显示，下面的背景图层也半透明地显示出来。

在“历史记录”面板中单击“添加图层蒙版”，在“图层”面板上单击选中“图层蒙版缩览图”，单击菜单栏“编辑”→“填充”，在弹出的填充对话框中的“内容”下拉列表中选择黑色，将不透明度设为100%，单击“确定”按钮。

在工具栏中设置“前景色”为白色，如图2-81所示。工具栏中有两个挨在一起的方块，左上方方块的颜色是前景色，右下方方块的颜色是背景色，单击方块可以打开拾色器修改颜色，单击左下角的标志可以恢复默认设置，单击右上角的标志可以交换前景色和背景色。

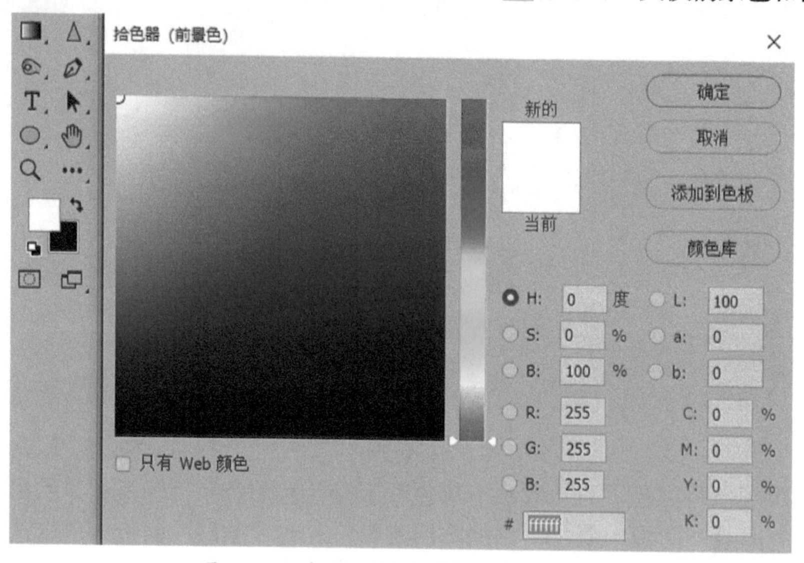

图2-81　打开“拾色器”设置前景色

在工具栏中选择“画笔工具”，在属性栏里设置画笔的类型和大小，如图2-82所示。

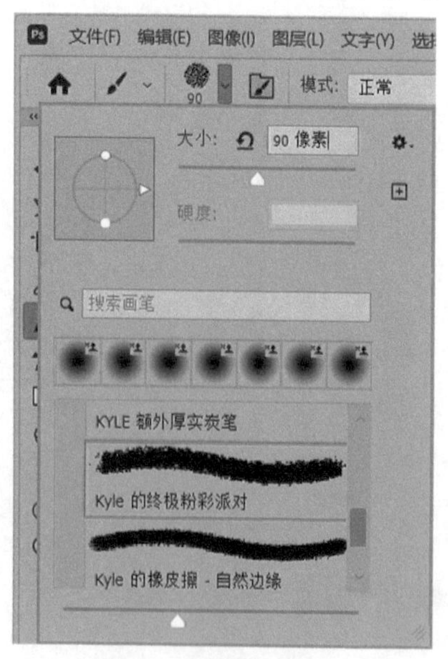

图2-82　设置画笔属性

在图像上点住鼠标左键拖曳绘画，也就是在黑色的蒙版上面绘画涂出白色区域，则蒙版上变白的区域会显示出图像，未变白的区域不显示图像，而显示背景图层，如图 2–83 所示。

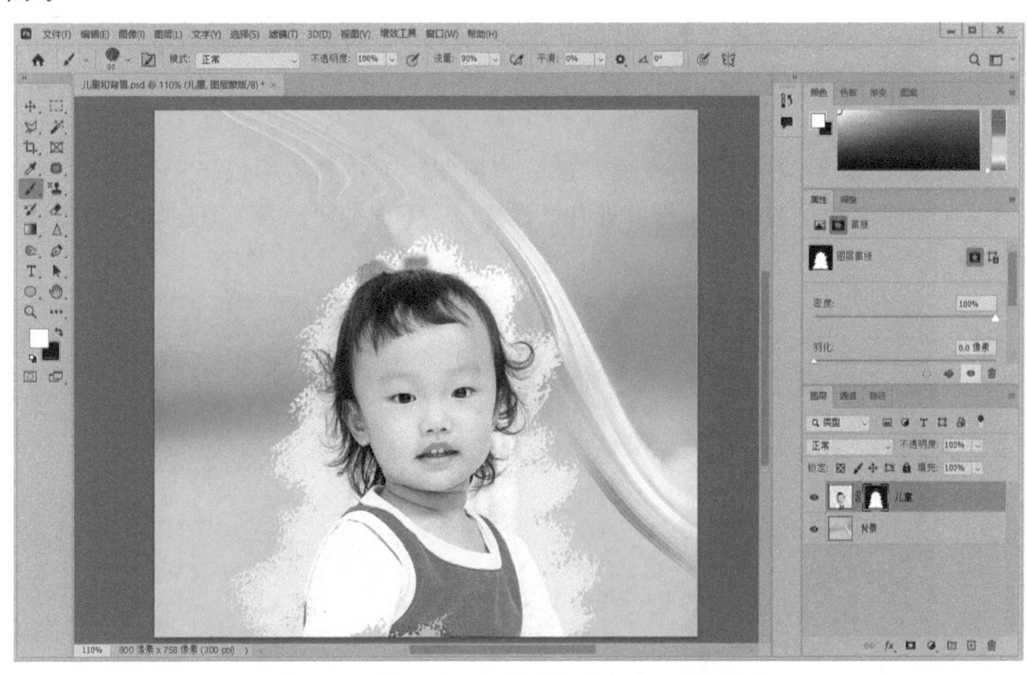

图 2–83　蒙版绘画控制图像区域的显示和隐藏

按住 Alt 键，在“图层”面板上单击“图层蒙版缩览图”，可以只显示蒙版，如图 2–84 所示，再单击“图层缩览图”则显示图像和蒙版。

图 2–84　单独显示蒙版

保存为 JPEG 格式的图像文件，将文件名设为“认识蒙版”。

(2) “选择并遮住”的应用。

在“历史记录”面板中单击“打开”，在“图层”面板中选中“儿童”图层，单击菜单栏“选择”→“选择并遮住”，则会在“选择并遮住”对话框中打开图像。在左侧的工具栏中单击选择“快速选择工具”，在菜单栏下方一行处单击“选择主体”按钮，等待处理完毕。

在右侧“属性”中“视图模式”部分“视图”下拉列表中选择“图层”，当显示的儿童图层使用当前的“选择并遮住”设置时，下面的“背景”图层显示如图 2-85 所示。

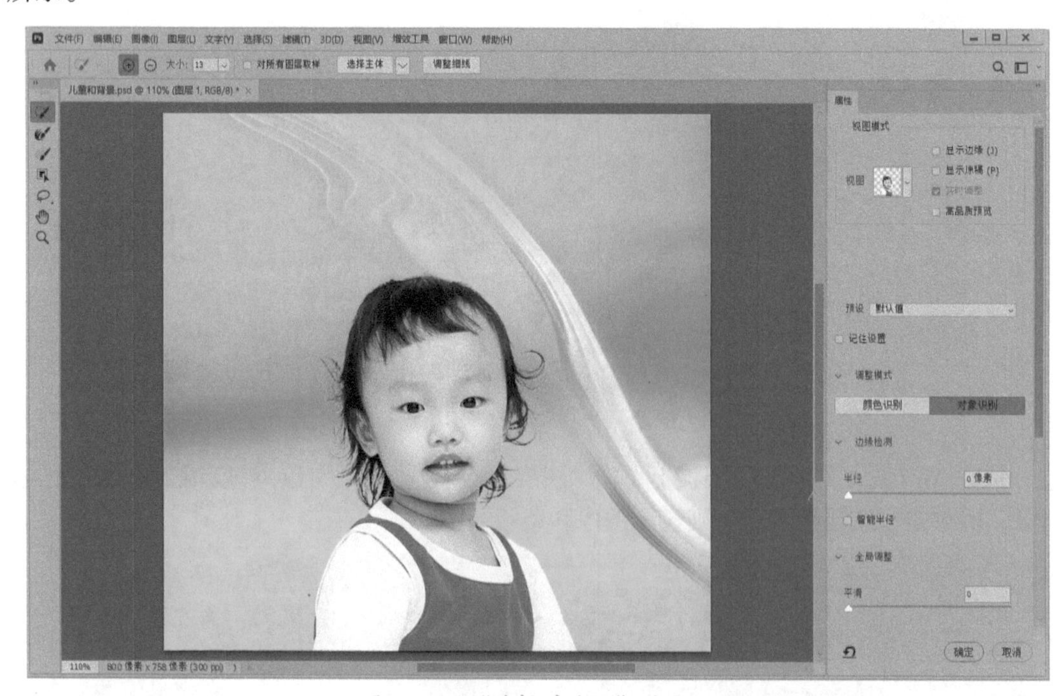

图 2-85　“选择并遮住”的应用

可以看出，儿童被很好地识别出来，包括头发细节部分，儿童图层的背景被遮住，显示出下方的背景图层。Photoshop 使用了高级机器学习技术对选择主体功能进行了训练，使其能够识别图像中典型的主体 (如人物、动物和物体) 并建立蒙版。

在“全局调整”部分设置“平滑”为 5，让轮廓更平滑；设置“对比度”为 10%，让选区边界的过渡加速；设置“移动边缘”设置为 +10%，将选区边界往外移，加重显示头发细节。

展开“输出设置”，选择“净化颜色”，设置“数量”为 30%，在“输出到”下拉列表中选择“新建带有图层蒙版的图层”，单击“确定”按钮。

这时已经退出了“选择并遮住”，“图层”面板中新增了一个带图层蒙版的“儿童 拷贝”图层，这个图层是由“选择并遮住”创建的，原来的“儿童”图层被隐藏了，如图 2-86 所示。

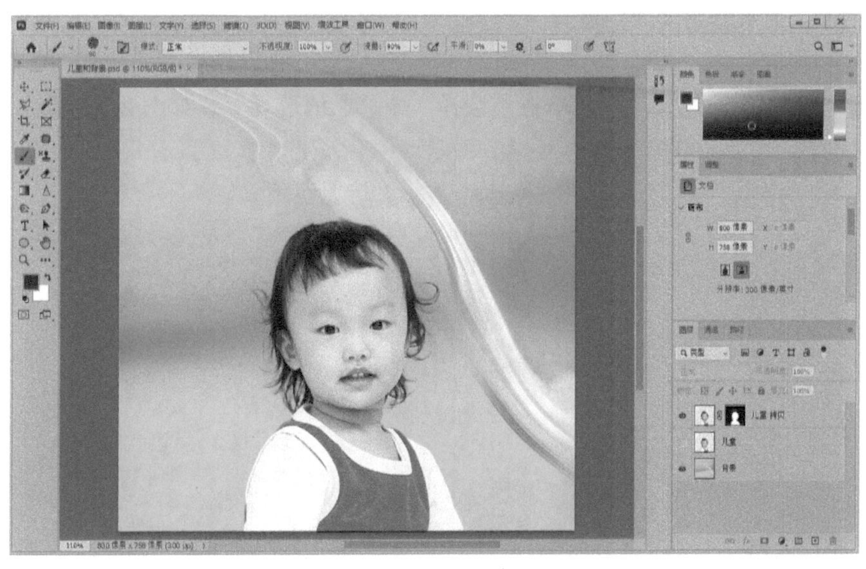

图 2-86　新增带图层蒙版的图层

(3) 以快速蒙版模式编辑。

在“图层”面板中选中“儿童 拷贝”图层的“图层缩览图”，单击工具栏中的“以快速蒙版模式编辑”按钮，这时在“图层”面板中选中的图层将呈现粉红色，这表明当前处于快速蒙版模式。

放大显示儿童衣服部分，在选择工具栏中选择“画笔工具”，在属性栏中设置画笔的类型为“常规画笔”的“硬边圆”，大小为 30 像素，硬度为 100%，“模式”为“正常”。

确认当前的“前景色”为黑色，在儿童的红色衣服上绘画，绘画的区域将变成红色，这时实际上是创建了一个蒙版，绘制出黑色区域。缩小画笔大小，继续绘画，以覆盖全部红色衣服部分，如图 2-87 所示。

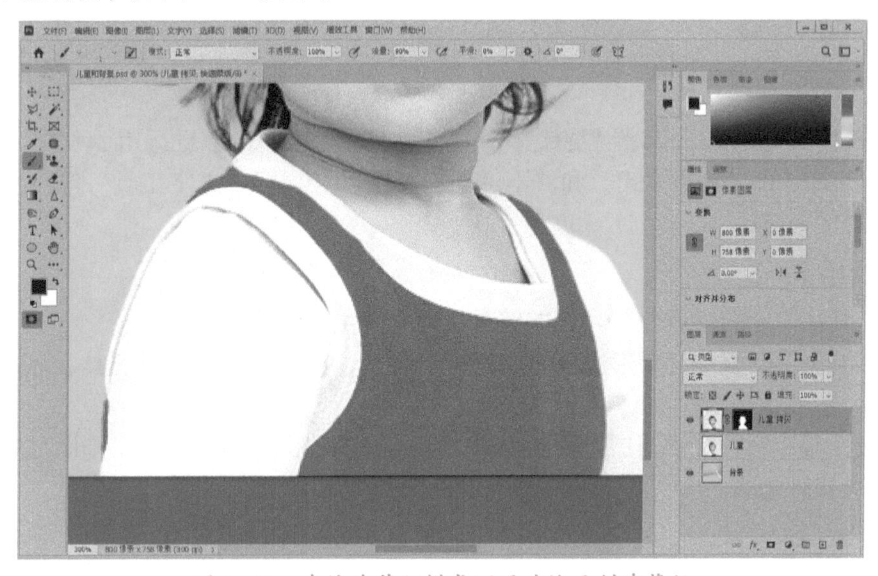

图 2-87　在快速蒙版模式下通过绘画创建蒙版

单击工具栏中的“以标准模式编辑”按钮，退出快速蒙版模式，则绘画部分以外的区域将被选中。单击菜单栏“选择”→“反选”，则绘画部分区域即红色衣服区域将被选中。单击菜单栏“图像”→“调整”→“色相/饱和度”，将“色相”设置为−40，单击“确定”按钮，则衣服变成了粉色，单击菜单栏“选择”→“取消选择”，如图 2–88 所示。

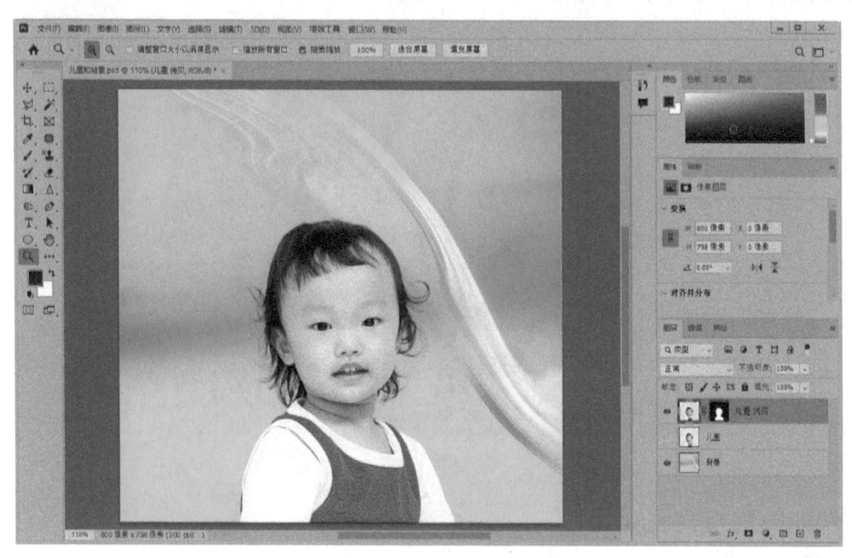

图 2–88 衣服选区色彩调整

分别保存为 PSD 格式、JPEG 格式的两个图像文件，文件名均设为“蒙版的使用”。

4. 实验结果

经过实验操作，首先制作出原图像中儿童部分在新背景上的画笔涂抹显示效果；然后使原图像只显示儿童主体部分 (包括头发细节)，不显示背景部分，更换新的背景；之后又将儿童的衣服从红色变成了粉色。

实验 2.2.16 制作活动海报

1. 实验目的

以“膨胀工具”为例，掌握“滤镜”中“液化”的使用方法，综合运用“移动工具”“自由变换”、图层的“混合模式”和“不透明度”“画笔工具”“文字工具”等技术完成制作活动海报的任务。

2. 实验原理

(1) “滤镜”中的“液化”功能能够自然地实现主体局部的变形。

(2) “液化”面板中的变形工具有向前变形工具、重建工具、平滑工具、顺时针旋转扭曲工具、左推工具等。

(3) 按住 Ctrl 键，在“图层”面板上单击某图层的“图层缩览图”，则图层中主体内容的边缘会出现选区。

3. 实验内容

(1) 启动软件，打开图像文件，解锁图层。

启动 Adobe Photoshop 2023 软件，单击菜单栏“文件”→“打开”，找到“图像素材”

文件夹中的“实验 16”文件夹，打开“背景 .jpg”“文字 .png”“标题 .png”“科技图 .png”“放大镜 .png”“绸带 .png”“徽章 .png”共七个图像文件，选择显示“背景 .jpg”图像，解锁图层。

(2) 插入文字、标题和徽章。

使用“移动工具”将“文字 .png”“标题 .png”和“徽章 .png”三幅图像移入“背景 .jpg”图像，关闭这三幅图像。分别重命名三个图层为“文字”“标题”和“徽章”。针对这三个元素，分别按 Ctrl+T 组合键，调整大小和位置，调整好后的效果如图 2–89 所示。

图 2–89　插入文字、标题和徽章

(3) 插入科技图并制作放大镜效果。

使用“移动工具”将“科技图 .png”移入“背景 .jpg”图像，关闭“科技图”图像。重命名图层为“科技图”，按 Ctrl+T 组合键，调整其大小和位置，调整好后的效果如图 2–90 所示。

图 2–90　插入科技图并调整大小和位置

选中“科技图”图层，单击菜单栏“滤镜”→“液化”，打开液化编辑框。在左侧的工具栏中单击选择“膨胀工具”，在右侧的属性栏中设置“画笔工具选项”的大小为700。在图层的氢弹爆炸部分点住鼠标左键，制作膨胀效果，如图2-91所示。

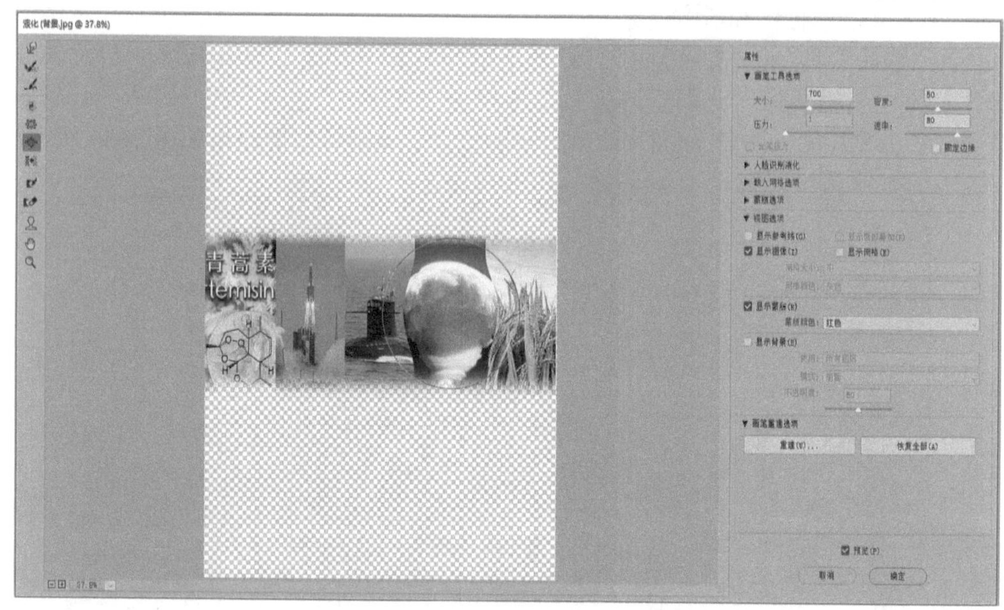

图2-91 使用“膨胀工具”制作膨胀效果

单击“确定”按钮。使用“移动工具”将“放大镜.png”移入“背景.jpg”图像，关闭“放大镜”图像。重命名图层为“放大镜”，按Ctrl+T组合键，调整其大小和位置，调整好后的效果如图2-92所示。

图2-92 制作放大镜效果

(4) 插入缎带并上色。

使用“移动工具”将“缎带 .png”移入“背景 .jpg”图像，关闭“缎带”图像。重命名图层为“缎带”，按 Ctrl+T 组合键，调整其大小和位置，调整好后的效果如图 2-93 所示。

图 2-93　插入缎带并调整大小和位置

新建一个图层 1，置于“缎带”图层的上方，设置其“混合模式”为“颜色加深”，“不透明度”为 90%，设置“前景色”为纯红色。

放大显示缎带部分，按住 Ctrl 键，在“图层”面板上单击“缎带”图层的“图层缩览图”，则缎带的边缘出现选区，如图 2-94 所示。

图 2-94　缎带的边缘出现选区

在“图层”面板上选中图层 1。在工具栏中选择“画笔工具”，在属性栏中设置画笔的类型为“常规画笔”的“硬边圆”，大小为 150 像素，硬度为 100%。用画笔在缎带上绘画上色。因为有缎带选区控制，所以上色不会超过缎带的边缘。将缎带区域全部上色，取消选区，效果如图 2-95 所示。

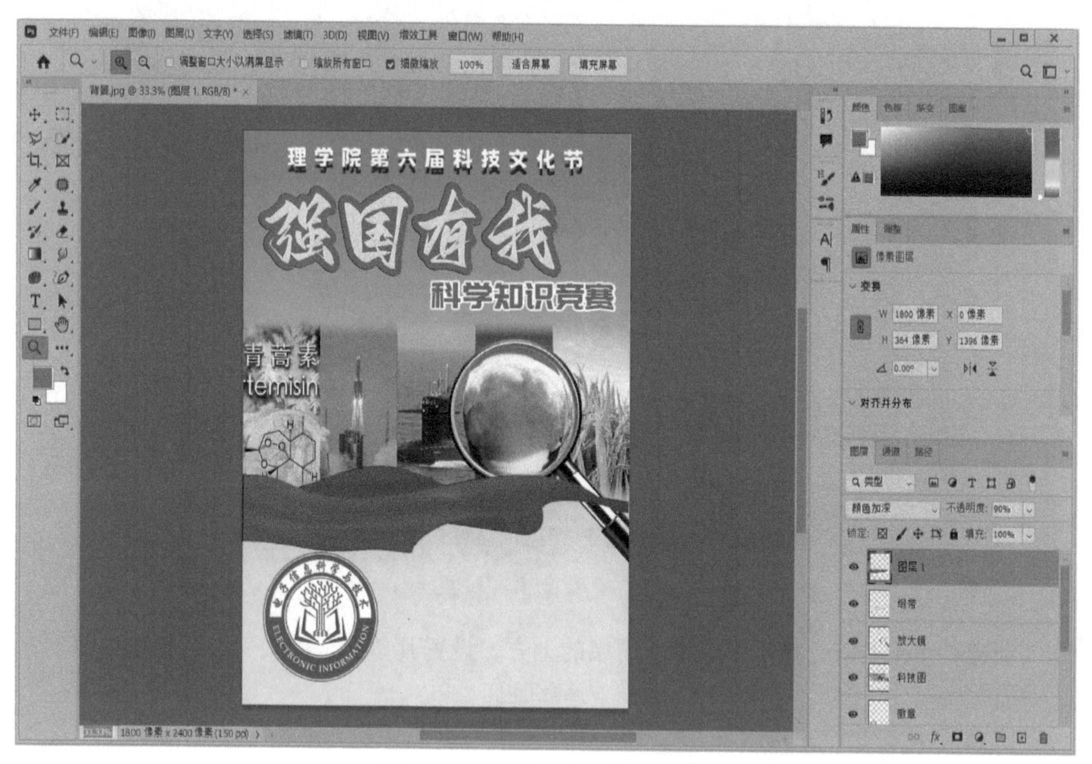

图 2-95　用“画笔工具”上色

(5) 制作时间、地点和单位文字。

在工具栏中选择“横排文字工具” T。单击菜单栏“窗口”→“字符”，打开“字符”面板。在“字符”面板中设置字体为“方正姚体”，字体大小为 40 点，行间距为 60，字距为 10，颜色为黑色，仿粗体，在属性栏中单击“左对齐文本”按钮。在图像中单击鼠标左键设置插入点，输入“10 月 20 日星期五”，按回车键，继续输入“学生活动中心会议室”，然后在属性栏中单击“提交所有当前编辑”按钮✓。

在“图层”面板上选中图层 1。在“字符”面板设置字体为“黑体”，字体大小为 30 点，行间距为 40，字距为 10，颜色为灰色 (RGB：88、88、88)，取消仿粗体。在图像中单击鼠标左键设置插入点，输入“主办单位：学生工作部”，按回车键，继续输入“承办单位：学院学生会”，然后在属性栏单击“提交所有当前编辑”按钮✓，效果如图 2-96 所示。

分别保存为 PSD 格式、JPEG 格式的两个图像文件，文件名均设为“制作活动海报”。

图 2-96　制作时间、地点和单位文字

4. 实验结果

经过实验操作，利用背景、文字、标题、科技图、放大镜、缎带、徽章这七个原始素材制作了一幅图文并茂的活动海报。

实验 2.2.17　人物美化和证件照制作

1. 实验目的

掌握“海绵工具”“渐变工具”的使用方法，能够区分“图像大小”和“画布大小”并对两者进行调整，综合运用“污点修复画笔工具”“修复画笔工具”“裁剪工具”“选择并遮住”“自定义图案”“填充”等技术完成人物美化和证件照制作的任务。

2. 实验原理

(1) “海绵工具”的作用是改变局部的颜色饱和度，可实现加色或去色。

(2) 使用“渐变工具”可绘制渐变效果，有若干预设好的渐变条类型可直接使用，也可根据需要在预设渐变条类型的基础上做编辑和修改。

(3) “图像大小”是图像中全部内容的大小，改变图像大小时，图像中全部内容的大小和比例都会跟着改变；“画布大小”是图像背景的大小，改变画布大小时只是改变背景的大小，而图像中全部内容的大小和比例不会跟着改变。

3. 实验内容

(1) 启动软件，打开图像文件，解锁图层。

启动 Adobe Photoshop 2023 软件，单击菜单栏“文件”→“打开”，找到“图像素材”文件夹中的“实验 17”文件夹，打开“生活照 .jpg”图像文件，解锁图层，重命名图层为“人物”。

(2) 人物美化。

在“图层”面板中选中“人物”图层，单击右键，选择“复制图层”，在弹出的对话框中，将新图层命名为“人物美化”，单击“确定”按钮。选中“人物美化”图层，放大显示人物的脸部。在工具栏中选择“污点修复画笔工具”，在属性栏设置画笔大小为25像素，硬度为60%，“模式”为“正常”，“类型”为“内容识别”。在脸部的小痣、小斑处单击鼠标左键去除，如图2-97所示。

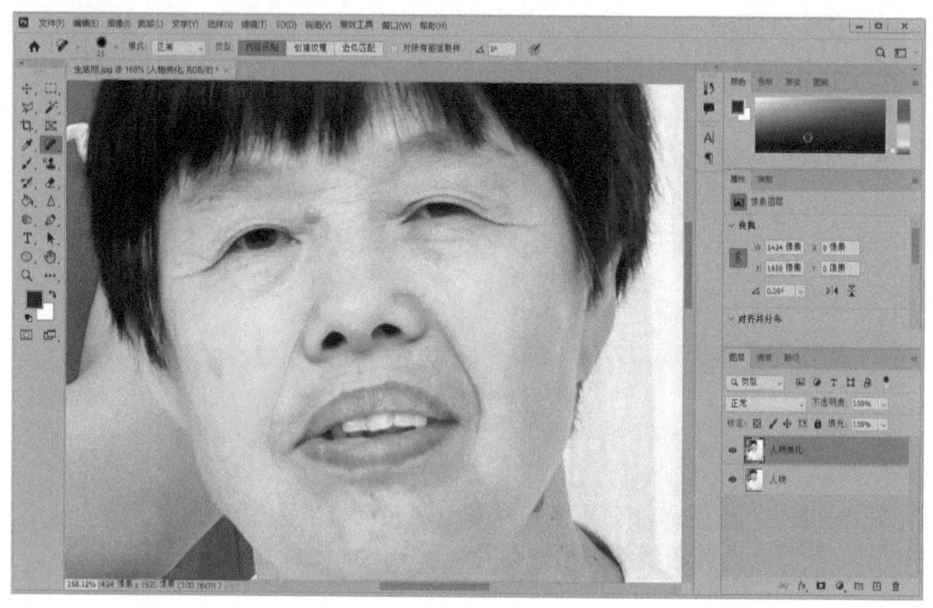

图2-97　使用“污点修复画笔工具”美化人物

放大显示人物的颈部，继续使用“污点修复画笔工具”去除颈部的小痣、小斑，如图2-98所示。

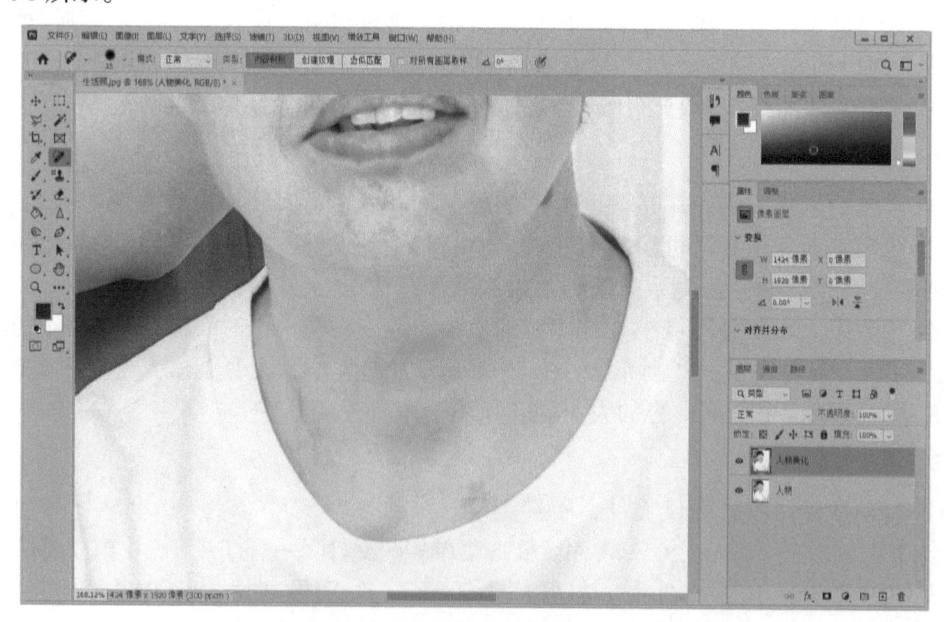

图2-98　使用“污点修复画笔工具”美化人物

放大显示人物的脸部，继续使用“污点修复画笔工具”去除眼部和嘴部周围的细纹。在工具栏选择“修复画笔工具”，在属性栏中设置画笔大小为 25 像素，硬度为 50%。按住 Alt 键，先在眼部痘痘左侧单击取样，然后在痘痘上绘画，去除痘痘。用同样的方法，去除脸部左侧、嘴部下方、颈部右侧的三处大斑，如图 2–99 所示。

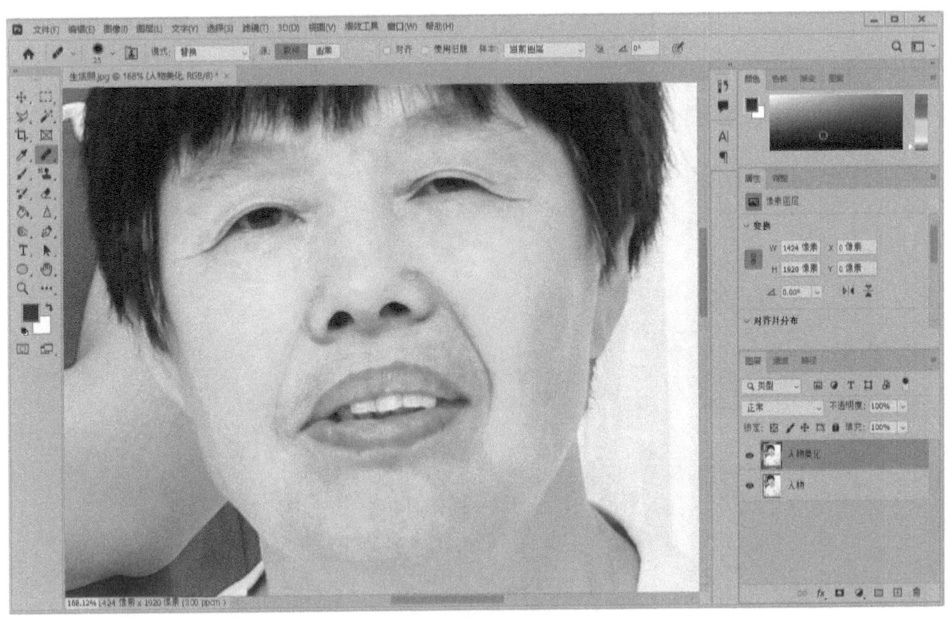

图 2–99　使用“修复画笔工具”美化人物

放大显示嘴部，在工具栏中选择“海绵工具”(注意，“海绵工具”、“减淡工具”和“加深工具”在一个工具组中)，在属性栏设置画笔大小为 20 像素，硬度为 0%，“模式”为“加色”，“流量”为 20%，勾选“自然饱和度”，在嘴唇上点住鼠标左键，来回拖曳几次，以提高其颜色饱和度，如图 2–100 所示。

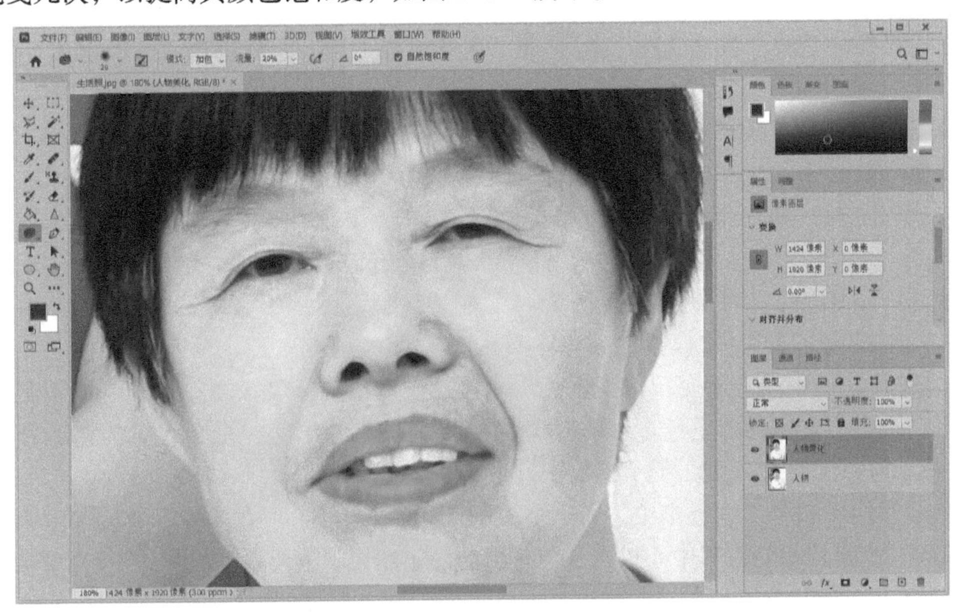

图 2–100　使用“海绵工具”实现加色

先隐藏后显示“人物美化”图层，与原人物图层做对比，观察美化效果。删除“人物”图层。

(3) 制作证件照。

缩小以显示完整图像。在工具栏中选择“裁剪工具”，在属性栏下拉列表中设置宽高比为 5:7，调整裁剪框的大小，点击拖曳图像至合适位置，裁剪框圈中人物合适部位，如图 2–101 所示，按回车结束裁剪。

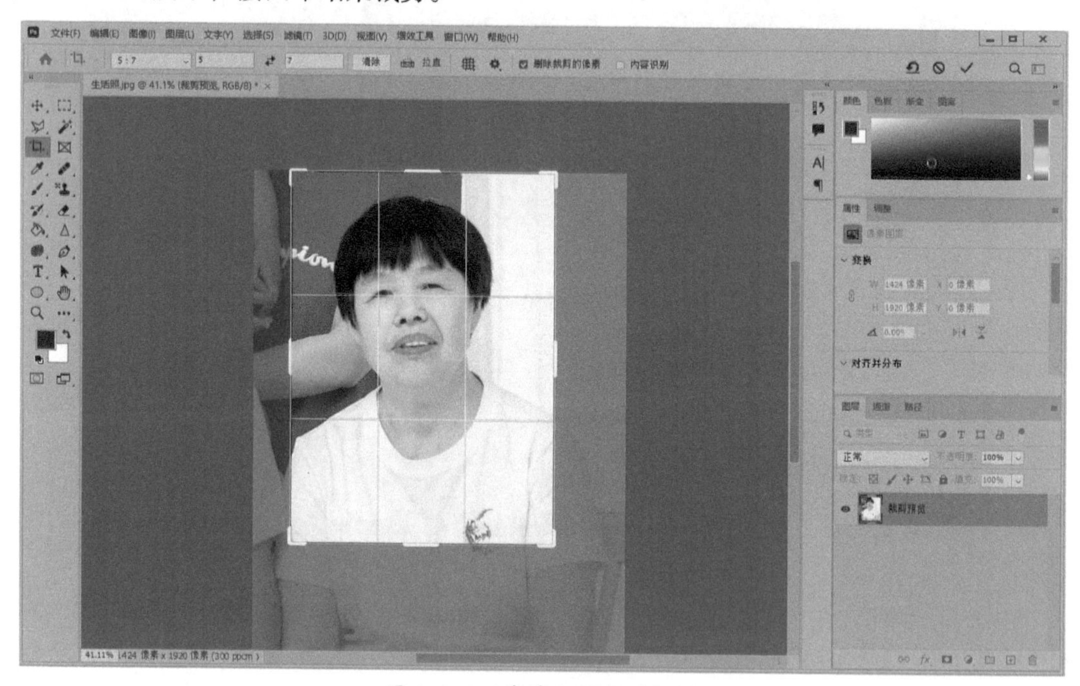

图 2–101　裁剪人物合适部位

单击菜单栏“选择”→“选择并遮住”，在“选择并遮住”对话框中打开图像。在左侧的工具栏中选择“快速选择工具”，在菜单栏下方一行处单击“选择主体”按钮，等待处理完毕。

在右侧属性的“视图模式”部分“视图”下拉列表中选择“图层”，在“全局调整”部分设置“对比度”为 20%，“移动边缘”设置为 +10%。展开“输出设置”，在“输出到”下拉列表中选择“新建带有图层蒙版的图层”，单击“确定”按钮，删除“人物美化”图层。

新建一个图层 1，将图层 1 置于“人物美化 拷贝”图层下方，选中图层 1。在工具栏中选择“渐变工具”(注意，“渐变工具”和“油漆桶工具”在同一个工具组中)，在属性栏中单击渐变条，在渐变编辑器的预设里选择“基础”中的“黑白渐变”。单击渐变条下方左侧的黑色色标，单击“颜色”，打开拾色器，将颜色设置为蓝色 (RGB：67、142、219)，如图 2–102 所示，单击“确定”按钮。

在属性栏中选择“线性渐变”，选中图层 1，按住 Shift 键，在图像顶部中心点住鼠标左键，拖曳鼠标到底部中心松开，合并当前两个图层，重命名为“照片”，如图 2–103 所示。

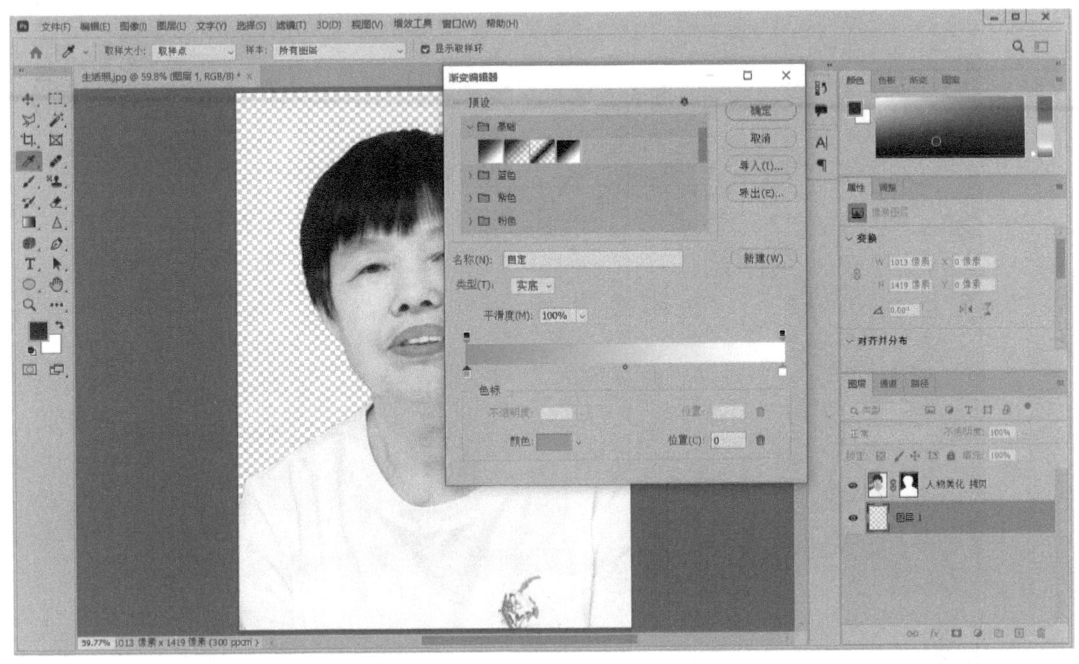

图 2-102 在“渐变编辑器对话框”中修改渐变条属性

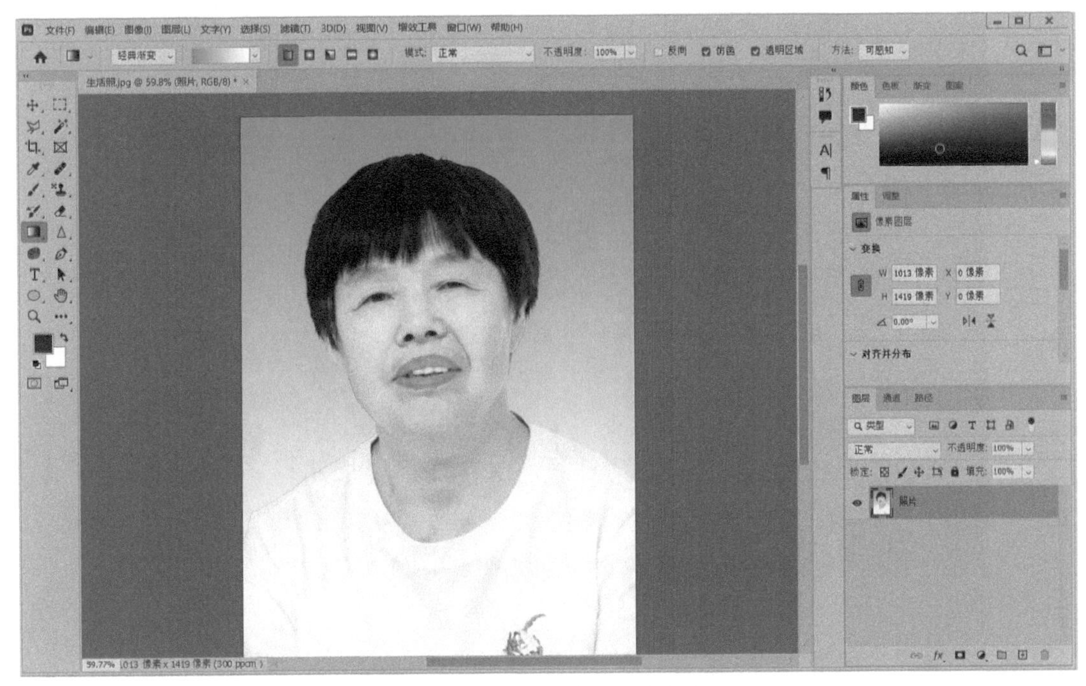

图 2-103 合并图层并重命名

单击菜单栏“图像”→“图像大小”，打开图像大小对话框，调整宽度为 2.5 厘米，高度为 3.5 厘米，分辨率为 300 像素 / 厘米，单击“确定”按钮。单击菜单栏“图像”→“画布大小”，打开画布大小对话框，勾选“相对”，修改宽度为 0.4 厘米，高度为 0.4 厘米，如图 2-104 所示，单击“确定”按钮。

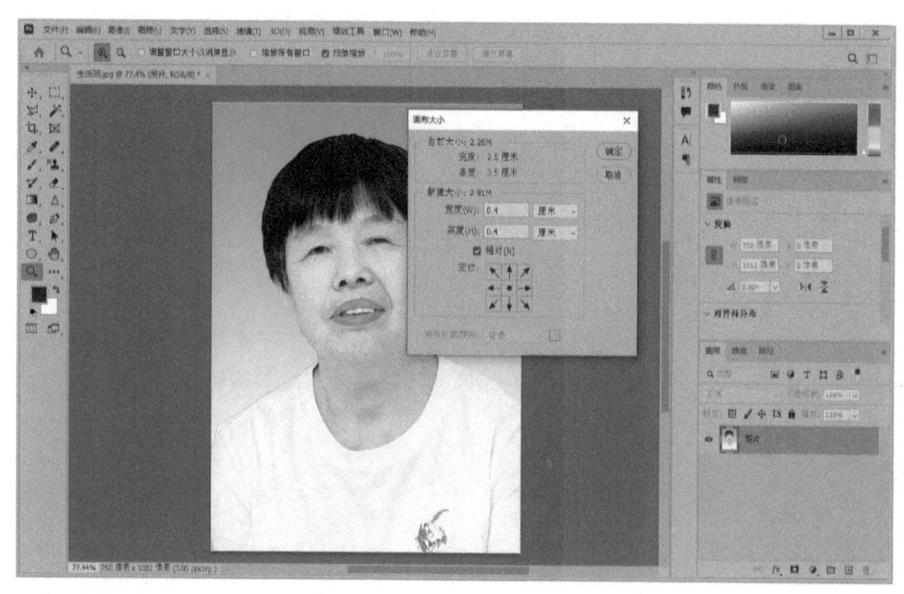

图 2-104 画布大小对话框

新建一个图层 1，顺序调整到“照片”图层的下方，单击菜单栏“编辑”→“填充”，填充为白色，合并当前两个图层，如图 2-105 所示。

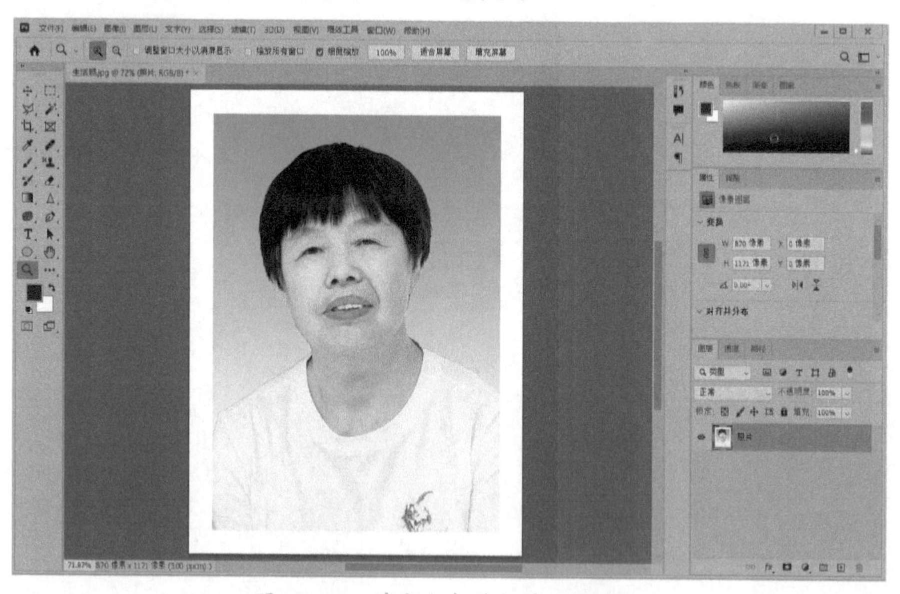

图 2-105 填充白色并合并两个图层

单击菜单栏“编辑”→“定义图案”，单击“确定”按钮。

单击菜单栏“文件”→“新建”，在弹出的对话框中，设置宽度为 11.6 厘米，高度为 7.8 厘米，分辨率为 300 像素 / 厘米，颜色模式 RGB，背景内容为白色。单击“创建”按钮，解锁图层。

单击菜单栏“编辑”→“填充”，打开填充对话框。在“内容”下拉列表框中选择“图案”选项，在“自定义图案”下拉列表中选择前面定义的照片图案，单击“确定”按钮。制作好的证件照效果如图 2-106 所示。

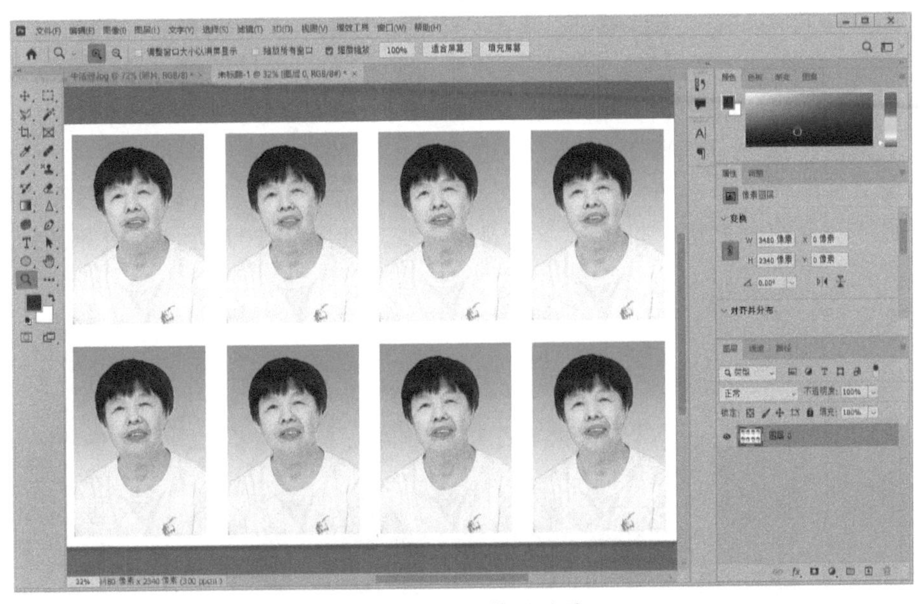

图 2-106　证件照效果

分别保存为 PSD 格式、JPEG 格式的两个图像文件，文件名均设为“人物美化和证件照制作”。

4. 实验结果

经过实验操作，在生活照中为人物做祛痘、祛斑、祛痣、去皱纹和涂唇彩的美化处理，并制作出一版蓝白渐变背景的八张证件照。

实验 2.2.18　老照片的修复和校正

1. 实验目的

掌握“拉直”功能的使用方法，能够使用“调整”面板和“属性”面板添加“曲线”“色阶”和“色彩平衡”等调整图层，综合运用“裁剪工具”“污点修复画笔工具”“修补工具”“仿制图章工具”等技术完成老照片的修复和校正的任务。

2. 实验原理

(1) “拉直”功能位于“裁剪工具”的属性栏中，可实现歪斜图像的拉直摆正。

(2) 为图像添加色彩调整除了可以在菜单栏的“图像”→“调整”处直接添加之外，还可以通过使用“调整”面板和“属性”面板添加调整图层的方式来实现，这时，色彩调整并不是直接修改了图像，而是以图层的方式叠加在图像上方，可以随时编辑或删除，编辑完成后，可以将调整图层与图像图层合并，从而修改图像。

(3) 在“属性”面板的曲线调整处有“在图像中取样以设置白场”功能，白场工具用于指定要哪些颜色值调整为中性白，通过正确的指定白场，可快速地消除色偏并校正图像的亮度。

3. 实验内容

(1) 启动软件，打开图像文件，解锁图层。

启动 Adobe Photoshop 2023 软件，单击菜单栏“文件”→“打开”，找到“图像素材”文件夹中的“实验 18”文件夹，打开“老照片 .jpg”文件，解锁图层。

(2) 照片的拉直和裁剪。

在工具栏中选择“裁剪工具”，单击属性栏中的“拉直”图标，鼠标指针将变成拉直工具图标。单击图像中照片部分的左上角，点住鼠标左键，沿着照片上边缘拖曳到照片部分的右上角，拉出一条倾斜的直线，如图 2–107 所示，松开鼠标，照片被拉直。

图 2–107　歪斜图像的拉直摆正

调整裁剪框的边缘，将所有白色区域都删除，包括照片部分的白边，只保留中间人物和景物部分的图像，如图 2–108 所示，按回车结束裁剪。

图 2–108　裁剪图像删除白边

(3) 泛黄颜色的校正。

单击工作界面右侧中间“调整”面板中的“曲线”标志，添加一个曲线调整图层。在“属性”面板的曲线调整处，点击“在图像中取样以设置白场”按钮，单击选择横幅上白色文字区域，发现指定白场后，其他所有色调都相应地调整了，整个图像被提亮并消除色偏，如图 2-109 所示。

图 2-109　提亮图像并消除色偏

单击“调整”面板中的“色阶”标志添加一个色阶调整图层。将“属性”面板中色阶直方图的左边小三角下方方框中数字改为 20，将中间小三角下方方框中数字改为 0.9，如图 2-110 所示。

图 2-110　色阶调整

单击“调整”面板中的“色彩平衡”标志，添加一个色彩平衡调整图层。在“属性”面板的色彩平衡调整处调整“青色 红色”为 -10，“黄色 蓝色”为 +20，如图 2-111 所示。

图 2-111　色彩平衡调整

单击菜单栏“图层”→“拼合图像”，调整图层将被合并到背景图层中，解锁背景图层。

(4) 去除折痕和白线。

在工具栏中选择“污点修复画笔工具”，在属性栏中设置画笔大小为 40 像素，硬度为 100%，“模式”选择“正常”，“类型”选择“内容识别”，在折痕处点击或拖曳，如图 2-112 所示，经过多次点击或拖曳消除整个折痕。

图 2-112　去除折痕

用“污点修复画笔工具”去除图像左侧的白线，如图 2-113 所示。

图 2-113　去除白线

(5) 去除多余人物。

放大图像，显示右侧的女士。在工具栏中选择“修补工具”，在属性栏中的“修补”下拉列表里选择“正常”，后面选择“源”选项。绕着女士拖曳鼠标，用修补工具圈住这个区域，如图 2-114 所示。

图 2-114　使用“修补工具”建立人物选区

在刚刚选定的女士区域点住鼠标左键，并向左拖曳，选择合适的位置停下，用左侧的台阶区域替换女士的区域，如图 2-115 所示。

图 2-115　去除多余人物

单击区域外侧取消选区，观察修补效果，发现有不合理的地方，台阶不够整齐。在工具栏中选择“仿制图章工具”，在属性栏中设置画笔大小为 70 像素，硬度为 30%。在最底层的整齐台阶处按住 Alt 键，点击鼠标左键进行取样，在不整齐台阶处点击或点住鼠标左键拖曳，让台阶变整齐，继续使用“仿制图章工具”修补其他不整齐的台阶，修补好后的效果如图 2-116 所示。

图 2-116　使用“仿制图章工具”修补图像

分别保存为 PSD 格式、JPEG 格式的两个图像文件，文件名均设为“老照片的修复和校正”。

4. 实验结果

经过实验操作，老照片被拉直并裁去了白边，泛黄的颜色得到校正，去除了折痕、白线以及多余的人物，效果自然。

实验 2.2.19　制作合成风景画

1. 实验目的

掌握使用“图层蒙版”“蒙版”结合“渐变”、调整“色阶”的方法，综合运用调整“图像大小”“移动工具”“磁性套索工具”抠图等技术完成制作合成风景画的任务。

2. 实验原理

(1)“图层蒙版”的使用方法：建立主体选区后，单击菜单栏“图层”→“图层蒙版”→“显示选区”，可以发现只显示了主体选区部分，其他部分消失了，原因是建立一个蒙版，只显示选区的内容，其他部分被遮挡。

(2)“蒙版”结合“渐变”可制作图像从无到有的渐变显示效果，原理是在蒙版上绘制从黑色到白色的渐变。

(3)“色阶”是表示图片亮度强弱的指标参数，主要指图像的灰色分辨率，和颜色无关，颜色的色阶共分成 255 个等级，从 0 到 255，色阶 0 是黑色，色阶 255 是白色。

(4)“色阶”对话框中的直方图表示的是在各个不同色阶位置上颜色数量的不同，在水平线上有 3 个小三角和 3 个输入框，左边的小三角表示黑点 (图像中最暗的点)，右边的小三角表示白点 (图像中最亮的点)，中间的小三角表示中间调，3 个输入框中的数字代表对应的 3 个小三角的色阶位置。

(5) 理想的色阶直方图是：黑点位于像素分布范围的起点，白点位于像素分布范围的终点，而直方图中间部分的峰谷分布均匀，这表示有足够多的像素为中间调。

3. 实验内容

(1) 启动软件，打开图像文件，解锁图层，新建图像文件。

启动 Adobe Photoshop 2023 软件，单击菜单栏“文件”→“打开”，找到“图像素材”文件夹中的“实验 19”文件夹，打开“大海礁石 .jpg”“楼房群 .jpg”“公鸡 .jpg”图像文件，分别解锁图层，选择显示“大海礁石 .jpg”图像。

单击菜单栏“图像”→“图像大小”，分别查看“大海礁石”和“楼房群”的图像大小。“大海礁石”图像宽 2500 像素，高 1661 像素。“楼房群”图像宽 2000 像素，高 1500 像素。由于计划将这两张图像放入一个新建的图像中，上下放置并做合成，所以需要两幅图像的宽度相同。在约束宽高比的情况下，修改“大海礁石”图像的宽为 2000 像素，即与“楼房群”图像的宽相同。

单击菜单栏“文件”→“新建”，设置图像的宽度为 2000 像素，高度为 2200 像素，分辨率 72 像素 / 英寸，颜色模式 RGB，背景内容白色，单击“创建”按钮，解锁图层。

用“移动工具”将“大海礁石”和“楼房群”拖曳到新建的图像中，并调整位置，使二者有重叠部分，如图 2-117 所示，修改图层名称为“大海礁石”和“楼房群”，“大海礁石”图层在下，“楼房群”图层在上，关闭“大海礁石”和“楼房群”两张图像，无须保存。

图 2-117　新建图像文件并移入素材

(2) 动物的抠图。

用“移动工具”将“公鸡”图像拖曳到新建图像中，修改图层名称为“公鸡”，关闭“公鸡”图像，无须保存。调整图层顺序为：“楼房群”“公鸡”“大海礁石”“图层 0”，隐藏“楼房群”图层。选中“公鸡”图层，按 Ctrl+T 组合键，调整公鸡图层的大小和位置，按回车结束编辑，如图 2-118 所示。

图 2-118　调整公鸡图层的大小和位置

放大显示公鸡部分，用“磁性套索工具”对公鸡进行抠图，建立公鸡选区。单击菜单栏“图层”→“图层蒙版”→“显示选区”，可以发现只显示了公鸡选区部分，其他部分消失了，如图 2-119 所示，原因是建立了一个蒙版，只显示选区的内容，其他部分被遮挡。

图 2-119　动物的抠图

(3) 调整色阶。

显示“楼房群”图层，选中“大海和礁石”图层，单击菜单栏“图像”→“调整”→“色阶”，弹出色阶对话框，在“通道”下拉列表中选择“蓝”，调整“输入色阶”下面的 3 个小三角位置如图 2-120 所示，单击“确定”按钮，可使得大海部分颜色鲜亮。

图 2-120　调整图像色阶

选中“楼房群”图层，单击菜单栏“图像”→“调整”→“色阶”，弹出色阶对话框，调整“输入色阶”下面的 3 个小三角位置如图 2-121 所示，单击“确定”按钮，可以使得图像亮度增加。

图 2-121 调整图像色阶

(4) 制作渐变过渡效果。

选中“楼房群”图层，在“图层”面板底部点击“图层蒙版”按钮。单击选中“图层蒙版缩览图”，用“矩形选框工具”在图中建立如图 2-122 所示的选区。

图 2-122 使用“矩形选框工具”建立选区

设置“前景色”为黑色，“背景色”为白色，在工具栏中选择“渐变工具”，单击属性栏的渐变条，打开渐变编辑器对话框，在“预设”处选择“基础”中的“前景色到背景色渐变”。在下方对所选预设渐变进行调整，单击添加黑色色标，并拖曳修改位置如图 2-123 所示，单击“确定”按钮。

图 2–123　在“渐变编辑器”中修改渐变条属性

在属性栏中选择“线性渐变”，确认已选中“楼房群”图层的“图层蒙版缩览图”，按住 Shift 键，在矩形选区的底部中心点住鼠标左键，向上拖曳鼠标到顶部中心松开，取消选区，如图 2–124 所示。

图 2–124　制作渐变过渡效果

按住 Alt 键，在“图层”面板上单击“图层蒙版缩览图”，可以只显示蒙版，如图 2–125 所示，再次单击“图层缩览图”则显示图像和蒙版。

图 2-125　只显示蒙版效果

分别保存为 PSD 格式、JPEG 格式的两个图像文件，文件名均设为“制作合成风景画”。

4. 实验结果

经过实验操作，用“大海礁石”“楼房群”和“公鸡”三幅图像合成了一幅风景画，内容是公鸡在大海边的礁石上啼叫，天空中出现了海市蜃楼的景象，显现出一片楼房群。

实验 2.2.20　制作主题明信片

1. 实验目的

掌握“滤镜库”“矩形工具”“椭圆工具”“直线工具”“橡皮擦工具”“图层编组”“栅格化文字”的使用方法，学会应用“路径”作为辅助工具完成一些特定的作图任务，综合运用“填充”“移动工具”“选框工具”添加“图层样式”“文字工具”“路径文字”等技术完成制作主题明信片的任务。

2. 实验原理

(1) 单击菜单栏“滤镜”→“滤镜库”可打开滤镜库，其中有风格化、画笔描边、扭曲、素描、纹理、艺术效果多类滤镜。

(2) 使用“矩形工具”“椭圆工具”和“直线工具”可绘制形状或路径。

(3) 可将“橡皮擦工具”看作特殊的“画笔工具”，画笔具有的属性橡皮擦也都有，画笔的作用是使用前景色作画，而橡皮擦的作用是去除像素。

(4) “图层编组”的作用：当图层很多需要分类管理时，可以做图层编组和命名，将同一个主题的若干图层放在一起，不用时收起，使用时打开，使得图层不再混乱。

(5) “栅格化文字”是将文字图层转换为普通图层，文字图层可编辑文字，转换为普通图层后不能再编辑文字，只是普通图形。

(6) 生成“路径”的方法有：用形状工具建立，用钢笔工具建立，从选区生成。

(7) “路径”的应用有：用画笔描摹路径、在工作路径上输入文字。

(8) “路径”编辑工具有：“路径选择工具”、菜单栏“编辑”→“自由变换路径”、“路径”面板。

3. 实验内容

(1) 启动软件，新建图像文件。

启动 Adobe Photoshop 2023 软件，单击菜单栏“文件”→“新建”，设置图像名称为“主题明信片”，宽度为 1600 像素，高度为 1000 像素，分辨率为 200 像素 / 英寸，颜色模式 RGB，背景内容白色，单击“创建”按钮，解锁图层。

(2) 制作背景。

单击菜单栏“编辑”→“填充”，弹出“填充”对话框，在“内容”下拉列表中选择“颜色”，在弹出的“拾色器”中输入颜色 RGB 值 R250、G242、B229，单击“确定”按钮，再单击“确定”按钮。

单击菜单栏“滤镜”→“滤镜库”对话框，点击选择“纹理”→“马赛克拼贴”，设置“拼贴大小”为 10，“缝隙宽度”为 2，“加亮缝隙”为 10，如图 2–126 所示，单击“确定”按钮。

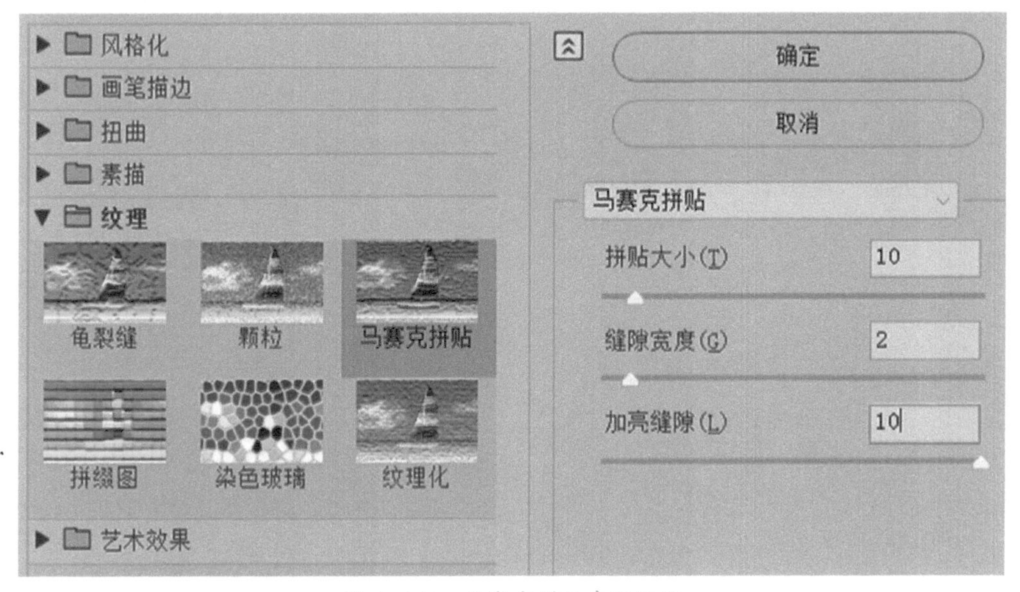

图 2–126　马赛克拼贴参数设置

(3) 插入主题图片。

单击菜单栏“文件”→“打开”，找到“图像素材”文件夹中的“实验 20”文件夹，打开“主题图 .jpg”图像文件，解锁图层。在工具栏中选择“矩形选框工具”，在属性栏中设置“羽化”为 30 像素，在图像中建立矩形选区，如图 2–127 所示。

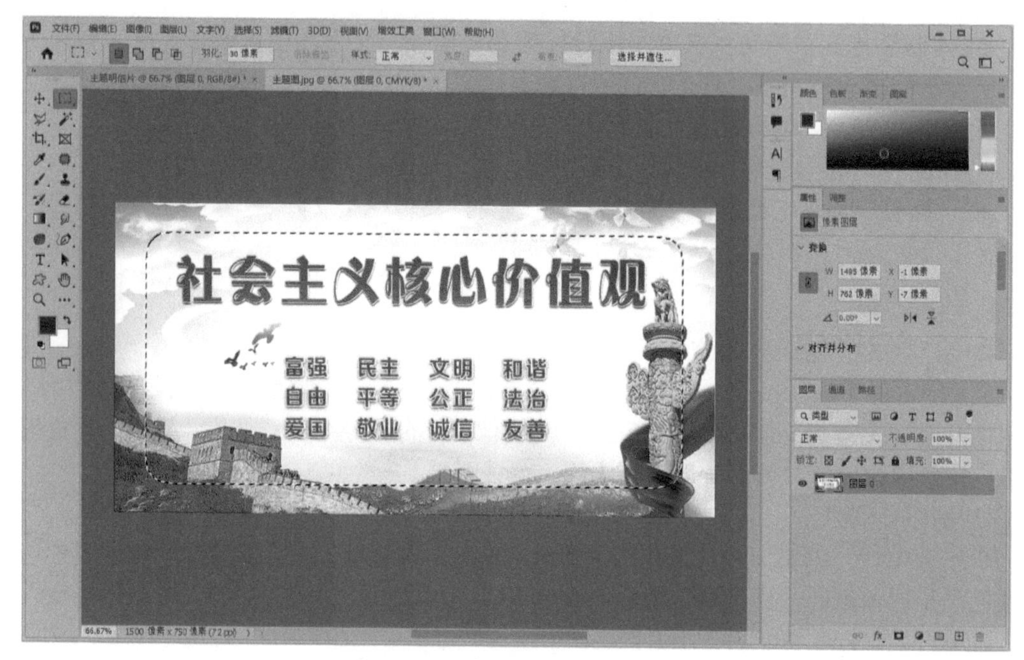

图 2-127　建立羽化的矩形选区

用“移动工具”将矩形选区移入“主题明信片”图像，关闭“主题图 .jpg”图像，无须保存。按 Ctrl+T 快捷键，调整主题图选区的大小和位置，合适后，按回车键，如图 2-128 所示。

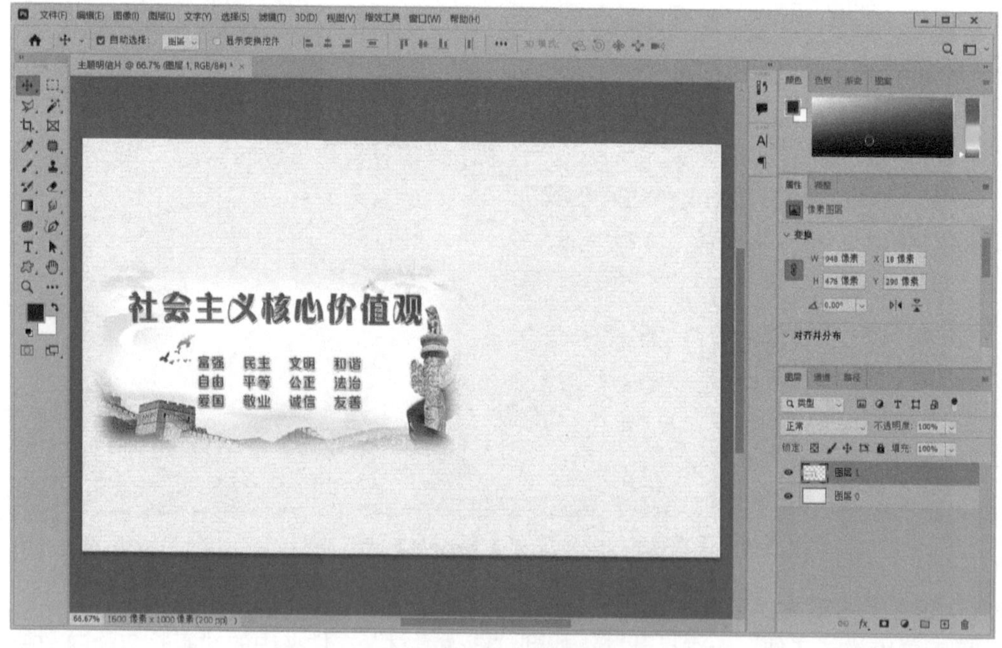

图 2-128　插入主题图片

(4) 制作主题文字。

在工具栏中选择“横排文字工具”，在属性栏中设置字体为“华文行楷”，字号为 40 点，颜色为黑色，在图像中分别输入“人民有信仰”和“国家有力量”两行文字，用“移动工具”将文字移动到合适的位置，如图 2–129 所示。

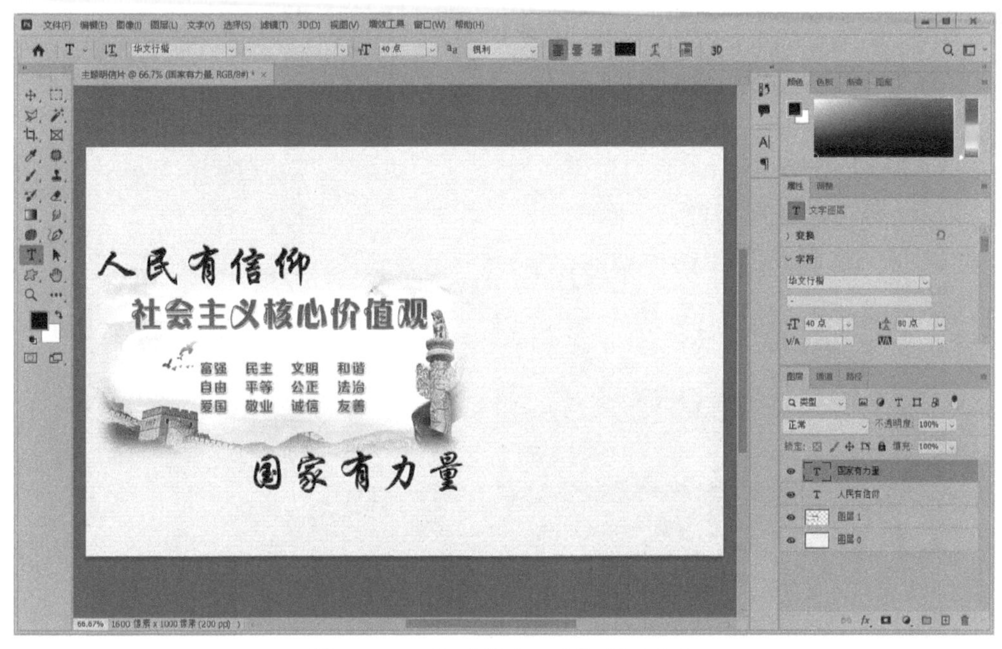

图 2–129　用“移动工具”移动文字

在“图层”面板中同时选中“人民有信仰”和“国家有力量”两个文字图层，单击鼠标右键，选择“栅格化文字”，合并这两个图层，重命名图层为“主题文字”。单击菜单栏“图层”→“图层样式”→“描边”，打开图层样式对话框，参数设置如图 2–130 所示，单击“确定”按钮。

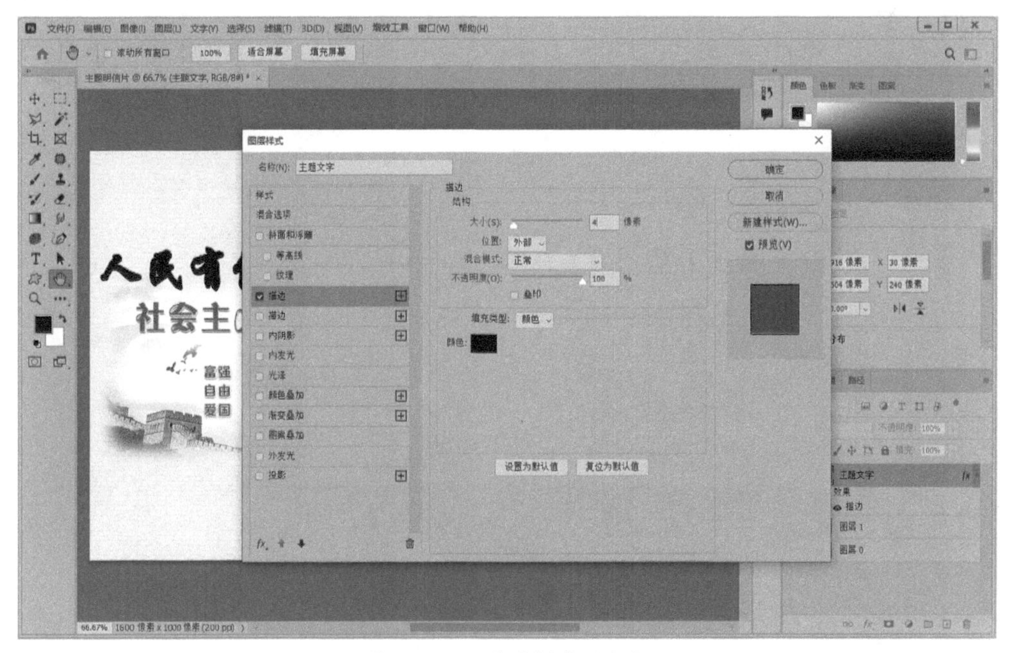

图 2–130　图层样式对话框

在“图层”面板中设置“主题文字”图层的填充为 0%，效果如图 2–131 所示。

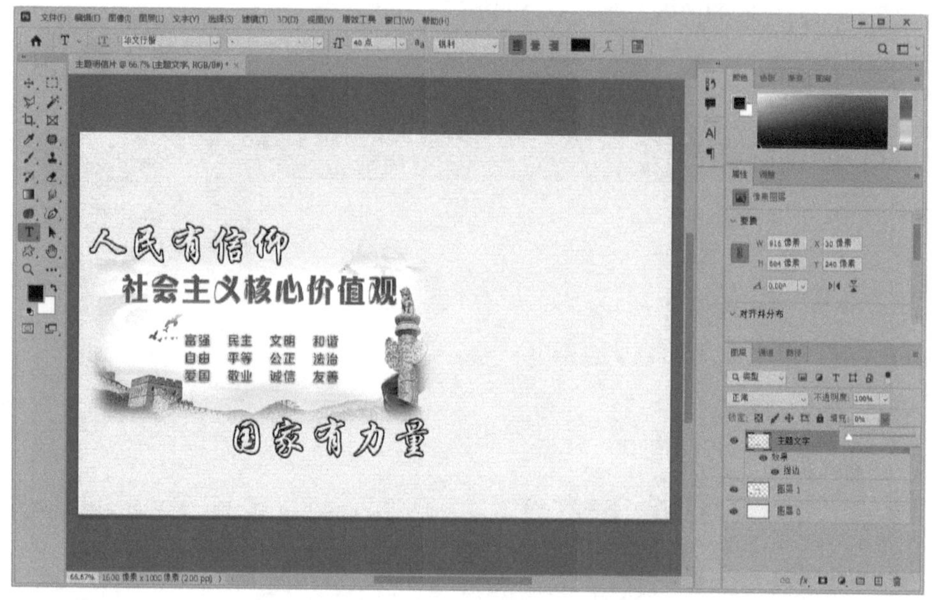

图 2–131　设置“主题文字”图层的填充

(5) 制作邮政编码框。

新建一个图层 2 置于“主题文字”图层上方，在工具栏中选择“矩形工具”(注意，“矩形工具”“椭圆工具”“三角形工具”“多边形工具”“直线工具”“自定形状工具”在同一个工具组中)，在属性栏下拉列表中选择“路径”选项。按住 Shift 键，在图像左上方处拖曳鼠标，绘制一个正方形路径，如图 2–132 所示。

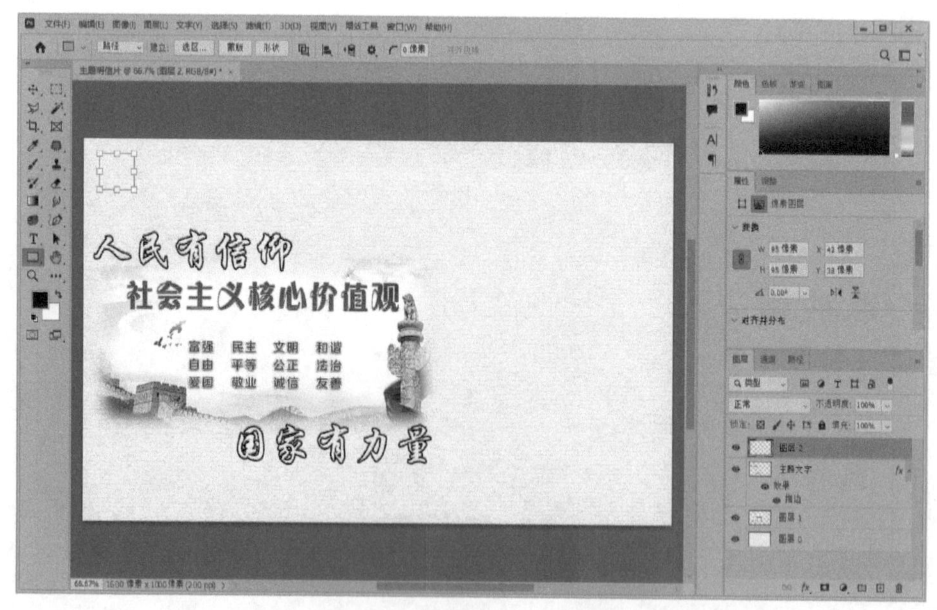

图 2–132　绘制一个正方形路径

设置“前景色”为纯红色。在工具栏中选择“画笔工具”，在属性栏中设置画笔的类型为“常规画笔”的“硬边圆”，大小为 4 像素，硬度为 100%。在“路径”面板中单击“用画笔描边路径”按钮，为正方形描边。在“路径”面板中的“工作路径”上点击右键，选择“删除路径”，得到红色方框，如图 2–133 所示。

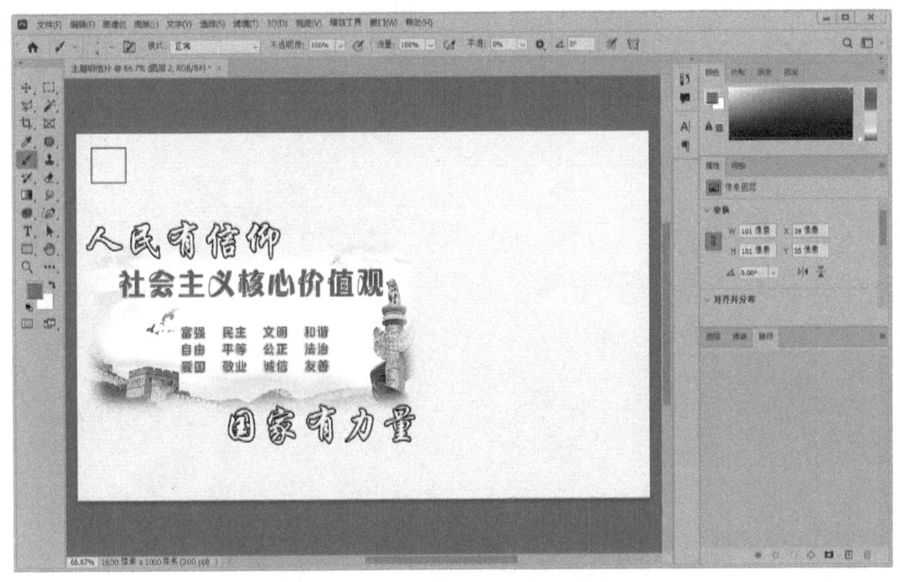

图 2–133 为正方形路径描边

在“图层”面板中复制正方形所在图层，按住 Shift 键，用移动工具向右移动复制图层中的正方形，重复以上操作 4 次，制作完成 6 个邮政编码框，将这个 6 个图层合并为一个图层，重命名为“邮政编码框”，如图 2–134 所示。

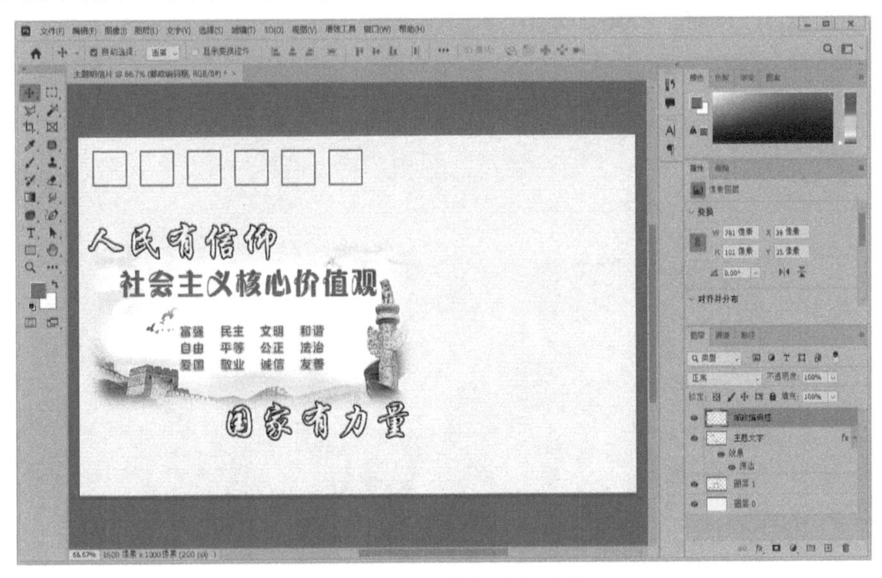

图 2–134 制作邮政编码框

(6) 制作邮票。

单击菜单栏“文件”→“打开”，找到“图像素材”文件夹中的“实验 20”文件夹，打开“邮票图 .jpg”图像文件，解锁图层。用“移动工具”将“邮票图”拖曳到“主题明信片”

图像中，关闭“邮票图.jpg”图像，无须保存。按 Ctrl+T 快捷键，调整邮票图的大小和位置，合适后按回车键，如图 2-135 所示。

图 2-135　调整邮票图的大小和位置

隐藏图层 0，放大显示邮票图。新建一个图层 3，置于图层 2 下方，选中图层 3，在工具栏选择“矩形选框工具”，设置“羽化”为 0 像素，围着邮票图建立一个比邮票图略大一些的矩形选区，如图 2-136 所示。

图 2-136　围着邮票图建立矩形选区

将这个矩形选区填充为白色，暂时不要取消选区。在“路径”面板中单击“从选区生成工作路径”按钮，将选区转换成路径，如图 2–137 所示。

图 2–137　将选区转换成路径

在工具栏中选择“橡皮擦工具”，单击菜单栏“窗口”→“画笔设置”，打开“画笔设置”面板，选择“画笔笔尖形状”选项，参数设置如图 2–138 所示。

图 2–138　“画笔设置”面板参数设置

在“路径”面板中单击“用画笔描边路径”按钮。在“路径”面板中的“工作路径”上点击右键，选择“删除路径”，得到邮票锯齿效果。单击菜单栏“图层”→“图层样式”→“投影”，打开图层样式对话框，参数设置如图 2–139 所示，单击“确定”按钮。

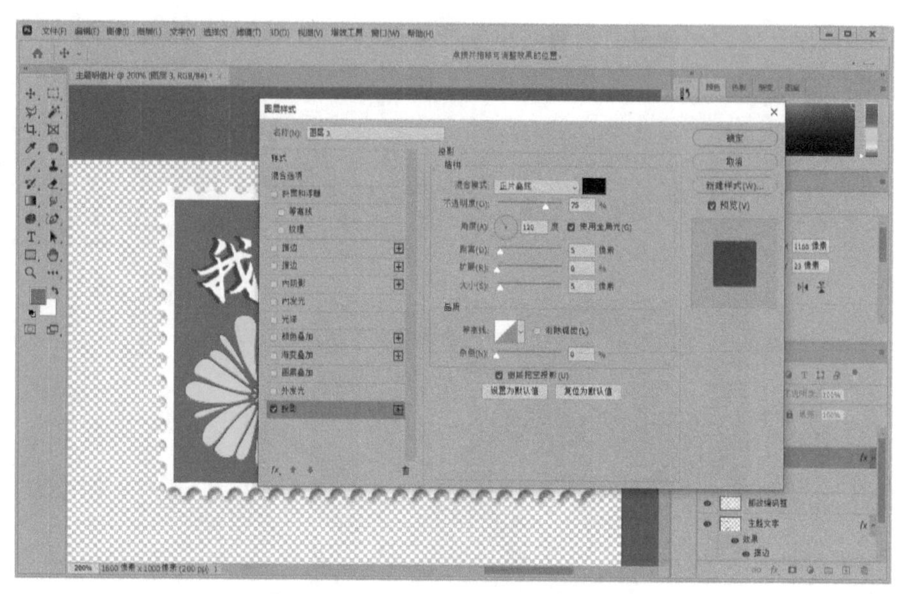

图 2-139　图层样式对话框参数设置

选中最顶层的图层 2，在工具栏中选择“横排文字工具”，在属性栏设置字体为宋体，字号 15 点，颜色黑色，在邮票左上角输入“80”，再设置字体为黑体，字号 9 点，输入“分”，在邮票右下方输入“中国邮政”。

选中“中国邮政”文字图层，在“图层”面板中单击“创建新组”按钮，将组名命名为“邮票”，选择制作邮票创建的 4 个图层，拖动到“邮票”组下，收起“邮票”组，如图 2-140 所示。

图 2-140　创建“邮票”组

(7) 制作邮戳。

显示图层 0，新建一个图层 4，置于邮票组上方，选中图层 4，在工具栏中选择“椭圆工具”，在属性栏下拉列表中选择“路径”选项，按住 Shift 键，在图像中邮票的左下方拖曳绘制一个圆路径，如图 2–141 所示。

图 2–141　绘制一个圆路径

设置“前景色”为纯红色。选择工具栏中的“画笔工具”，在属性栏设置画笔的大小为 4 像素，硬度为 100%。在“路径”面板中单击“用画笔描边路径”按钮，为圆形描边。在工具栏中选择“横排文字工具”，在属性栏中设置字体为“黑体”，字号 14 点，颜色为红色，在路径上单击鼠标，输入“学 院 路”，在属性栏点击“提交”按钮，如图 2–142 所示。

图 2–142　为路径描边并输入文字

在“路径”面板中选中“学院路文字路径”，单击菜单栏“编辑”→“自由变换路径”，在出现的变换框里单击鼠标右键，选择“垂直翻转”，双击鼠标左键结束变换，将文字翻转到路径内侧，如图 2–143 所示。

图 2-143 翻转文字到路径内侧

在工具栏中选择“路径选择工具”，移动文字至合适位置，如图 2-144 所示。

图 2-144 移动文字至合适位置

在“路径”面板中选中“工作路径”，在工具栏中选择“横排文字工具”，在属性栏中设置字体为“黑体”，字号为 14 点，颜色为红色，在路径上单击鼠标，输入“北 京”，在属性栏点击“提交”按钮，如图 2-145 所示。

图 2-145　在路径上输入文字

在工具栏中选择“路径选择工具”，移动文字至合适位置，如图 2-146 所示。

图 2-146　移动文字到合适位置

在“路径”面板中删除“工作路径”。在“图层”面板中选中图层 4。在工具栏中选择“横排文字工具”，在属性栏中设置字体为“黑体”，字号为 13 点，颜色为红色，在邮戳内部单击，输入“2023.10.01”，将其移动、旋转至合适位置，如图 2-147 所示。

图 2-147 输入文字并移动旋转至合适位置

选中“北京”文字图层，在“图层”面板中单击“创建新组”按钮，将组名命名为“邮戳”，选择制作邮戳创建好的 4 个图层，拖动到“邮戳”组下，收起“邮戳”组。选中“邮戳”组，按 Ctrl+T 组合键，调整邮戳的位置和旋转，如图 2-148 所示。

图 2-148 创建“邮戳”组

(8) 创建地址填写区。

新建图层 5 并选中，在工具栏中选择“直线工具”，在属性栏的下拉列表中选择“路径”选项。按住 Shift 键，在图像中单击鼠标左键，并向右拖曳，绘制一条直线路径，如图 2-149 所示。

图 2–149　绘制一条直线路径

设置“前景色”为纯黑色。选择工具栏中的“画笔工具”，在属性栏中设置画笔的大小为 2 像素，硬度为 100%，在“路径”面板中单击“用画笔描边路径”按钮，为直线描边。在“路径”面板中的“工作路径”上单击右键，选择“删除路径”，得到黑色直线，如图 2–150 所示。

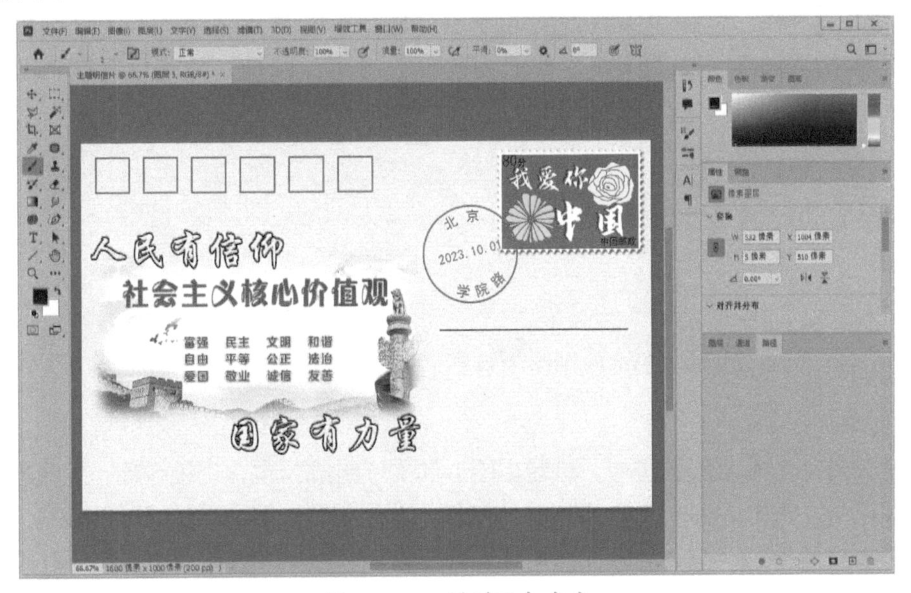

图 2–150　得到黑色直线

在“图层”面板中复制直线所在图层，按住 Shift 键，用移动工具向下移动复制图层中的黑色直线，重复以上操作，制作完成 3 条黑色直线，将这 3 个图层合并为一个图层，重命名为“地址填写区”。

在工具栏中选择“横排文字工具”，在属性栏中设置字体为“华文行楷”，字号为 25 点，颜色为黑色，在明信片右下侧单击鼠标左键，输入“北京林业大学”，如图 2–151 所示。

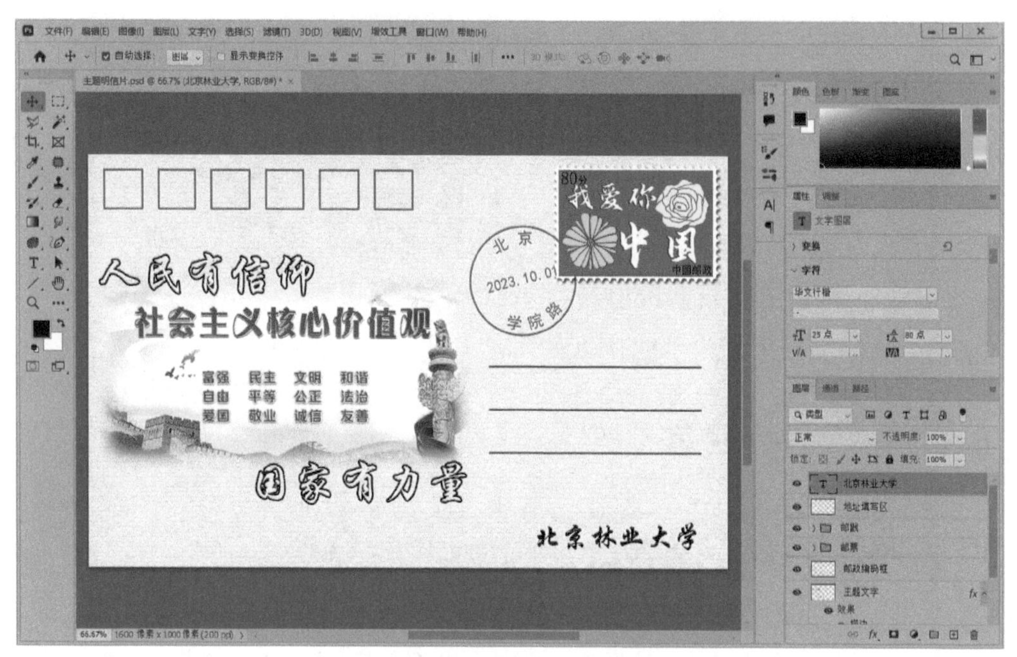

图 2-151　创建地址填写区并输入单位名称

分别保存为 PSD 格式、JPEG 格式的两个图像文件，文件名均设为“制作主题明信片”。

4. 实验结果

经过实验操作，制作出一张图文并茂的“社会主义核心价值观”主题明信片，明信片中包含主题图片、主题文字、邮政编码框、邮票、邮戳、地址填写区、单位落款等元素。

2.3　数字图像处理课后作业

课后作业 2.3.1　班徽的设计与制作

1. 内容及制作要求

独立设计一个本班级的班徽，班徽由图形和文字组成，包含班级名称，能体现出班级的特色和风采。使用 Adobe Photoshop 软件制作，合理配色，综合运用路径、形状、选区、填充、画笔、文字、移动、裁剪等技术和工具完成班徽的设计和制作，将制作好的图像文件分别保存为 PSD 格式和 PNG 格式。

2. 上交文件要求

一个 PSD 格式的图像文件（不合并图层）、一个 PNG 格式的图像文件和一个 Word 文档，均命名为“学号 - 姓名 - 班徽的设计与制作”，Word 文档中包含作品内容介绍、素材介绍、制作过程介绍、收获感悟。

课后作业 2.3.2　先进人物事迹宣传画制作

1. 内容及制作要求

深入了解一个先进人物，将人物的形象和事迹制作成一幅图文并茂的宣传画，宣传人物事迹，弘扬勇于担当的精神，鼓励为社会贡献自己的力量。查找、收集合适的图像素材，使用 Adobe Photoshop 软件处理、整合素材，综合运用移动、裁剪、选区、图层、自由变换、画笔、文字等技术和工具完成先进人物事迹宣传画的设计和制作，并将制作好的图像文件分别保存为 PSD 格式和 JPEG 格式。

2. 上交文件要求

一个 PSD 格式的图像文件 (不合并图层)、一个 JPEG 格式的图像文件和一个 Word 文档，均命名为“先进人物事迹宣传画制作”，Word 文档中包含作品内容介绍、素材介绍、制作过程介绍、收获感悟。

课后作业 2.3.3　学术成果展示海报制作

1. 内容及制作要求

假设你即将要参加一个学术会议并做成果展示，请结合自己课业、竞赛、实习等学术成果，制作出一幅学术成果展示海报。参考学术会议对展示海报的制作要求，使用 Adobe Photoshop 软件创建图像，设置合适的图像尺寸和分辨率，综合运用图层、选区、移动、自由变换、文字、渐变、标尺等技术和工具完成学术成果展示海报的设计和制作，将制作好的图像文件分别保存为 PSD 格式和 JPEG 格式。

2. 上交文件要求

一个 PSD 格式的图像文件 (不合并图层)、一个 JPEG 格式的图像文件和一个 Word 文档，均命名为“学术成果展示海报制作”，Word 文档中包含作品内容介绍、素材介绍、制作过程介绍、收获感悟。

第 3 章　数字视频处理

3.1　数字视频处理基础知识

3.1.1　视频、模拟视频和数字视频

1. 视频

人眼在观察运动物体时，先在视网膜上成像，然后由视神经传入大脑，形成物体的视觉形象，当物体消失时，视觉形象并不会立即消失，还要延续 0.1 ～ 0.4 s 的时间，这种现象被称为视觉暂留。视觉暂留现象首先被中国人运用，走马灯 (如图 3–1 所示) 是历史记载的最早的视觉暂留的运用。

图 3–1　走马灯

根据视觉暂留的原理，如果将 24 幅或更多的静态画面在 1 s 内连续播放出来，人眼就无法辨别出单幅的静态画面，视觉效果是平滑而连续的，这样的连续播放的画面就叫作视频。

2. 模拟视频

模拟视频是一种用于传输图像并且随时间连续变化的电信号。当摄像机拍摄的物体的亮度发生改变时，摄像机电子管中的电流会发生相应变化。摄像机利用这种电流的变化来表示或者模拟所拍摄的物体，记录下它们的光学特征，生成模拟视频信号。模拟视频信号一方面可以通过调制和解调传输给接收机，通过电子枪显示在荧光屏上，还原成原来的光学图像，另一方面可以用盒式磁带录像机存放在磁带上。能提供模拟视频信号的设备有模拟摄像机、电视机、磁带录像机、视盘机等。

3. 数字视频

数字视频是以数字形式记录的视频。与模拟视频相比，数字视频有不同的产生方式、存储介质和播出方式。可以用数字摄像机直接产生数字视频信号，将其存储在数字带、P2 卡、蓝光盘或者磁盘上，得到不同格式的数字视频，然后用计算机或特定的播放器播放出来；还可以通过视频采集卡将模拟视频转换成数字视频，并按照数字视频文件的格式保存下来，这就是模拟视频的数字化过程，被称为视频采集或视频捕捉。

数字视频可以被不失真地无限次复制，保存时间长且无信号衰减，能更有效地编辑、加工和添加特殊效果，可以倒序播放，这些都是模拟视频无法做到的。

3.1.2　数字视频的获取方法

1. 互联网下载

在互联网上搜索和下载视频素材是一种常用的数字视频的获取方法。首先，在搜索引擎上输入所需视频内容的关键字进行搜索，会找到大量的数字视频资源；然后，通过设置一些条件对找到的资源做筛选和过滤，确定有价值的视频资源；最后，利用下载工具将视频文件下载到本地。值得注意的是，目前很多视频网站对于上架的视频资源是有版权保护的，并不能随意下载使用。

2. 用录屏软件录制

使用录屏软件可以为电脑或手机屏幕拍摄一段视频，记录屏幕上显示过的全部内容，如用户的操作、讲话的声音、展示的图片、播放的视频等。用录屏软件录制获取数字视频的方式在网课教学、视频会议中有着非常广泛的应用。常用的录屏软件有 OBS Studio、Bandicam、EV 录屏、Adobe Captivate、爱拍、Camtasia Studio 等。

3. 用动画制作软件、视频剪辑软件创建

使用动画制作软件、视频剪辑软件可以创建数字视频。常用的三维动画制作软件有 Maya、3ds Max、C4D、Blender、Houdini 等。常用的二维动画制作软件有 Animate(Flash)、Adobe After Effects、Photoshop、Toon Boom Harmony、TVPaint 等。常用的视频剪辑软件有 Adobe Premiere Pro、剪映 CapCut、达芬奇、FinalCut、Videoleap、万幸喵影 FilmoraGo、PicsArt、VSCO、VUE、爱剪辑等。

4. 将模拟视频转换为数字视频

将模拟视频转换成数字视频的过程（即视频采集过程）需要三个部分的配合，它们分别是：模拟视频输出设备、视频采集卡、多媒体计算机设备。其中，起主要作用的是视频

采集卡，它不仅能提供接口以连接模拟视频设备和计算机，而且具有对模拟视频信号进行采集、量化、压缩编码生成数字数据的功能。视频采集过程设备连接的实例图如图 3-2 所示。

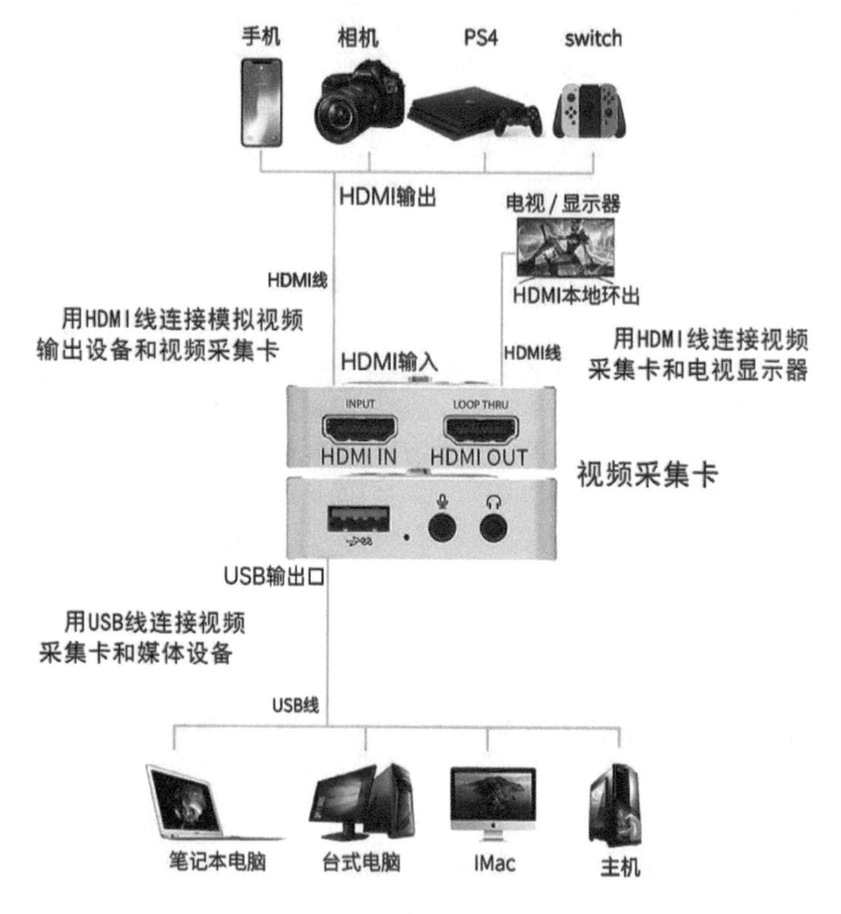

图 3-2 视频采集设备连接实例

5. 用数字摄像机拍摄

使用数字摄像机拍摄的方式可以直接获取数字视频。数字摄像机实际上指的是数字信号处理摄像机，包括模拟处理和数字处理两大部分。由光电转换器件得到的三基色电信号仍然为模拟信号，在后续的处理中会将其转换成数字信号，并应用一系列数字处理技术。

3.1.3 视频处理的相关概念

1. 电视制式

电视制式是电视信号的标准，是用来产生电视图像信号和伴音信号所采用的一种技术标准。目前各国的电视制式不尽相同，国际上主要有 3 种常用制式：NTSC 制、PAL 制和 SECAM 制。

NTSC (National Television System Committee) 制是正交平衡调幅制，是 1952 年美国国家电视标准委员会定义的彩色电视广播标准。采用这种模式的国家有美国、加拿大等大部分西半球国家，以及日本、韩国、菲律宾等。NTSC 制的帧速率为 29.97 f/s(帧每秒)，每帧 525 行 262 线，标准分辨率为 720 × 480。

PAL (Phase-Alternative Line) 制是正交平衡调幅逐行倒相制，是 1962 年德国制定的彩色电视广播标准。采用这种模式的国家有德国、英国等一些西欧国家，以及新加坡、中国、澳大利亚、新西兰等。PAL 制的帧速率为 25 f/s，每帧 625 行 312 线，标准分辨率为 720 × 576。

SECAM (Séquentiel Couleur à Mémoire) 制是行轮换调频制，是 1966 年法国提出的顺序传输彩色与存储彩色电视广播标准。采用这种模式的国家有法国、东欧的一些国家。SECAM 制的帧速率为 25 f/s，每帧 625 行 312 线，标准分辨率为 720 × 576。

电视制式是一种规则，只有严格遵循这种规则，才能正常地传输和播放电视信号。中国传统文化讲究天圆地方、长幼有序，我们每个人置身于社会生活中，总要面对各种各样的规则，有了规则的约束，生活才会井然有序。

2. 线性编辑与非线性编辑

线性编辑是按照节目的需求，利用电子手段对原始的素材——磁带进行剪接处理，从而形成新的连续画面。线性编辑以磁带作为介质，需要使用的硬件设备数量多，费用高，编辑过程烦琐，修改也很困难。素材不能随机存取；素材的重放必须以先后顺序进行，不能跳过某段素材；要替换素材，只能以插入片段的方式对某一段视频画面进行同样长度的替换；无法删除、缩短或加长磁带内的某一视频片段。

非线性编辑是利用计算机平台、视频音频处理卡、视频音频编辑软件所构成的系统对视频进行后期编辑和处理的过程。非线性编辑是在计算机软件中完成的，软件界面直观，制作工具齐全，编辑、处理和修改过程简单、方便。素材的复制、调用、浏览和编辑方便快捷，没有损失，能轻松实现素材的覆盖、插入、延长、缩短、删除等操作，可以方便快捷地制作出字幕、特效、配乐和合成效果，视频作品制作完成后便于上传网络，实现资源共享。

3. 蒙太奇

蒙太奇 (Montage) 是音译的外来语，原为建筑学术语，意为构成、装配，电影发明后又在法语中引申为剪辑。我们可以将蒙太奇理解为将摄影机拍摄下来的镜头按照生活逻辑、推理顺序、作者的观点倾向及美学原则连接起来的一种手段。蒙太奇思维符合思维的辩证法，即揭示事物和现象之间的内在联系，通过感性表象反映事物的本质。

3.1.4　数字视频的技术参数

1. 帧速率

帧速率是数字视频每秒钟内包含的静态画面的数量，即帧数 (一幅画面叫作一帧)，单位是帧每秒 (f/s，frame per second)。帧速率影响视频的数据量和质量，帧速率越高，数据量越大，视频越流畅，质量越好。不同制式的视频信号的帧速率是不同的。例如，电影的帧速率为 24 f/s，PAL 制和 SECAM 制视频的帧速率为 25 f/s，NTSC 制视频的帧速率为 30 f/s。

2. 视频分辨率

视频分辨率决定了视频画面的尺寸，即帧大小。帧大小分别给出视频画面水平方向、垂直方向的像素个数。例如，一个视频的帧大小为 1280h × 720v，代表这个视频的水平方向有 1280 个像素，垂直方向有 720 个像素，视频尺寸可以表示为 1280 × 720。

常见的视频分辨率和对应的视频尺寸如表 3–1 所示。

表 3–1　视频分辨率和视频尺寸

视频分辨率	视频尺寸 / 帧大小
480p	640 × 480
540p	960 × 540
720p	1280 × 720
1080p	1920 × 1080
2k	2560 × 1440
4k	3840 × 2160

表 3–1 中，720p 指的是 1280 × 720 分辨率，p 代表 Progressive(逐行)，一般这样的视频在业界称为标准高清；1080p 指的是 1920 × 1080 分辨率，是常说的“全高清”，人眼会觉得更清晰，体验更好。当视频画面水平方向的像素数量达到 2000 以上时，被称为 2 k 分辨率，现在很多电影院都采用 2 k 分辨率来放映电影；4 k 分辨率不仅使远距离观看高清晰视频成为可能，还避免了因为距离太近而产生的颗粒感，能够让高速率三维效果更加完美。

3. 数据率

数据率是指数字视频单位时间内的数据量，单位是千比特每秒 (kb/s) 或兆比特每秒 (Mb/s)。未经压缩的数字视频的数据率等于分辨率、色彩深度、帧速率三者的乘积。数字视频文件的总数据量等于数据率与持续时间的乘积。例如，一个未经压缩的视频文件的分辨率为 1080p，色彩深度为 24 位，即 24 bit，帧速率为 25 f/s，持续时间是 10 s，则它的数据率为 1920 × 1080 × 24 bit × 25 f/s = 1244.16 Mb/s，总数据量为 1244.16 Mb/s × 10 s = 1555.2 MB ≈ 1.52 GB。

4. 压缩比

数字视频包含实时的音频、视频信息，信息量大且信息冗余度高，一般都需要采用压缩技术减少视频的数据量。视频经过压缩后，存储、处理和传输都会更方便，而且几乎不影响视觉效果。视频压缩比一般指压缩后的数据量与压缩前的数据量之比。过分压缩会导致丢失数据过多，视频画面无法辨认。视频压缩的目标是在尽可能保证视觉效果的前提下，减少视频数据率，即在文件大小和画面质量之间达到最佳平衡。

5. 画面宽高比

画面宽高比是指视频画面的横向宽度、纵向高度之比，用两个整数的比来表示，主要包括 4:3 和 16:9 两种。与以往传统的 4:3 画面相比，16:9 的画面更接近于人眼的实际视野，符合人体工学，可达到更好的视觉效果，在收看宽屏幕影片时有更大的显示空间，所以是当下最流行的画面宽高比，越来越多的数字电视采用 16:9 的屏幕比例。

6. 像素宽高比

像素宽高比是指视频中单个像素的宽与高的比值。不同显示设备的像素宽高比是不同的，使用计算机图形软件制作生成的图像大多使用方形像素，像素比是 1:1，而电视设备的像素宽高比一般不是 1:1。例如，我国使用的 PAL 电视制式的像素宽高比就是 $16:15 \approx 1.07$。

7. 数字视频信号接口

数字视频信号接口是指电视机、机顶盒、计算机、摄像机等视频相关设备上外观不同、用来传递视频信号的接口。常用的数字视频信号接口有 VGA (Video Graphics Array)、DVI (Digital Visual Interface)、HDMI (High Definition Multimedia Interface)、DP (Display Port) 等，如图 3–3 所示。

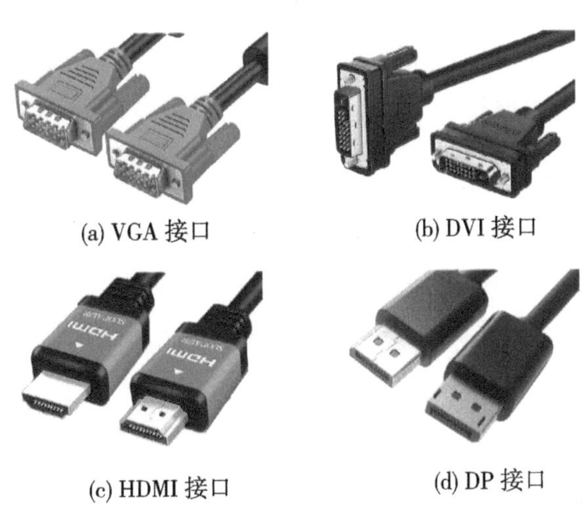

(a) VGA 接口　(b) DVI 接口

(c) HDMI 接口　(d) DP 接口

图 3–3　常用数字视频信号接口

VGA 接口具有分辨率高、显示速率快、颜色丰富等优点，不但是 CRT (Cathode Ray Tube) 显示设备的标准接口，也是 LCD (Liquid Crystal Display) 液晶显示设备的标准接口，具有广泛的应用范围。

DVI 接口基于 TMDS (Transition Minimized Differential Signaling，最小化传输差分信号) 技术来传输数字信号，它可以发送未压缩的数字视频数据到显示设备，广泛应用于 LCD、数字投影机等显示设备上。

HDMI 接口是一种全数字化视频和声音发送接口，可以同时发送未压缩的音频及视频信号，可用于机顶盒、DVD 播放机、计算机、电视机、数字音响等设备。

DP 接口由 PC 及芯片制造商联盟开发，免认证，免授权金，主要用于视频源与显示器等设备的连接，也支持携带音频、USB 和其他形式的数据。

3.1.5 数字视频的文件格式

1. MPEG 格式

MPEG (Moving Picture Experts Group) 格式是由国际电工委员会制定的采用运动图像压缩算法国际标准进行压缩的视频文件格式，视频文件比较小，同时保留了高清晰度的画质，广泛应用于数字电视、DVD、VCD、网络视频传输等领域。

2. AVI 格式

AVI (Audio Video Interleaved) 格式是由 Microsoft 公司开发的作为其 Windows 视频软件一部分的一种多媒体容器格式。AVI 格式文件将音频和视频数据包含在一个文件容器中，允许音视频同步回放，可以在 Windows、MacOS 等多个操作系统上播放，可以通过多种应用程序进行编辑和转换。

3. WMV 格式

WMV (Windows Media Video) 是由 Microsoft 公司推出的一种高压缩比的网络视频格式，它可以在较小的硬盘空间中存储高质量的视频。WMV 格式的视频可以通过 Windows 媒体播放器进行播放和编辑，同时也支持通过互联网进行传输和分享。

4. MP4 格式

MP4 (MPEG-4 Part 14) 是一种很常用的高度压缩的数字视频格式，它支持多种编码方式，可以在多种操作系统和设备上进行播放和分享，被广泛应用于互联网视频和数字媒体播放器等领域，是手机常用的视频格式。

5. MOV 格式

MOV 即 QuickTime 封装格式，是一种由 Apple 公司开发的视频格式，它广泛应用于 MacOS 操作系统，可以存储音频、视频、文本和其他媒体类型，支持多种编码格式，能被大多数 PC 视频编辑软件识别。这种格式的独特之处在于它可以支持透明度和多轨音频。

6. RM 格式和 RMVB 格式

RM (RealMedia) 格式是 RealNetworks 公司开发的一种流媒体视频文件格式，它可以根据网络数据传输的不同速率制订不同的压缩比率，从而实现在低速率的互联网上进行视频文件的实时传送和播放。

RMVB (RealMedia Variable Bitrate) 格式是 RealNetworks 公司开发的 RM 格式的可变比特率扩展版本。与 RM 格式相比，RMVB 格式的画面要清晰很多，原因是降低了静态画面下的比特率。RMVB 典型应用于保存在本地的多媒体内容。

7. FLV 格式

FLV (Flash Video) 流媒体格式是 Sorenson 公司开发的一种新型视频格式，它被众多新一代视频网站 (如 YouTube、土豆等) 广泛采用，是目前增长最快、最为广泛的在线视频播放格式。FLV 格式的文件极小，加载速度极快，它不仅可以轻松的导入 Flash 中，而且能起到保护版权的作用。

8. ASF 格式

ASF (Advanced Streaming Format) 是 Microsoft 公司开发的串流多媒体文件格式，它是一种包含音频、视频、图像以及控制命令脚本的数据格式。ASF 格式的最大优点是文件体积小，适合网络传输，利用 ASF 文件可以实现点播、直播功能以及远程教育，具有本地或网络回放、可扩充的媒体类型等优点。

通过以上学习我们可以了解到，多数数字视频文件格式是由西方国家开发的，这说明目前西方国家在计算机软件方面仍然具有绝对的话语权，我国的核心软件、核心算法都被西方国家“卡脖子”，这对我国自身科技发展存在负面影响。所以，实现计算机核心软件和算法的自主可控迫在眉睫。

3.2 数字视频处理实验

实验 3.2.1 新建项目、序列与导入素材

1. 实验目的

熟悉 Adobe Premiere Pro 2023 软件的工作界面，掌握新建“项目文件”、新建“序列”、导入图像素材、导入 PSD 素材、导入视频素材、拖曳素材文件到“时间线区域”、在“序列监视器”查看素材内容的方法。

2. 实验原理

(1) “序列”是编辑视频项目的基础，在对素材进行编辑之前，需要新建序列，一个视频项目至少要包含一个序列。

(2) 单击菜单栏“文件”→“导入”，在弹出的“导入”对话框中找到素材所在文件夹并打开素材文件。

(3) 在对素材进行编辑之前，需要在“项目区域”的素材文件上点住鼠标左键，将其拖曳到“时间线区域”的某个视频轨道上。

(4) 在“时间线区域”拖曳时间滑块，或在“序列监视器”中单击“播放－停止切换”按钮可以查看素材的内容。

3. 实验内容

(1) 启动软件，新建项目，新建序列，熟悉工作界面。

启动 Adobe Premiere Pro 2023 软件，出现欢迎对话框，单击“新建项目”按钮。在“项目名”处输入“实验 1”，在“项目位置”处选择“视频素材”文件夹中的“实验 1”文件夹，单击“创建”按钮。

单击菜单栏“文件”→“新建”→“序列”，出现“新建序列”对话框，如图 3-4 所示，在“序列预设”处选择“DV-PAL”下的“标准 48 kHz”选项，单击“确定”按钮。

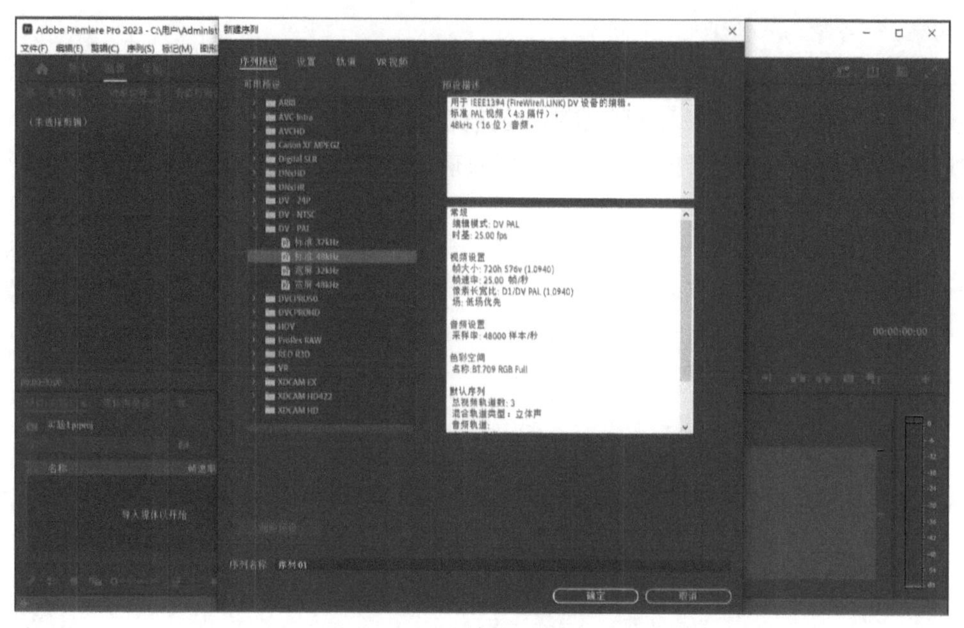

图 3-4 “新建序列”对话框

单击菜单栏“窗口”→“工作区”→“编辑”，熟悉工作界面的各部分(包括第一行的“菜单栏”、左上方的“效果控件”、右上方的“序列监视器”、左下方的“项目区域”、下方中间的“工具栏”、右下方的“时间线区域”)，如图 3-5 所示。

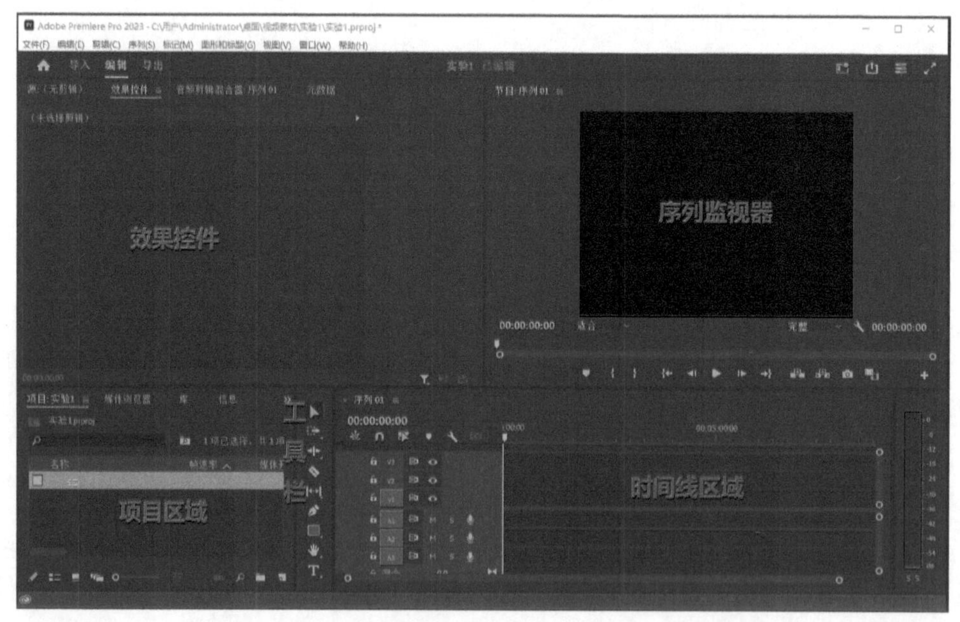

图 3-5 工作界面

(2) 导入图像素材文件。

单击菜单栏“文件”→“导入”，在弹出的“导入”对话框中找到“视频素材”文件夹中的“实验 1”文件夹，打开“乐园 1.jpg”到“乐园 5.jpg”共 5 个图像文件，可发现在“项目区域”出现了刚刚导入的 5 个图像，如图 3-6 所示。

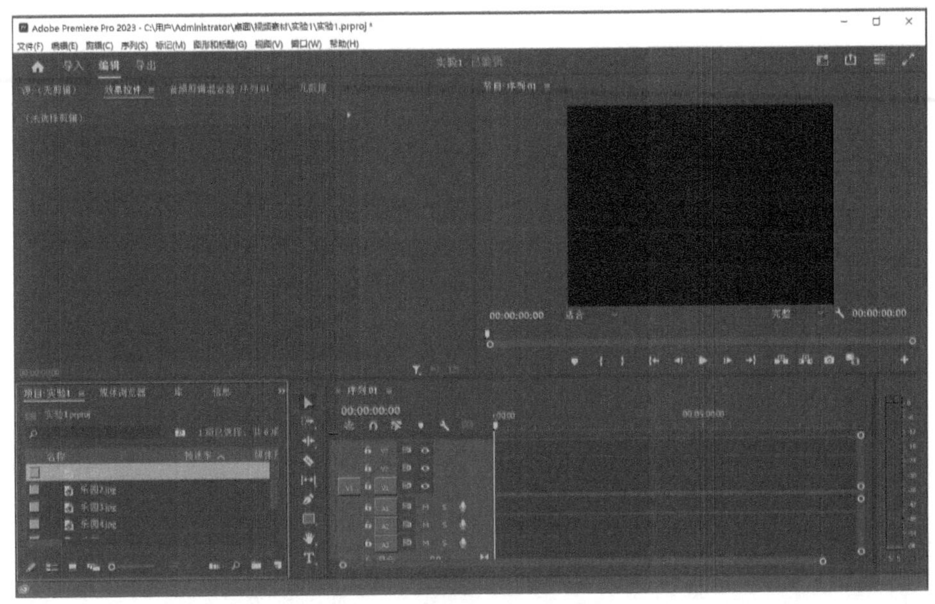

图 3-6　导入图像素材文件

在“项目区域”的图像素材上点住鼠标左键，拖曳到“时间线区域”的 V1 视频轨道上，拖曳时间滑块，可以在“序列监视器”中查看图像素材的内容，如图 3-7 所示。拖曳“时间线区域”底部的棒条，可以调整素材缩览图在时间轴上的缩放，拖曳右侧的上、下棒条可以分别调整视频轨道和音频轨道的缩放。

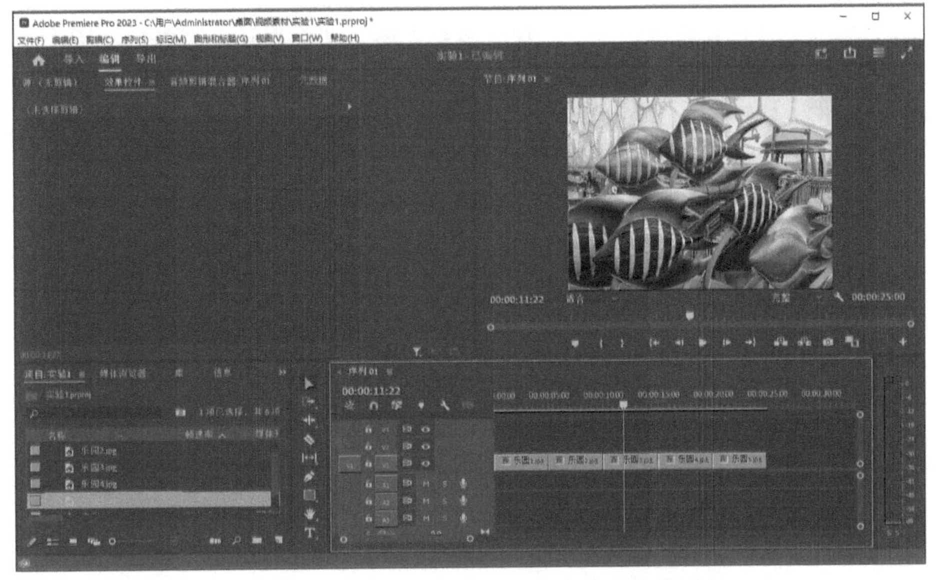

图 3-7　在“序列监视器”中查看图像素材

(3) 导入 PSD 素材文件。

在“时间线区域”点住鼠标左键拖曳，同时框选中 5 个图像素材，在素材上单击鼠标右键，选择“清除”。

单击菜单栏“文件”→“导入”，在弹出的“导入”对话框中找到“视频素材”文件夹中的“实验 1”文件夹，打开“图片文件 .psd”图像文件，在弹出的“导入分层文件：图片文件”对话框中设置“导入为”为“各个图层”，确认“全选”按钮是被点中的(呈现灰色且不能点击)，如图 3-8 所示，单击“确定”按钮。

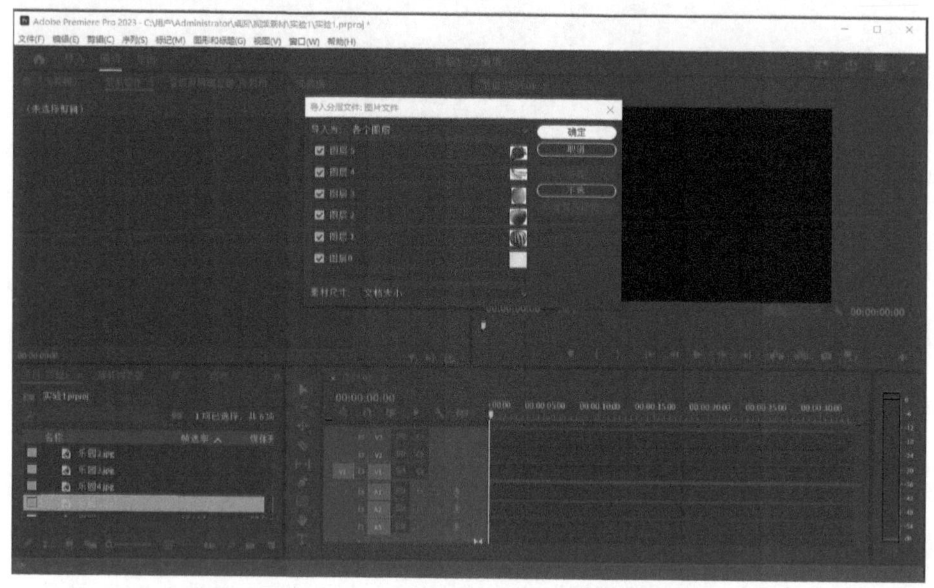

图 3-8 “导入分层文件：图片文件”对话框

在“项目区域”展开“图片文件”素材箱，将里面的 6 个素材文件逐个拖曳到“时间线区域”不同的视频轨道上。默认情况下有 3 个视频轨道，当 3 个视频轨道被占满后，将素材直接拖曳到轨道上方的空白位置，释放鼠标左键，即会自动出现新的轨道。从 V1 轨道到 V6 轨道的素材文件顺序为：图层 0、图层 1、图层 2、图层 3、图层 4、图层 5，在“序列监视器”中可查看多个图层叠加的效果，如图 3-9 所示。

图 3-9 多个图层叠加的效果

(4) 导入视频素材。

单击菜单栏“文件”→“导入”，在弹出的“导入”对话框中找到“视频素材”文件夹中的“实验 1”文件夹，打开“宣传片 .mp4”视频文件，可以发现在“项目区域”中出现了刚刚导入的视频素材。

将“项目区域”的“宣传片 .mp4”视频素材拖曳到“时间线区域”的 V1 视频轨道的图像素材后面，可以发现视频素材会占用 V1 视频轨道和 A1 音频轨道。在“序列监视器”中单击“播放 - 停止切换”按钮可以查看视频素材的内容，如图 3-10 所示。

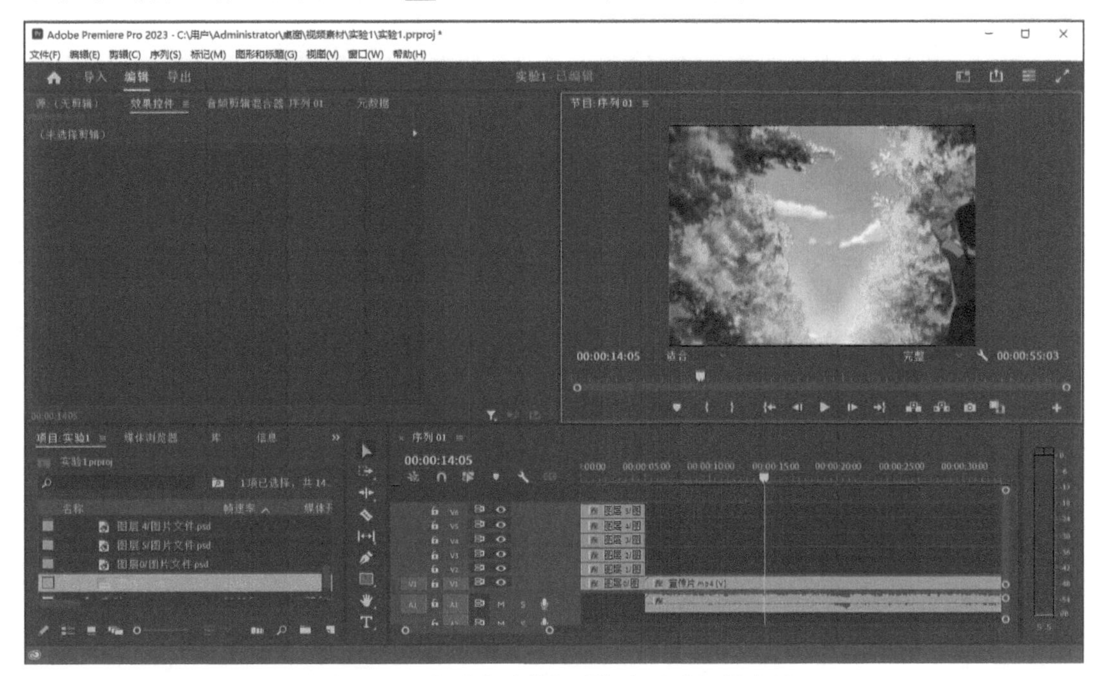

图 3-10　在“序列监视器”中观看视频素材

(5) 保存项目并关闭。

单击菜单栏“文件”→“保存”，即保存当前的项目文件。

单击菜单栏“文件”→“关闭项目”，即关闭当前的项目文件，再次弹出欢迎对话框。

4. 实验结果

经过实验操作，分别将图像素材、PSD 素材、视频素材导入了视频项目的序列中，能在“序列监视器”中观看素材内容。

实验 3.2.2　设置标记、入点和出点

1. 实验目的

能够区分“源素材监视器”和“序列监视器”，熟悉“标记”“入点”和“出点”的概

念，掌握自动匹配序列、设置“素材标记”和“序列标记”、设置素材的“入点”和“出点”的方法。

2. 实验原理

(1) “源素材监视器”用于显示和编辑某个素材，“序列监视器”用于同步预览在“时间线区域”的全部素材和添加的效果。

(2) “标记”用于标记素材或序列上的某些位置，可帮助快速查找到这些位置，以便进行编辑和修改操作。

(3) “入点”是视频的起点，“出点”是视频的结束，为素材设置“入点”和“出点”后，可使用素材中需要的部分，而不是全部。

(4) 在“项目区域”选中多个素材，单击菜单栏“剪辑”→“自动匹配序列”，可将多个素材快速排列在“时间线区域”的视频轨道上。

(5) 在“源素材监视器”中单击“添加标记”按钮可设置“素材标记”，在“序列监视器”中单击“添加标记”按钮可设置“序列标记”。

(6) 在“源素材监视器”中单击“标记入点”按钮可设置素材的“入点”，单击“标记出点”按钮可设置素材的“出点”。

3. 实验内容

(1) 启动软件，新建项目，新建序列。

启动 Adobe Premiere Pro 2023 软件，出现欢迎对话框，单击“新建项目”按钮。在“项目名”处输入“实验 2”，在“项目位置”处选择“视频素材”文件夹中的“实验 2”文件夹，单击“创建”按钮。

单击菜单栏“文件”→“新建”→“序列”，出现“新建序列”对话框，在“序列预设”处选择“DV-PAL”下的“标准 48 kHz”选项，单击“确定”按钮。

(2) 导入素材，自动匹配序列。

单击菜单栏“文件”→“导入”，找到“视频素材”文件夹中的“实验 2”文件夹，打开“生物 1.jpg”到“生物 5.jpg”共 5 个图像文件。

在“项目区域”选中这 5 个素材，单击菜单栏“剪辑”→“自动匹配序列”，在弹出的“序列自动化”对话框中设置“顺序”为“排序”，单击“确定”按钮，则 5 个素材出现在“时间线区域”。

(3) 设置标记。

在“时间线区域”双击“生物 1”素材，可以发现在工作界面左上方的“源素材监视器”中出现了这个素材。

在“源素材监视器”中拖曳时间滑块预览“生物 1”素材，预览到需要标记的位置时，单击“添加标记”按钮，则在“源素材监视器”的时间滑块上方和“时间线区域”的“生物 1”素材缩览图下方相应位置上都会出现一个“素材标记”，如图 3-11 所示。

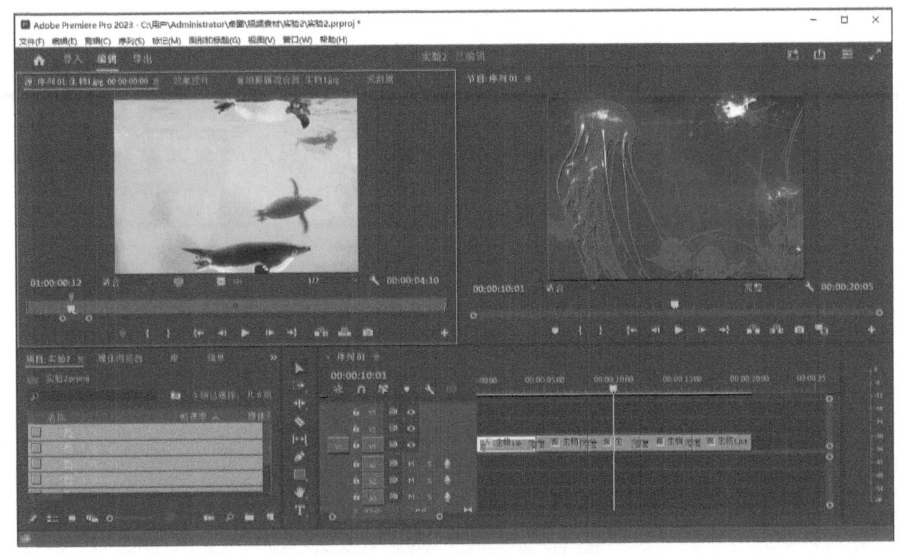

图 3-11　设置素材标记

在“序列监视器”中拖曳时间滑块预览全部 5 个素材，预览到需要标记的位置时，单击“添加标记”按钮，则在“序列监视器”的时间滑块上方和“时间线区域”的时间轴的相应位置上都会出现一个“序列标记”，如图 3-12 所示。

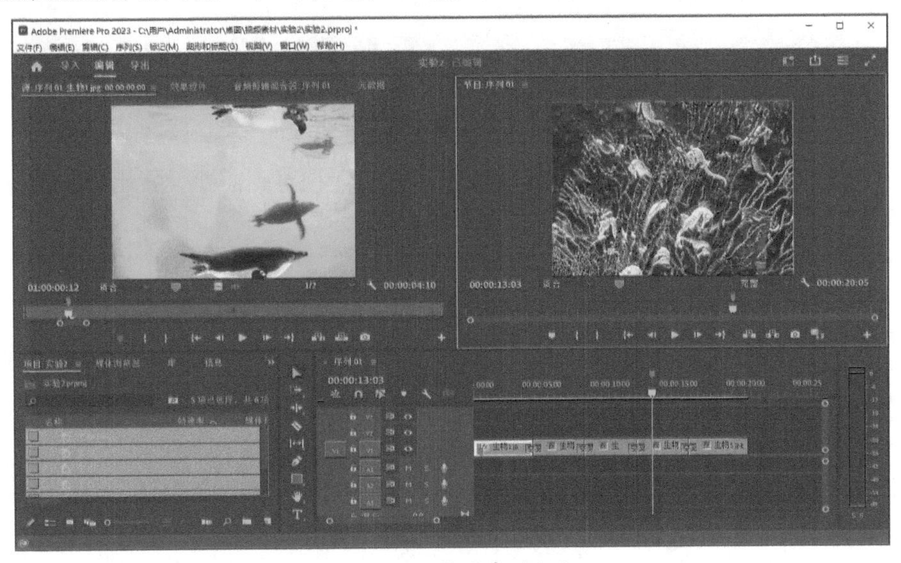

图 3-12　设置序列标记

在“时间线区域”双击“序列标记”，弹出“标记”对话框，设置名称，填写注释后，单击“确定”按钮。

(4) 设置“入点”和“出点”。

单击菜单栏“文件”→“导入”，在弹出的“导入”对话框中找到“视频素材”文件夹中的“实验 2”文件夹，打开“灯光视频 .mp4”视频文件，可以发现在“项目区域”中出现了刚刚导入的视频素材。

将“项目区域”的“灯光视频 .mp4”视频素材拖曳到“时间线区域”的 V1 视频轨道

的图像素材后面，可以发现视频素材会占用 V1 视频轨道和 A1 音频轨道。在“时间线区域”双击视频素材，单击鼠标右键，选择“缩放为帧大小”。在“序列监视器”中单击“播放－停止切换”按钮▶可以查看视频素材的内容。

在“源素材监视器”中拖曳时间滑块预览素材，预览到需要设置入点的位置时，单击“标记入点”按钮，设置“入点”，如图 3–13 所示。

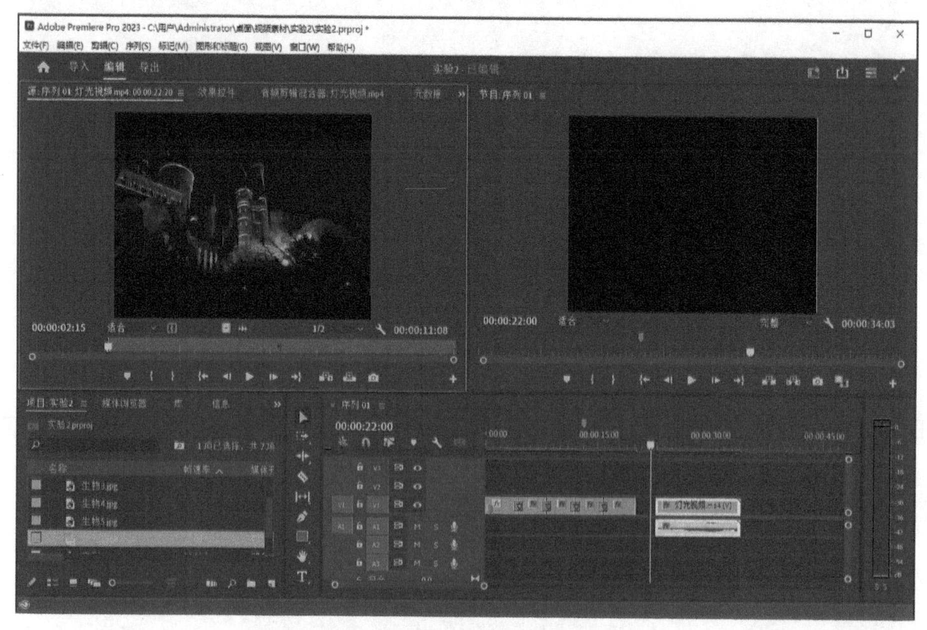

图 3–13　设置视频素材的“入点”

在“源素材监视器”中拖曳时间滑块预览素材，预览到需要设置出点的位置时，单击“标记出点”按钮，设置“出点”，如图 3–14 所示。

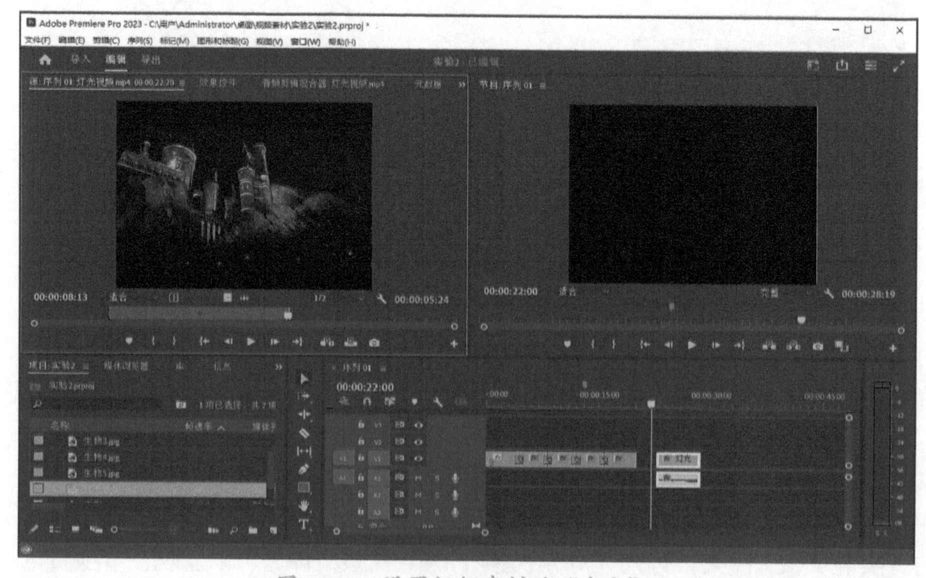

图 3–14　设置视频素材的“出点”

此时，在“时间线区域”的该素材文件已经按照入点和出点的位置剪辑完成了。还可以在“时间线区域”或“源素材监视器”中通过拖曳鼠标改变“入点”“出点”的位置。

(5) 保存项目并关闭。

单击菜单栏“文件”→“保存”，即保存当前的项目文件。

单击菜单栏“文件”→“关闭项目”，即关闭当前的项目文件，再次弹出欢迎对话框。

4. 实验结果

经过实验操作，为图像素材设置了“素材标记”和“序列标记”，为视频素材设置了“入点”和“出点”。

实验 3.2.3　替换视频的配乐

1. 实验目的

掌握解除“视频和音频的链接”、重新“链接视频和音频”、使用“剃刀工具”切割素材、导出“MP4 格式”视频文件的方法。

2. 实验原理

(1) “时间线区域”的视频文件会占用一个视频轨道和一个音频轨道，视频轨道上的是视频素材，音频轨道上的是音频素材，二者是链接在一起的，选中其一也就选中了二者，单击鼠标右键，选择“取消链接”，可解除视频素材和音频素材的链接，二者可独立进行编辑。

(2) 重新链接视频和音频的方法是在“时间线区域”点住鼠标左键拖曳，框选中视频素材和音频素材，单击鼠标右键，选择“链接”。

(3) 使用“剃刀工具”在素材上某处单击一下鼠标左键可完成素材的切割。

(4) 单击菜单栏“文件”→“导出”→“媒体”，在“设置”中设置“格式”为 H.264，单击“导出”按钮，可将视频保存为 MP4 格式文件。

3. 实验内容

(1) 启动软件，新建项目，新建序列。

启动 Adobe Premiere Pro 2023 软件，出现欢迎对话框，单击“新建项目”按钮。在“项目名”处输入“实验 3”，在“项目位置”处选择“视频素材”文件夹中的“实验 3”文件夹，单击“创建”按钮。

单击菜单栏“文件”→“新建”→“序列”，出现“新建序列”对话框，在“序列预设”处选择“DV-PAL”“标准 48kHz”选项，单击“确定”按钮。

(2) 导入素材。

单击菜单栏“文件”→“导入”，找到“视频素材”文件夹中的“实验 3”文件夹，打开“校园风景 .mp4”“配乐 .mp3”2 个素材文件。

将“项目区域”的“校园风景 .mp4”视频素材拖曳到“时间线区域”的 V1 视频轨道上，出现“剪辑不匹配警告”对话框，单击“保持现有设置”。在“时间线区域”单击选中视频素材，单击鼠标右键，选择“缩放为帧大小”。在“序列监视器”中单击“播放 - 停止切换”按钮▶，可以查看视频素材的内容。

(3) 替换视频配乐。

可以发现视频素材占用了 V1 视频轨道和 A1 音频轨道，V1 视频轨道上的是视频素材，A1 音频轨道上的是音频素材。在“时间线区域”单击选中视频素材，单击鼠标右键，选择“取消链接”，则视频素材和音频素材的链接断开。

单击选中 A1 音频轨道上的音频素材，单击鼠标右键，选择“清除”。将“项目区域”的“配乐 .mp3”音频素材拖曳到 A1 音频轨道上。在工具栏中单击选择“剃刀工具”，在音频素材上对准视频素材的结尾处，单击一下鼠标左键做切割，如图 3-15 所示。

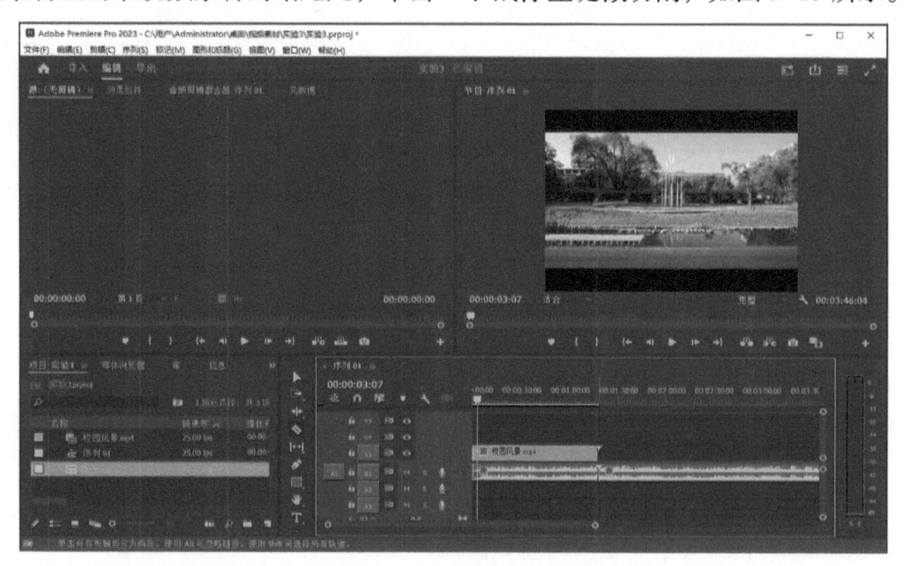

图 3-15　切割音频素材

在后一段音频素材上单击鼠标右键，选择“清除”，如图 3-16 所示。

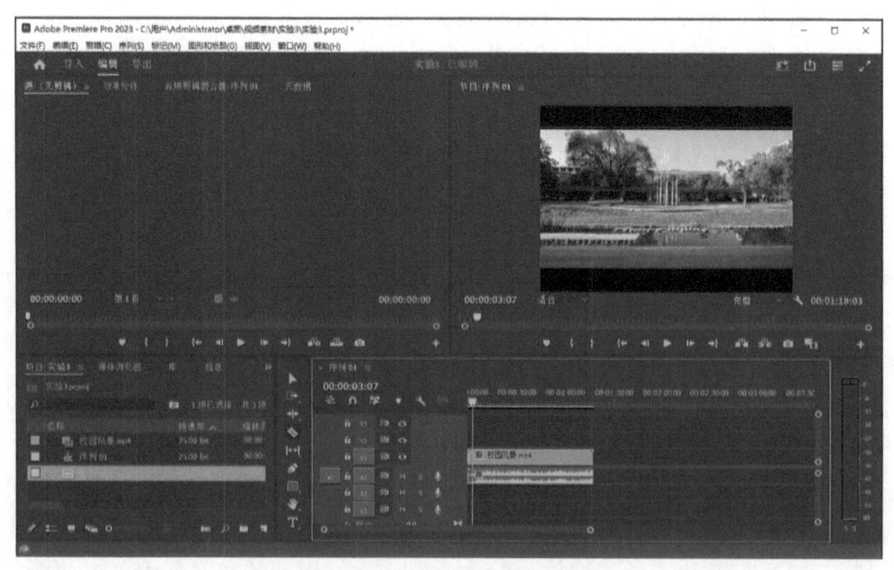

图 3-16　替换视频配乐

在“序列监视器”中单击“播放 - 停止切换”按钮，听一下视频配乐是否已经改变。在工具栏中单击选择“选择工具”，在“时间线区域”点住鼠标左键拖曳，框选中视频素材和音频素材，单击鼠标右键，选择“链接”。

(4) 保存项目，导出视频，关闭项目。

单击菜单栏“文件”→“保存”，保存项目文件。

单击菜单栏“文件”→“导出”→“媒体”，在“设置”中设置“格式”为 H.264，修改“文件名”为“替换视频的配乐”，如图 3-17 所示，单击“导出”按钮，等待保存完毕，则将视频保存为 MP4 格式文件。

单击菜单栏“文件”→“关闭项目”，关闭项目文件。

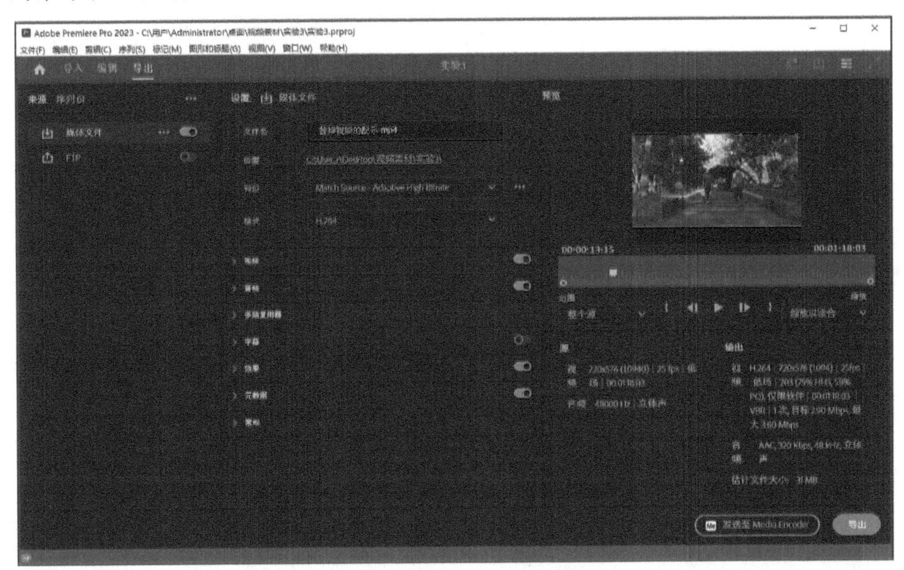

图 3-17　导出视频

(5) 解决 Premiere 软件编译影片出错的方法。

如果在单击菜单栏“文件”→“导出”→“媒体”以后出现了“Premiere 软件编译影片出错”的现象，可尝试单击菜单栏“文件”→“项目设置”→“常规”，打开“项目设置”对话框，在“渲染程序”下拉列表中选择“仅 Mercury Playback Engine 软件”，单击“确定”按钮。

4. 实验结果

经过实验操作，原视频中的配乐被替换为另一首乐曲，编辑后的视频被保存为 MP4 格式文件。

实验 3.2.4　效果控件的使用

1. 实验目的

掌握在“效果控件”中设置素材“运动”参数的方法。

2. 实验原理

(1) 在“时间线区域”单击选中素材，展开“效果控件”中的“视频”→“运动”，可设置“位置”“缩放”“旋转”等参数，在“序列监视器”中可查看素材的变化。

(2) 在“序列监视器”中的素材上双击鼠标左键选中素材，素材周围会出现边框，在边框中点住鼠标左键拖曳，可改变素材的位置，在边框处点住鼠标左键拖曳，可以改变素材的缩放，“效果控件”中“视频”→“运动”的“位置”“缩放”参数会跟着改变。

3. 实验内容

(1) 启动软件，新建项目，新建序列。

启动 Adobe Premiere Pro 2023 软件，出现欢迎对话框，单击“新建项目”按钮。在“项目名”处输入“实验 4”，在“项目位置”处选择“视频素材”文件夹中的“实验 4”文件夹，单击“创建”按钮。

单击菜单栏“文件”→“新建”→“序列”，出现“新建序列”对话框，在“序列预设”处选择“DV–PAL”下的“标准 48 kHz”选项，单击“确定”按钮。

(2) 导入素材。

单击菜单栏“文件”→“导入”，找到“视频素材”文件夹中的“实验 4”文件夹，打开“背景花朵 .jpg”“花朵 1.jpg”到“花朵 3.jpg”共 4 个图像文件。将“项目区域”的“背景花朵 .jpg”图像素材拖曳到“时间线区域”的 V1 视频轨道上，在“序列监视器”中查看图像素材的内容。

(3) 在“效果控件”中设置“缩放”。

在“时间线区域”单击选中“背景花朵 .jpg”图像素材，展开“效果控件”中的“视频”→“运动”，设置“缩放”为 73.0，如图 3–18 所示。

图 3–18 在“效果控件”中设置“缩放”

(4) 插入图片并在“效果控件”中编辑。

分别将“项目区域”的“花朵 1.jpg”“花朵 2.jpg”“花朵 3.jpg”图像素材拖曳到“时间线区域”的 V2、V3、V4 视频轨道上。

在“时间线区域”单击选中“花朵 1.jpg”图像素材，展开“效果控件”中的“视频”→“运动”，设置“位置”为 (136.0，110.0)，“缩放”为 50.0，如图 3–19 所示。

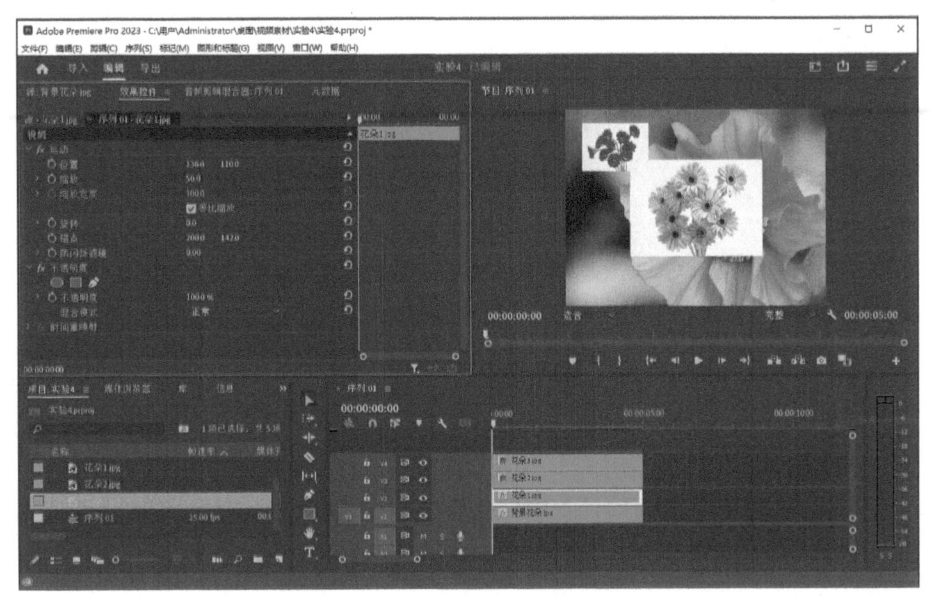

图 3-19　选中图像素材并设置位置和缩放

在“时间线区域”单击选中“花朵 2.jpg”图像素材，展开“效果控件”中的“视频”→“运动”，设置“位置”为 (136.0，288.0)，“缩放”为 50.0。

在“时间线区域”单击选中“花朵 3.jpg”图像素材，展开“效果控件”中的“视频”→“运动”，设置“位置”为 (136.0，466.0)，“缩放”为 50.0，如图 3-20 所示。

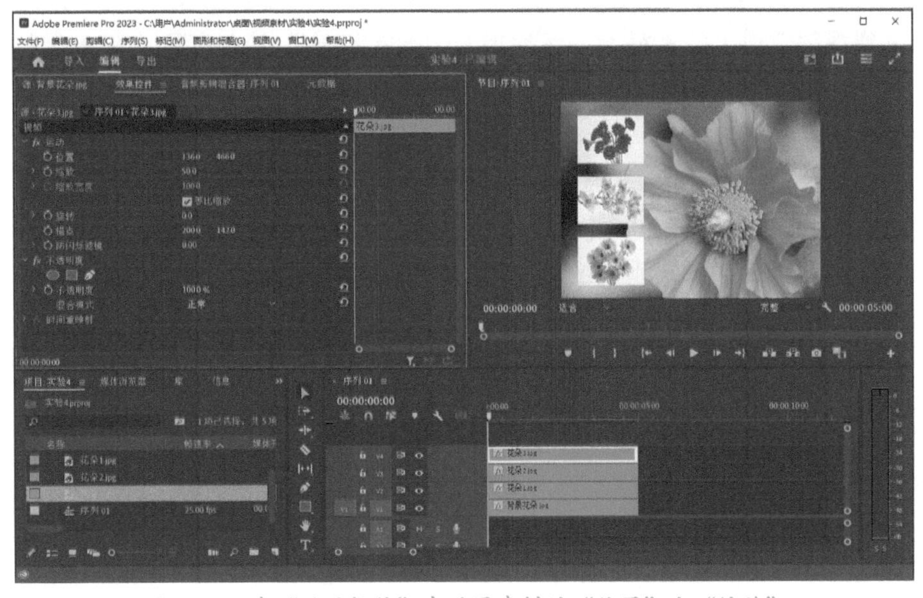

图 3-20　在“效果控件”中设置素材的“位置”和“缩放”

另外，在“序列监视器”中的图片素材上双击鼠标左键选中该素材，素材周围会出现边框，在边框中点住鼠标左键拖曳，可改变素材的位置，“效果控件”中“视频”→“运动”的“位置”参数会跟着改变。在边框处点住鼠标左键拖曳，可以改变素材的缩放，“效果控件”中“视频”→“运动”的“缩放”参数会跟着改变。

(5) 保存项目并关闭。

单击菜单栏“文件”→“保存”，即保存了当前的项目文件。

单击菜单栏“文件”→“关闭项目”，即关闭了当前的项目文件。再次弹出欢迎对话框。

4. 实验结果

经过实验操作，通过在“效果控件”中修改图像素材的“位置”和“缩放”，将四幅花朵图像素材合成为一幅“一大三小”的花朵图像。

实验 3.2.5　马赛克视频效果的应用

1. 实验目的

以“裁剪”“马赛克”视频效果的应用为例，掌握应用“视频效果”并在“效果控件”中编辑修改效果参数的方法。

2. 实验原理

(1) “视频效果”是封装好的、专门用于处理视频画面的程序，可实现各种视觉效果。

(2) “视频效果”的类别包括：变换、图像控制、实用程序、扭曲、时间、杂色与颗粒、模糊与锐化、沉浸式视频、生成、视频、调整、过时、过渡、透视、通道、键控、颜色校正、风格化等。

(3) 应用“视频效果”的方法：先在“视频效果”的某种效果上点住鼠标左键，将其拖曳到视频轨道上的素材上，然后展开“效果控件”中该效果，编辑修改相应的参数。

3. 实验内容

(1) 启动软件，新建项目，新建序列。

启动 Adobe Premiere Pro 2023 软件，出现欢迎对话框，单击“新建项目”按钮。在“项目名”处输入“实验 5”，在“项目位置”处选择“视频素材”文件夹中的“实验 5”文件夹，单击“创建”按钮。

单击菜单栏“文件”→“新建”→“序列”，出现“新建序列”对话框，在“序列预设”处选择“DV-PAL”下的“标准 48 kHz”选项，单击“确定”按钮。

(2) 导入素材并设置“缩放”。

单击菜单栏“文件”→“导入”，找到“视频素材”文件夹中的“实验 5”文件夹，打开“儿童.jpg”图像文件。将“项目区域”的“儿童.jpg”图像素材拖曳到“时间线区域”的 V1 视频轨道上，单击选中“儿童.jpg”图像素材，展开“效果控件”中的“视频”→“运动”，设置“缩放”为 59.0。

(3) 应用“裁剪”效果并设置参数。

在“时间线区域”单击选中“儿童.jpg”图像素材，按 Ctrl+C 快捷键复制素材，单击 V1 轨道的“切换轨道锁定”按钮，如图 3-21 所示。

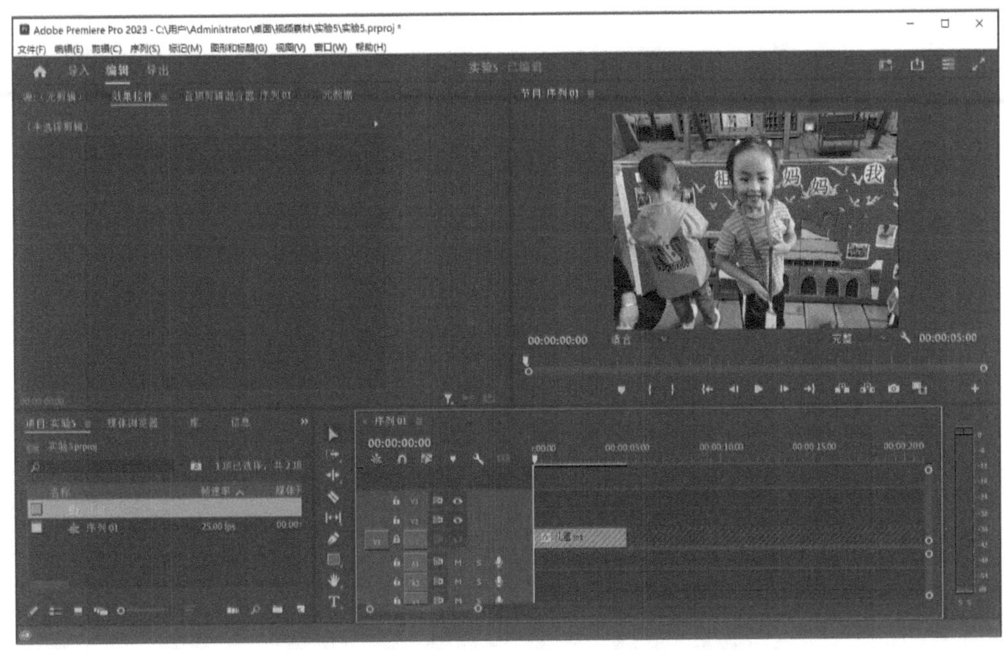

图 3–21　单击 V1 轨道的“切换轨道锁定”按钮

将时间滑块置于起始位置，按 Ctrl+V 快捷键，将素材粘贴到 V2 轨道上，再次单击 V1 轨道的“切换轨道锁定”按钮，如图 3–22 所示。

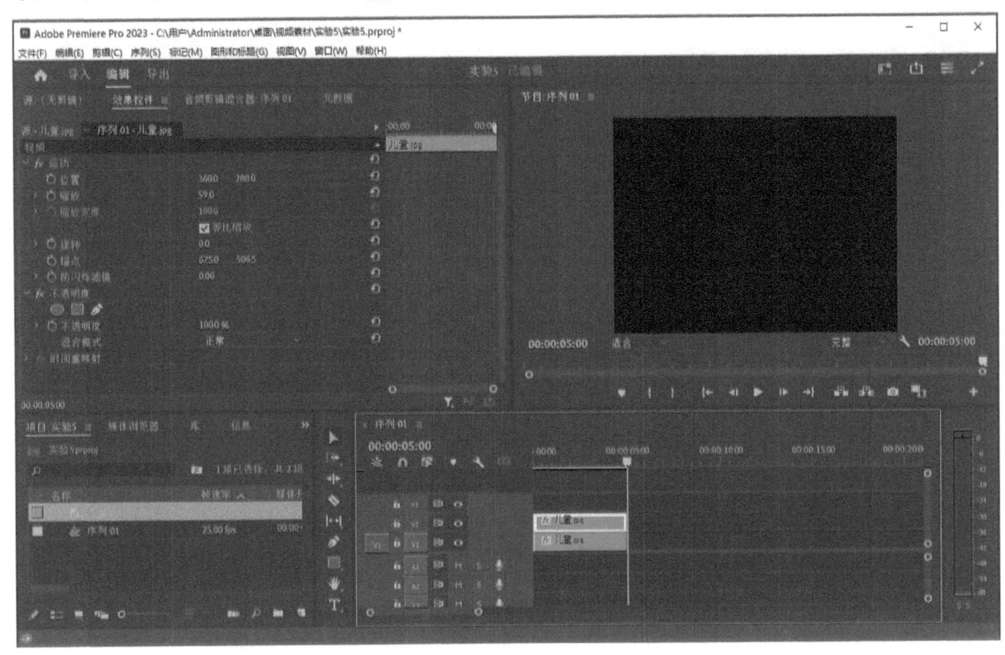

图 3–22　复制粘贴素材到 V2 轨道

单击“项目区域”右上角的双箭头，打开下拉列表，选择“效果”，打开“效果”面板。在“效果”面板的搜索栏中输入“裁剪”，在“视频效果”下“变换”中的“裁剪”上点住鼠标左键，将其拖曳到 V2 轨道上的“儿童 .jpg”图像素材上，如图 3–23 所示。

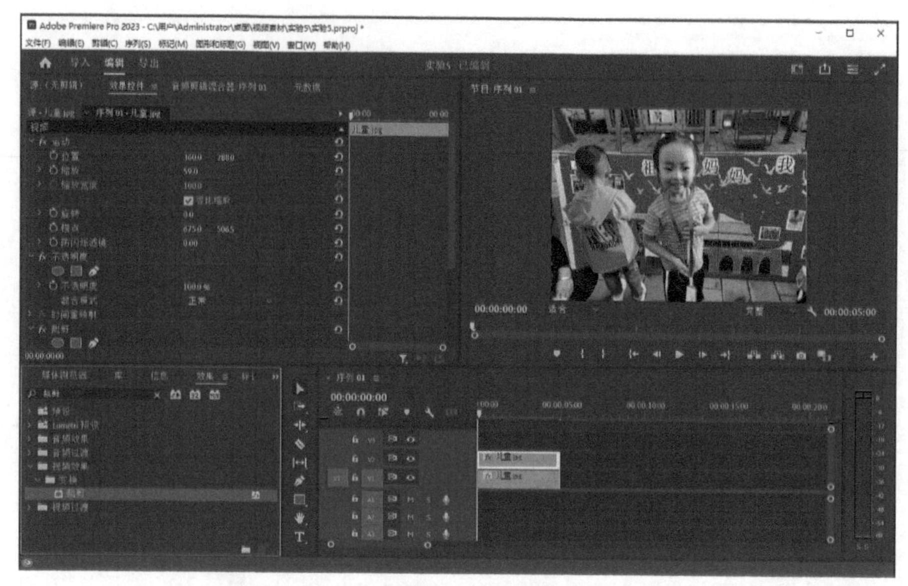

图 3-23　将“裁剪”效果添加到素材上

在 V1 轨道上单击眼睛标志，隐藏 V1 轨道上的“儿童 .jpg”素材。单击选中 V2 轨道上的“儿童 .jpg”素材，展开“效果控件”中的“裁剪”，并单击选中“裁剪”“序列监视器”中出现裁剪框，设置“左侧”为 38.0%，“顶部”为 13.0%，“右侧”为 41.0%，“底部”为 53.0%，如图 3-24 所示。

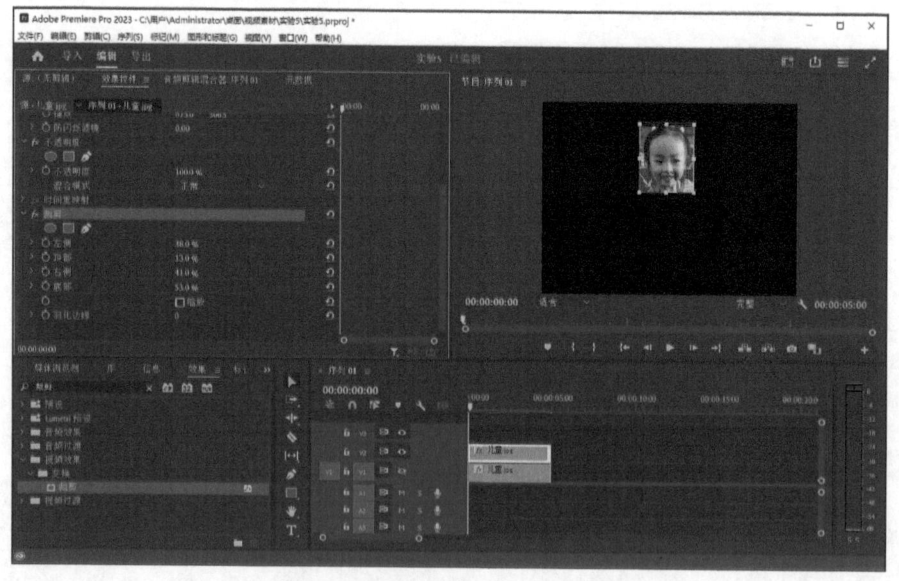

图 3-24　设置“裁剪”效果参数

(4) 应用“马赛克”效果并设置参数。

在 V1 轨道上单击眼睛标志，显示 V1 轨道上的“儿童 .jpg”素材。在“效果”面板的搜索栏中输入“马赛克”，在“视频效果”下“风格化”中的“马赛克”上点住鼠标左键，将其拖曳到 V2 轨道上的“儿童 .jpg”图像素材上，展开“效果控件”中的“马赛克”，设置“水平块”为 40，“垂直块”为 30，如图 3-25 所示。

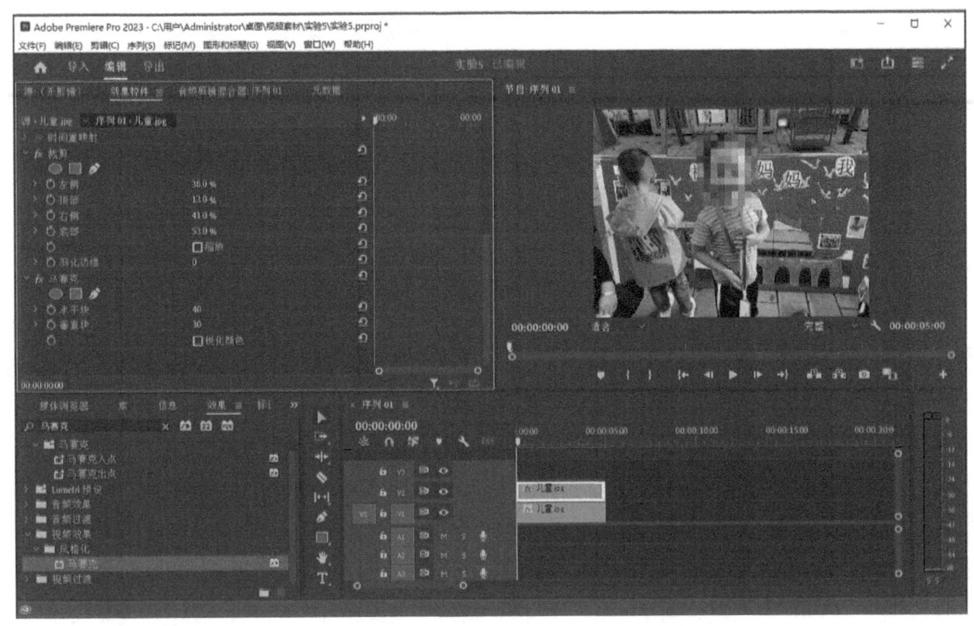

图 3-25　应用“马赛克”效果并设置参数

(5) 保存项目并关闭。

单击菜单栏“文件”→“保存”，即保存了当前的项目文件。

单击菜单栏“文件”→“关闭项目”，即关闭了当前的项目文件。再次弹出欢迎对话框。

4. 实验结果

经过实验操作，图像中儿童的脸部被添加了马赛克效果。

实验 3.2.6　调色视频效果的应用

1. 实验目的

以“颜色过滤”“亮度与对比度”视频效果的应用为例，掌握应用“视频效果”并在“效果控件”中编辑修改效果参数的方法。

2. 实验原理

(1) “Color Pass”(“颜色过滤”) 效果位于“视频效果”下“图像控制”中，用于保留、突出素材中的某种颜色。

(2) “Brightness & Contrast”(“亮度与对比度”) 效果位于“视频效果”下“颜色校正”中，用于调整素材的亮度和对比度参数，是最常用的调色效果。

(3) 展开每个素材的“效果控件”都包含“运动”“不透明度”“时间重映射”三项，在“运动”中可设置“位置”“缩放”“旋转”等参数，在“不透明度”中可设置“不透明度”“混合模式”参数，在“时间重映射”中可设置“速度”参数。

3. 实验内容

(1) 启动软件，新建项目，新建序列。

启动 Adobe Premiere Pro 2023 软件，出现欢迎对话框，单击“新建项目”按钮。在“项目名”处输入“实验 6”，在“项目位置”处选择“视频素材”文件夹中的“实验 6”文件夹，单击“创建”按钮。

单击菜单栏“文件”→“新建”→“序列”，出现“新建序列”对话框，在“序列预设”处选择“DV–PAL”下的“标准 48 kHz”选项，单击“确定”按钮。

(2) 导入素材并设置“缩放”。

单击菜单栏“文件”→“导入”，找到“视频素材”文件夹中的“实验 6”文件夹，打开“背景 .jpg”“文字 .png”“光效 .mp4”3 个素材文件。将“项目区域”的“背景 .jpg”素材拖曳到“时间线区域”的 V1 视频轨道上，单击选中“背景 .jpg”素材，展开“效果控件”中的“视频”→“运动”，设置“缩放”为 74.0。

(3) 应用“颜色过滤”效果，“亮度与对比度”效果并设置参数。

单击“项目区域”右上角的双箭头，打开下拉列表，选择“效果”，打开“效果”面板，在“效果”面板的搜索栏中输入“颜色过滤”(“Color Pass”)，在“视频效果”下“图像控制”中的“颜色过滤”上点住鼠标左键，将其拖曳到 V1 轨道上的“背景 .jpg”素材上。

单击选中 V1 轨道上的“背景 .jpg”素材，展开“效果控件”中的“颜色过滤”，设置“相似性 /Similarity”为 40，设置“颜色 /Color”为红色 (RGB：219、60、30)，如图 3–26 所示。

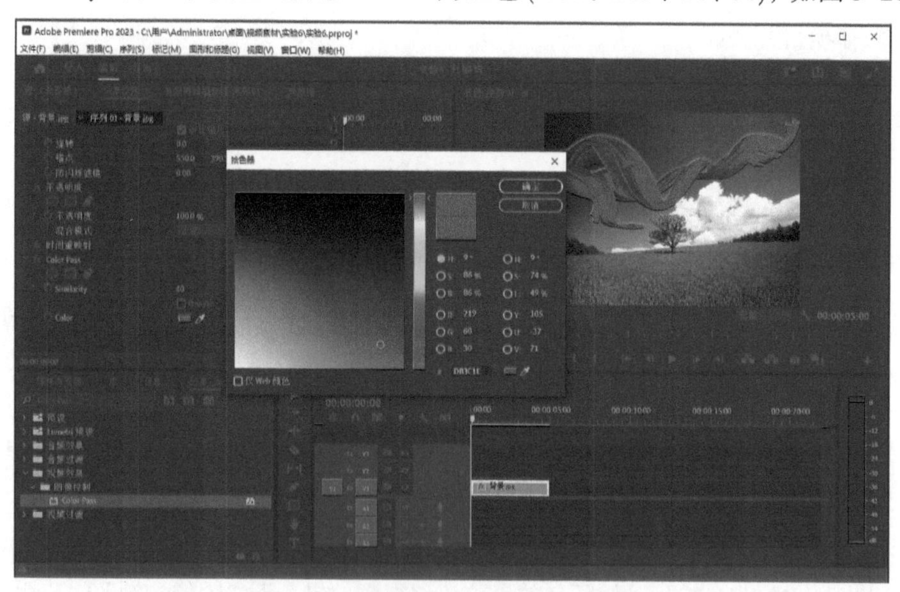

图 3–26　应用颜色过滤效果并设置参数

在“效果”面板的搜索栏中输入“Brightness & Contrast”(“亮度与对比度”)，在“视频效果”下“颜色校正”中的“Brightness & Contrast”上点住鼠标左键，将其拖曳到 V1 轨道上的“背景 .jpg”素材上。单击选中 V1 轨道上的“背景 .jpg”素材，展开“效果控件”中的“Brightness & Contrast”，设置“亮度”为 –30.0，设置“对比度”为 20.0。

(4) 添加文字和光效。

将“项目区域”的“文字 .png”素材拖曳到“时间线区域”的 V2 视频轨道上，单击选中“文字 .png”素材，展开“效果控件”中的“视频”→“运动”，设置“位置”为 (545.0, 360.0)，“缩放”为 58.0。

将“项目区域”的“光效 .mp4”素材拖曳到“时间线区域”的 V3 视频轨道上，单击选中“光效 .mp4”素材，展开“效果控件”中的“视频”→“不透明度”，设置“混合模式”为“滤色”。

在“效果”面板的搜索栏中输入“Brightness & Contrast”(“亮度与对比度”)，在“视频效果”下“颜色校正”中的“Brightness & Contrast”上点住鼠标左键，将其拖曳到 V3 轨道上的“光效 .mp4”素材上。单击选中 V3 轨道上的“光效 .mp4”素材，展开“效果控件”中的“Brightness & Contrast”，设置“亮度”为 –30.0，设置“对比度”为 20.0，如图 3–27 所示。

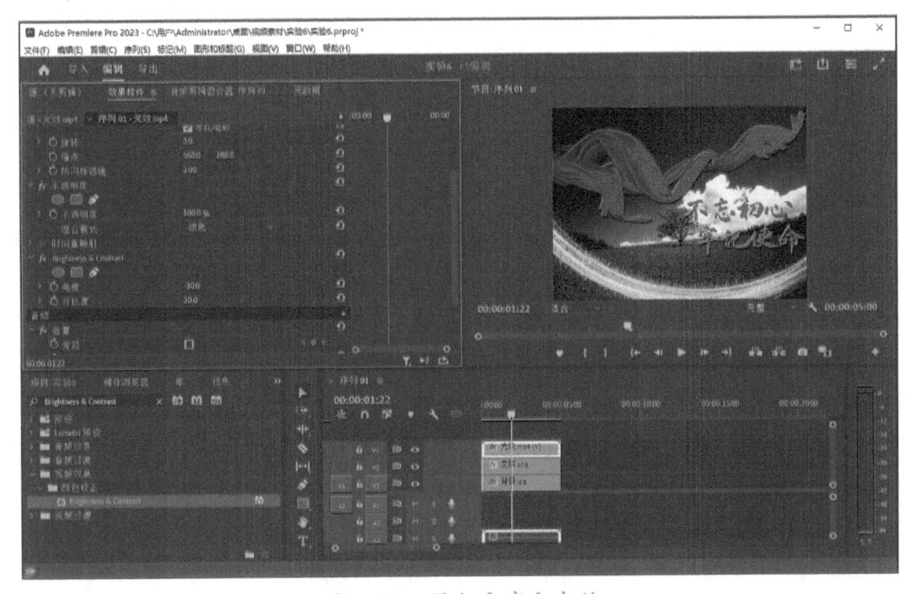

图 3–27　添加文字和光效

在“序列监视器”中单击“播放 – 停止切换”按钮▶，查看效果。

(5) 保存项目，导出视频，关闭项目。

单击菜单栏“文件”→“保存”，保存项目文件。

单击菜单栏“文件”→“导出”→“媒体”，在“设置”中设置“格式”为 H.264，修改“文件名”为“调色视频效果的应用”，单击“导出”按钮，等待保存完毕，则将视频保存为 MP4 格式文件。

单击菜单栏“文件”→“关闭项目”，关闭项目文件。

4. 实验结果

经过实验操作，利用背景、文字和光效三个素材制作出突出红绸部分并带有文字和光效的视频。

实验 3.2.7　绿幕抠像与后期合成

1. 实验目的

能够应用“颜色键”进行绿幕抠像并做后期合成，学会修改素材的“持续时间”。

2. 实验原理

(1) 在电视、电影行业中，可以先在影棚中以绿色为背景拍摄主体的运动，然后进行抠像，以便任意更换背景，制作身临其境的效果。

(2) 抠像的原理是将背景的颜色抠除，只保留主体物，然后就可进行合成等处理。

(3) “颜色键”可以去除特定的颜色，使用方法是：首先，单击“主要颜色”后面的吸管工具，然后，在“序列监视器”中需要去除的颜色处单击一下鼠标左键吸取颜色，再设置“颜色容差”等参数。

(4) 修改素材“持续时间”的方法是：单击选中素材，单击鼠标右键，选择“速度/持续时间”，在弹出的“剪辑速度/持续时间”对话框中设置“持续时间”，单击“确定”按钮。

3. 实验内容

(1) 启动软件，新建项目，新建序列。

启动 Adobe Premiere Pro 2023 软件，出现欢迎对话框，单击“新建项目”按钮。在“项目名”处输入“实验 7”，在“项目位置”处选择“视频素材”文件夹中的“实验 7”文件夹，单击“创建”按钮。

单击菜单栏“文件”→“新建”→“序列”，出现“新建序列”对话框，在“序列预设”处选择“DV–PAL”下的“标准 48kHz”选项，单击“确定”按钮。

(2) 导入素材并设置“缩放”。

单击菜单栏“文件”→“导入”，找到“视频素材”文件夹中的“实验 7”文件夹，打开“宇航员绿幕 .jpg”“太空 .jpg”“热气球绿幕 .mp4”“雪山 .jpg”共 4 个素材文件。

将“项目区域”的“太空 .jpg”素材拖曳到“时间线区域”的 V1 视频轨道上，单击选中“太空 .jpg”素材，展开“效果控件”中的“视频”→“运动”，设置“缩放”为 79.0。将“项目区域”的“宇航员绿幕 .jpg”素材拖曳到“时间线区域”的 V2 视频轨道上，单击选中“宇航员绿幕 .jpg”素材，展开“效果控件”中的“视频”→“运动”，设置“缩放”为 79.0，如图 3–28 所示。

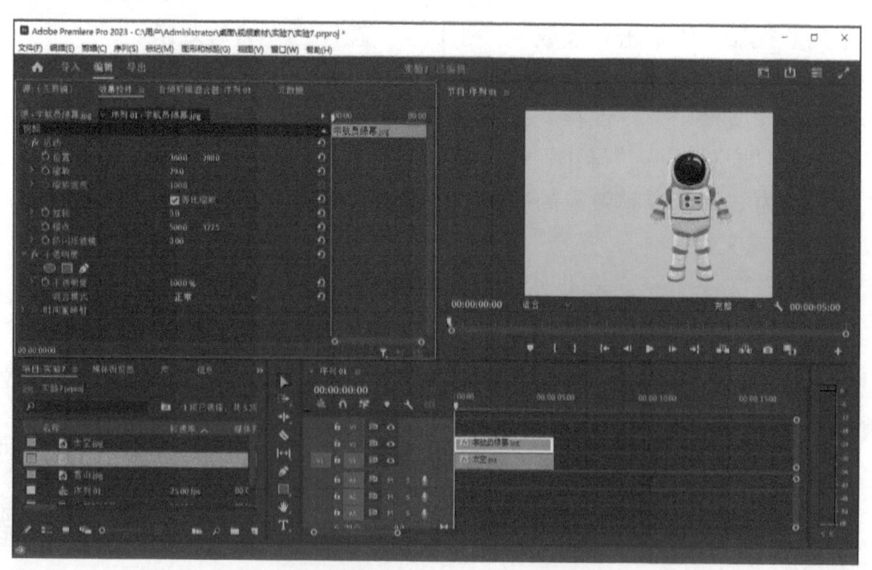

图 3–28　“静态绿幕抠像”之导入素材并设置参数

(3) 应用“颜色键”并设置参数。

单击“项目区域”右上角的双箭头，打开下拉列表，选择“效果”，打开“效果”

面板。在“效果”面板的搜索栏中输入“颜色键”，在“视频效果”下“键控”中的“颜色键”上点住鼠标左键，将其拖曳到 V2 轨道上的“宇航员绿幕 .jpg”素材上。

单击选中 V2 轨道上的“宇航员绿幕 .jpg”素材，展开“效果控件”中的“颜色键”，单击“主要颜色”后面的吸管工具，然后，在“序列监视器”中图像的绿色背景处单击一下鼠标左键吸取颜色，设置“颜色容差”为 60，如图 3-29 所示。

图 3-29　“静态绿幕抠像”之应用“颜色键”并设置参数

(4) 导入素材并设置“缩放”。

将“项目区域”的“雪山 .jpg”素材拖曳到“时间线区域”的 V1 视频轨道“太空 .jpg”素材的后面。单击选中“雪山 .jpg”素材，单击鼠标右键，选择“速度 / 持续时间”，在弹出的“剪辑速度 / 持续时间”对话框中设置“持续时间”为 00:00:10:00，如图 3-30 所示，单击“确定”按钮。

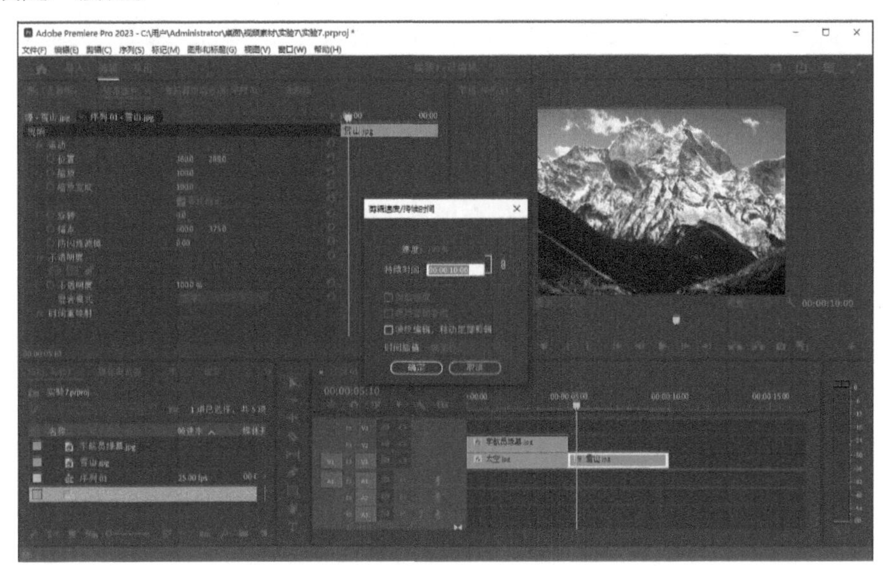

图 3-30　修改素材的持续时间

单击选中“雪山 .jpg”素材，展开“效果控件”中的“视频”→“运动”，设置“缩放”为77.0。将“项目区域”的“热气球绿幕 .mp4”素材拖曳到“时间线区域”的V2视频轨道“宇航员绿幕 .jpg”素材的后面。

(5) 应用“颜色键”并设置参数。

在“效果”面板的搜索栏中输入“颜色键”，在“视频效果”下“键控”中的“颜色键”上点住鼠标左键将其拖曳到V2轨道上的“热气球绿幕 .mp4”素材上。

单击选中V2轨道上的“热气球绿幕 .mp4”素材，展开“效果控件”中的“颜色键”，单击“主要颜色”后面的吸管工具，然后在“序列监视器”中图像的绿色背景处单击一下鼠标左键吸取颜色，设置“颜色容差”为80，如图3–31所示。

图3–31 “动态绿幕抠像”之应用“颜色键”并设置参数

在“序列监视器”中单击“播放–停止切换”按钮，查看效果。

(6) 保存项目，导出视频，关闭项目。

单击菜单栏“文件”→“保存”，保存项目文件。

单击菜单栏“文件”→“导出”→“媒体”，在“设置”中设置“格式”为H.264，修改“文件名”为“绿幕抠像与后期合成”，单击“导出”按钮，等待保存完毕，则将视频保存为MP4格式文件。

单击菜单栏“文件”→“关闭项目”，关闭项目文件。

4. 实验结果

经过实验操作，实现了宇航员的“静态绿幕抠像”，将背景替换为太空；实现了热气球的“动态绿幕抠像”，将背景替换为雪山。

实验 3.2.8　视频转场效果的应用

1. 实验目的

以“交叉溶解”转场效果的应用为例，掌握应用“视频转场”并在“效果控件”中编辑修改效果参数的方法。

2. 实验原理

(1) 视频转场 (过渡效果) 是封装好的、专门用于处理视频画面切换的程序，是从一个场景切换到另一个场景时画面的表现形式。

(2) 视频转场 (过渡) 的类别包括内滑、划像、擦除、沉浸式视频、溶解、缩放、过时、页面剥落等。

(3) 应用“视频转场”的方法是：先在“视频过渡”的某种效果上，点住鼠标左键将其拖曳到视频轨道上的两个素材之间、某个素材的起始处或某个素材的结尾处，然后展开“效果控件”，编辑、修改“持续时间”和“对齐”参数。

3. 实验内容

(1) 启动软件，新建项目，新建序列。

启动 Adobe Premiere Pro 2023 软件，出现欢迎对话框，单击“新建项目”按钮。在“项目名”处输入“实验 8”，在“项目位置”处选择“视频素材”文件夹中的“实验 8”文件夹，单击“创建”按钮。

单击菜单栏“文件”→“新建”→“序列”，出现“新建序列”对话框，在“序列预设”处选择“DV-PAL”下的“标准 48kHz”选项，单击“确定”按钮。

(2) 导入素材并设置“缩放”。

单击菜单栏“文件”→“导入”，找到“视频素材”文件夹中的“实验 8”文件夹，打开“美景 1.jpg”到“美景 5.jpg”共 5 个图像文件。

将“项目区域”的“美景 1.jpg”到“美景 5.jpg”5 个图像素材分别逐个拖曳到“时间线区域”的 V1 视频轨道上连接在一起。分别逐个单击选中“美景 1.jpg”到“美景 5.jpg”5 个素材，展开“效果控件”中的“视频”→“运动”，设置“缩放”为 78.0、70.0、77.0、72.0。

(3) 应用“交叉溶解”转场效果。

单击“项目区域”右上角的双箭头≫，打开下拉列表，选择“效果”，打开“效果”面板。在“效果”面板的搜索栏中输入“交叉溶解”，在“视频过渡”下“溶解”中的“交叉溶解”上点住鼠标左键，将其拖曳到 V1 轨道上的“美景 1.jpg”和“美景 2.jpg”两个图片素材文件中间，如图 3-32 所示。

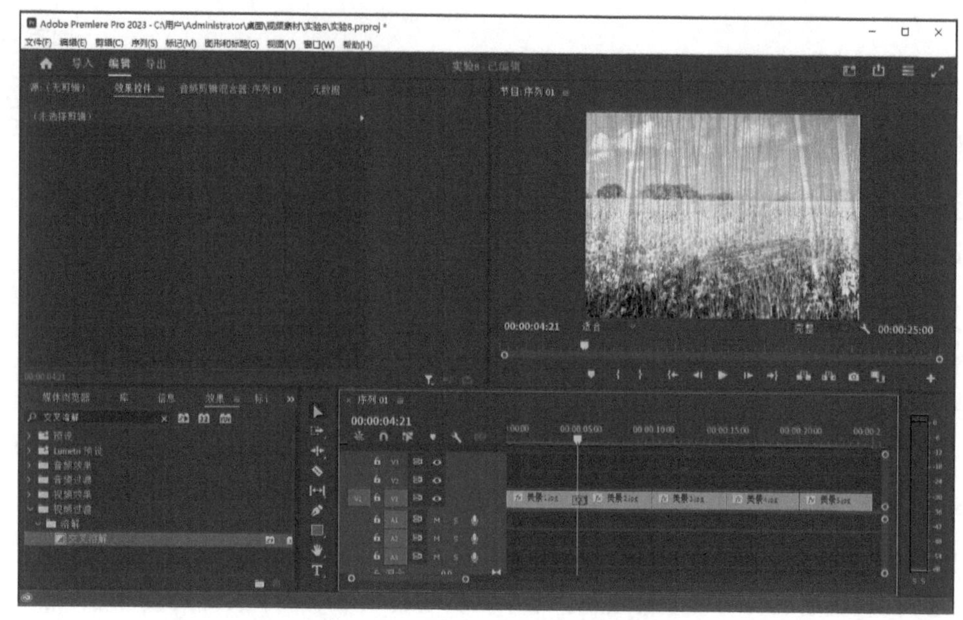

图 3-32　应用“交叉溶解”效果

单击选中 V1 轨道上的“交叉溶解”效果，展开“效果控件”，将“持续时间”修改为 00:00:02:00，设置“对齐”为“中心切入”，如图 3-33 所示。

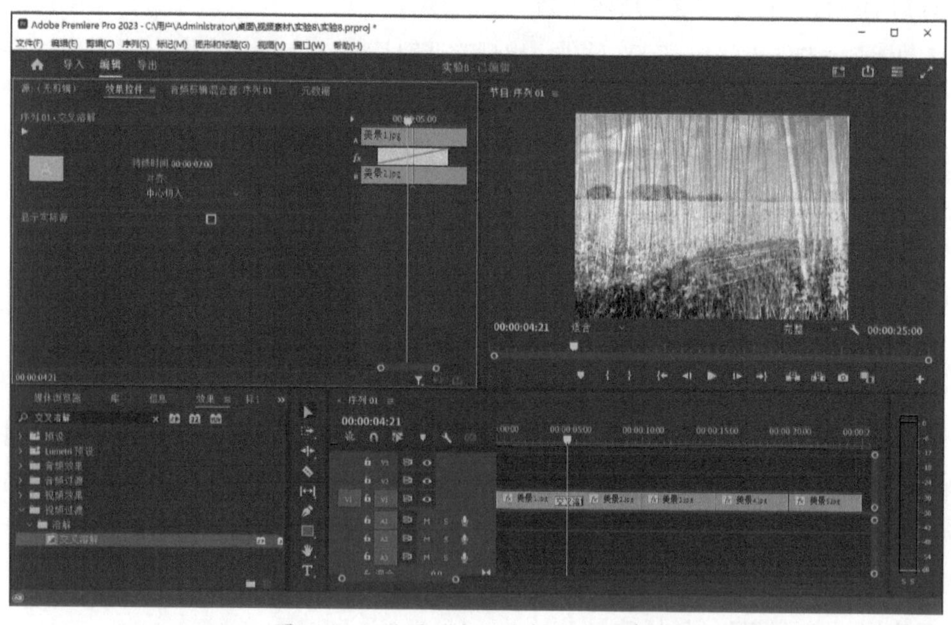

图 3-33　设置“交叉溶解”效果参数

(4) 应用其他多种转场效果。

在“效果”面板的搜索栏中取消搜索，在“视频过渡”中挑选其他 4 种视频转场效果，分别在这 4 种视频转场效果上点住鼠标左键，将其拖曳到 V1 轨道上的第二、第三张图片素材之间、第三、第四张图片素材之间、第四、第五张图片素材之间、第五张图片素材末尾，如图 3-34 所示。

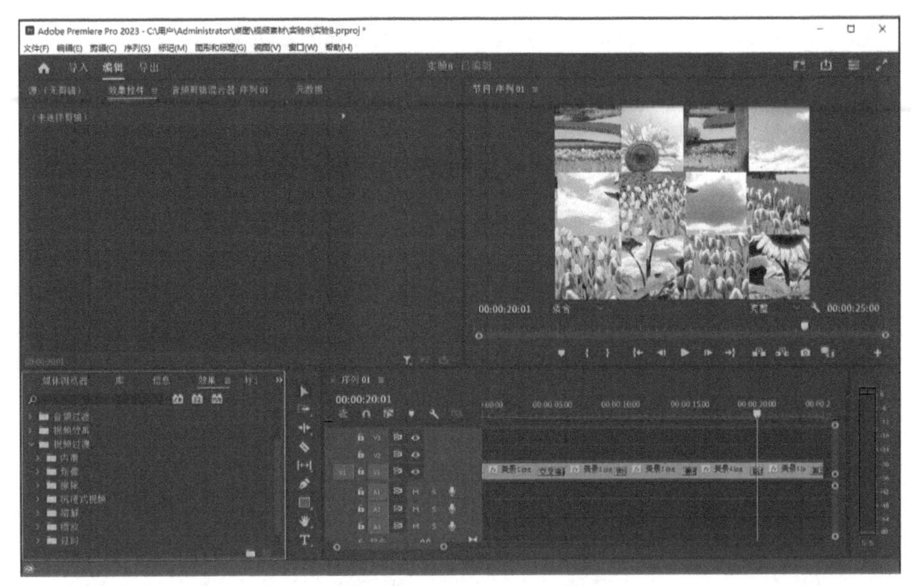

图 3-34　应用其他多种转场效果

分别单击选中 V1 轨道上的 4 种视频转场效果，展开“效果控件”，设置“持续时间”和“对齐”参数，并在“序列监视器”中查看效果。

(5) 保存项目，导出视频，关闭项目。

单击菜单栏“文件”→“保存”，保存项目文件。

单击菜单栏“文件”→“导出”→“媒体”，在“设置”中设置“格式”为 H.264，修改“文件名”为“视频转场效果的应用”，单击“导出”按钮，等待保存完毕，则将视频保存为 MP4 格式文件。

单击菜单栏“文件”→“关闭项目”，关闭项目文件。

4. 实验结果

经过实验操作，为五张图像素材设置了五种不同的视频转场效果，其中四种转场效果位于两幅图片之间，一种转场效果位于一幅图像的结尾处。

实验 3.2.9　制作可移动字幕

1. 实验目的

掌握使用“文字工具”创建静态文字，并在“效果控件”中修改文本属性参数的方法，熟悉“关键帧”的概念，以制作“位置”关键帧动画为例，学会通过添加“关键帧”制作动画效果。

2. 实验原理

(1) 使用“文字工具”创建静态文字的方法：在工具栏中单击选择“文字工具”，在“序列监视器”中单击鼠标左键，会出现一个输入框，同时在“时间线区域”的轨道上会出现一个“图形”素材，在“序列监视器”的输入框中输入文字内容。

(2) 在“效果控件”中修改文本属性参数的方法：点住鼠标左键拖曳选中刚刚输入的文字内容，展开“效果控件”的“图形”→“文本”，设置“字体”“大小”“填充”等属性参数。

(3) “帧”的概念：动画图像序列中每一个单独图像称之为帧。

(4) “关键帧”的概念：关键帧的概念来源于传统卡通片制作，动画师负责设计卡通片中的关键画面，即所谓的关键帧，由助理动画师设计中间帧，在计算机动画中，中间帧的生成由计算机来完成，插值代替了设计中间帧的动画师。

(5) 所有影响画面图像的参数都可成为“关键帧”的参数，如“位置”“缩放”“旋转”“不透明度”等。

(6) 通过添加关键帧制作动画效果的方法：选中轨道上的某个素材，将时间滑块置于某个时间点位置，展开“效果控件”，单击某个参数前面的“切换动画”按钮，开启关键帧，设置该参数的数值，再将时间滑块置于另一个时间点位置，修改该参数的数值，以此类推，先改变时间点位置，然后修改参数数值。

3. 实验内容

(1) 启动软件，新建项目，新建序列。

启动 Adobe Premiere Pro 2023 软件，出现欢迎对话框，单击“新建项目”按钮。在“项目名”处输入“实验 9”，在“项目位置”处选择“视频素材”文件夹中的“实验 9”文件夹，单击“创建”按钮。

单击菜单栏“文件”→“新建”→“序列”，出现“新建序列”对话框，在“序列预设”处选择“DV-PAL”下的“宽屏 48 kHz”选项，单击“确定”按钮。

(2) 导入素材。

单击菜单栏“文件”→“导入”，找到“视频素材”文件夹中的“实验 9”文件夹，打开“背景 .mp4”视频文件。将“项目区域”的“背景 .mp4”素材拖曳到“时间线区域”的 V1 视频轨道上。

(3) 创建静态字幕。

在工具栏中单击选择“文字工具”T，在“序列监视器”中单击鼠标左键，会出现一个输入框，同时在“时间线区域”的 V2 轨道上会出现一个“图形”素材，如图 3-35 所示。

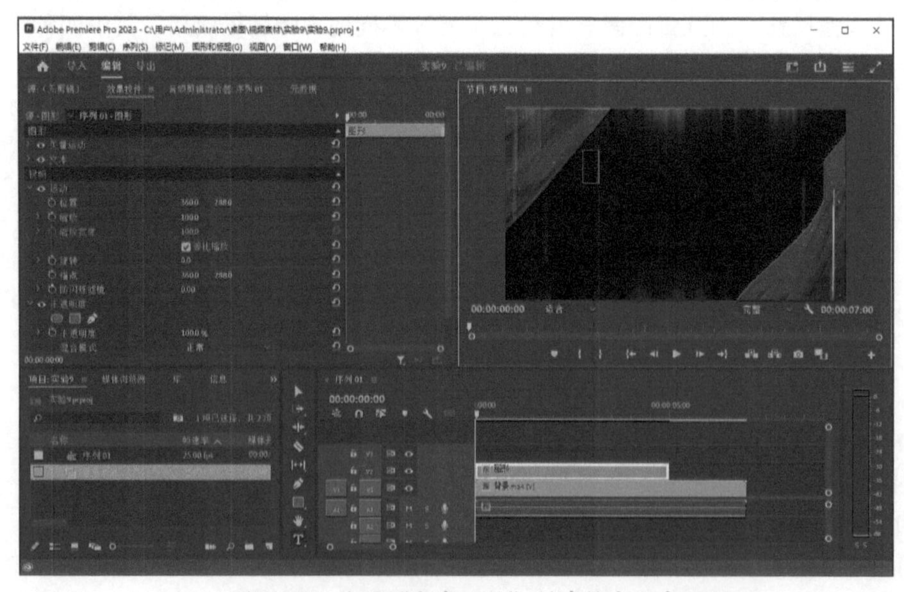

图 3-35 使用“文字工具”创建静态文字

在“序列监视器”的输入框中输入文字“学思想”，点住鼠标左键拖曳选中刚刚输入的“学思想”文字，展开“效果控件”的“图形”→“文本”，设置“字体”为“黑体”，“大小”为 90，设置“填充”的颜色为黄色 (RGB：255、255、0)。用“选择工具”将“学思想”文字移动到如图 3–36 所示位置。

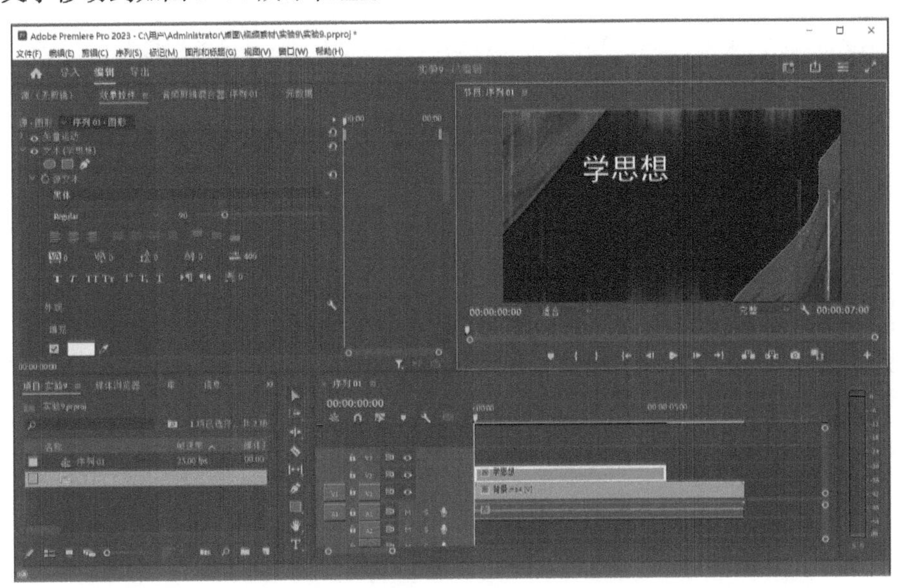

图 3–36　在“效果控件”中设置文本属性参数

在“时间线区域”取消选中 V2 轨道上的“学思想”文字。在工具栏中单击选择“文字工具”，用同样的方法制作出位于 V3 轨道上的“强党性”文字。继续用同样的方法制作出位于 V4 轨道上的“重实践”文字、位于 V5 轨道上的“建新功”文字，如图 3–37 所示。

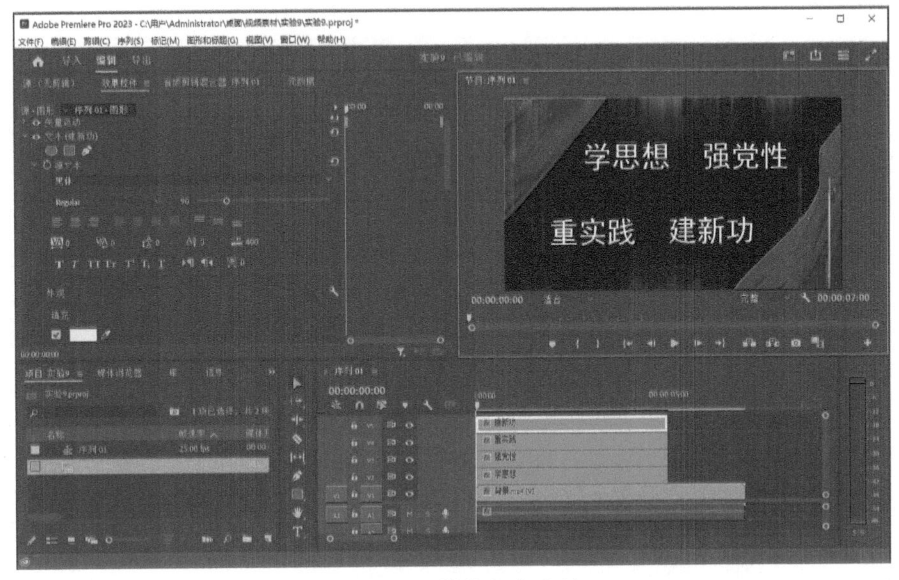

图 3–37　制作文字素材

在“时间线区域”点击拖曳 4 个文字素材的两端，将 V2 轨道上的“学思想”文字素材的起始、结束时间设为第 1 s、第 7 s，将 V3 轨道上的“强党性”文字素材的起始、结束时间设为第 2 s、第 7 s，将 V4 轨道上的“重实践”文字素材的起始、结束时间设为第 3 s、第 7 s，将 V5 轨道上的“建新功”文字素材的起始、结束时间设为第 4 s、第 7 s，如图 3-38 所示。

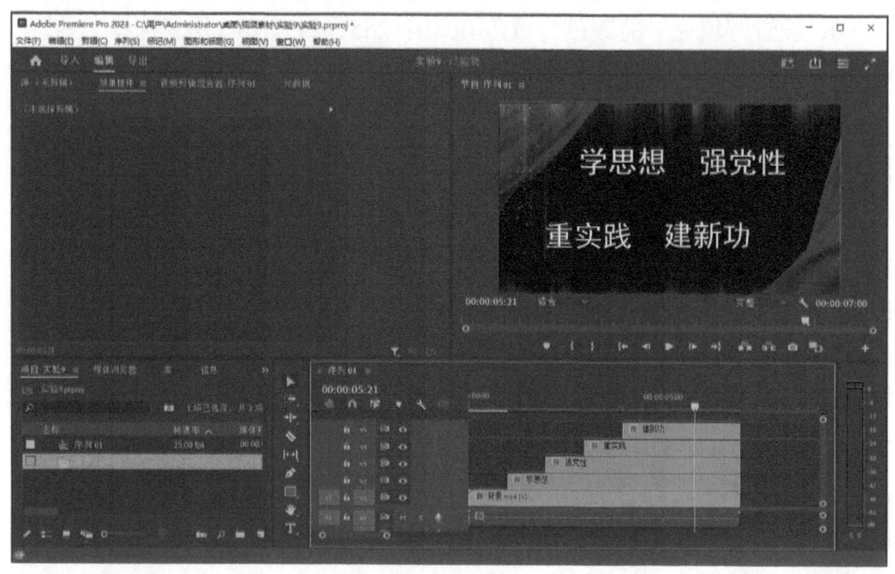

图 3-38　设置文字素材的开始、结束时间

(4) 制作“关键帧动画”。

选中 V2 轨道上的“学思想”文字素材，在序列的“时间输入框”中输入 00:00:01:00，即将时间滑块置于第 1 s 位置，展开“效果控件”中的“视频”→“运动”，单击“位置”前面的“切换动画”按钮，开启关键帧，设置“位置”为 (–120.0, 288.0)，将时间滑块置于第 2 s 位置，设置“位置”为 (360.0, 288.0)，拖曳时间滑块查看效果，如图 3-39 所示。

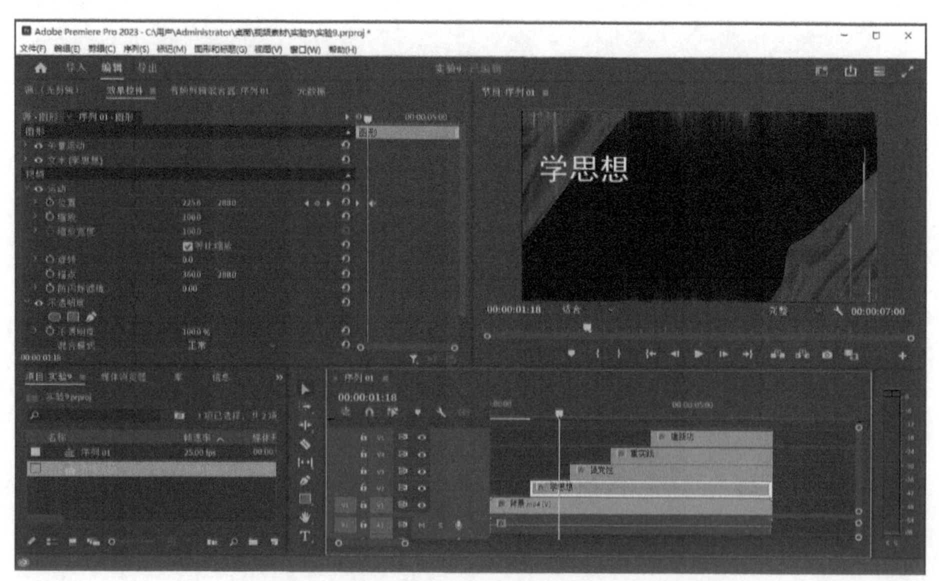

图 3-39　开启“位置”关键帧并设置位置参数

选中 V3 轨道上的“强党性”文字素材，将时间滑块置于第 2 s 位置，展开“效果控件”

中的“视频”→“运动”，单击“位置”前面的“切换动画”按钮，开启关键帧，设置“位置”为 (360.0，−50.0)，将时间滑块置于第 3 s 位置，设置“位置”为 (360.0，288.0)，拖曳时间滑块查看效果。

选中 V4 轨道上的“重实践”文字素材，将时间滑块置于第 3 s 位置，展开“效果控件”中的“视频”→“运动”，单击“位置”前面的“切换动画”按钮，开启关键帧，设置“位置”为 (360.0，626.0)，将时间滑块置于第 4 s 位置，设置“位置”为 (360.0，288.0)，拖曳时间滑块查看效果。

选中 V5 轨道上的“建新功”文字素材，将时间滑块置于第 4 s 位置，展开“效果控件”中的“视频”→“运动”，单击“位置”前面的“切换动画”按钮，开启关键帧，设置“位置”为 (840.0，288.0)，将时间滑块置于第 5 s 位置，设置“位置”为 (360.0，288.0)，拖曳时间滑块查看效果，如图 3-40 所示。

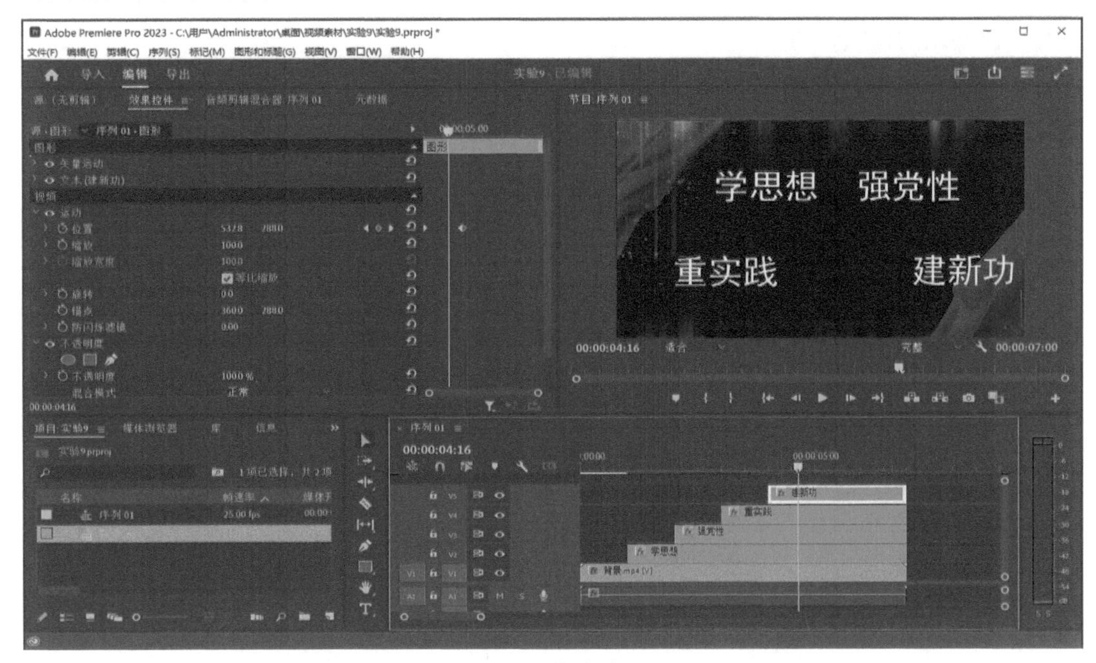

图 3-40　制作关键帧动画

在“序列监视器”中单击“播放 - 停止切换”按钮，查看效果。

(5) 保存项目，导出视频，关闭项目。

单击菜单栏“文件”→“保存”，保存项目文件。

单击菜单栏“文件”→“导出”→“媒体”，在“设置”中设置“格式”为 H.264，修改“文件名”为“制作可移动字幕”，单击“导出”按钮，等待保存完毕，则将视频保存为 MP4 格式文件。

单击菜单栏“文件”→“关闭项目”，关闭项目文件。

4. 实验结果

经过实验操作，在背景视频上制作出“学思想、强党性、重实践、建新功”的可移动文字，四段文字逐个从左、上、下、右四个方向移入画面。

实验 3.2.10 制作探照灯移动效果

1. 实验目的

综合运用添加“视频效果”(“光照效果”)和“视频过渡”(“黑场过渡”)、制作“关键帧动画”(以“光照效果”的“中央”为关键帧参数)的技术制作探照灯移动效果。

2. 实验原理

(1) “光照效果”位于“视频效果”下的“调整”中，提供平行光、全光源、点光源的光照类型，包括光照颜色、中央、主要半径、次要半径、角度、强度、聚焦等参数。

(2) “黑场过渡”位于“视频过渡”下的“溶解”中，能够使视频画面逐渐变黑，是一种广泛使用的视频转场效果。

(3) 同时开启“位置”“缩放”关键帧并设计时间点和对应参数可实现镜头的拉伸效果。

3. 实验内容

(1) 启动软件，新建项目，新建序列。

启动 Adobe Premiere Pro 2023 软件，出现欢迎对话框，单击“新建项目”按钮。在“项目名”处输入“实验 10”，在“项目位置”处选择“视频素材”文件夹中的“实验 10”文件夹，单击“创建”按钮。

单击菜单栏“文件”→“新建”→“序列”，出现“新建序列”对话框，在“序列预设”处选择“DV–PAL”下的“标准 48 kHz”选项，单击“确定”按钮。

(2) 导入素材并设置“持续时间”。

单击菜单栏“文件”→“导入”，找到“视频素材”文件夹中的“实验 10”文件夹，打开“夜景 .jpg”图像文件。

将“项目区域”的“夜景 .jpg”图像素材拖曳到“时间线区域”的 V1 视频轨道上，单击选中“夜景 .jpg”图像素材，单击鼠标右键，选择“速度 / 持续时间”，在弹出的“剪辑速度 / 持续时间”对话框中设置“持续时间”为 00:00:02:00，单击“确定”按钮。

(3) 制作镜头拉远效果。

选中 V1 轨道上的“夜景 .jpg”素材，将时间滑块置于第 0 s 位置，展开“效果控件”中的“视频”→“运动”，单击“位置”“缩放”前面的“切换动画”按钮，开启“位置”“缩放”关键帧，设置“位置”为 (950.0，650.0)，“缩放”为 200.0；将时间滑块置于第 2 s 位置，设置“位置”为 (360.0，288.0)，“缩放”为 67.0。拖曳时间滑块查看效果，如图 3–41 所示。

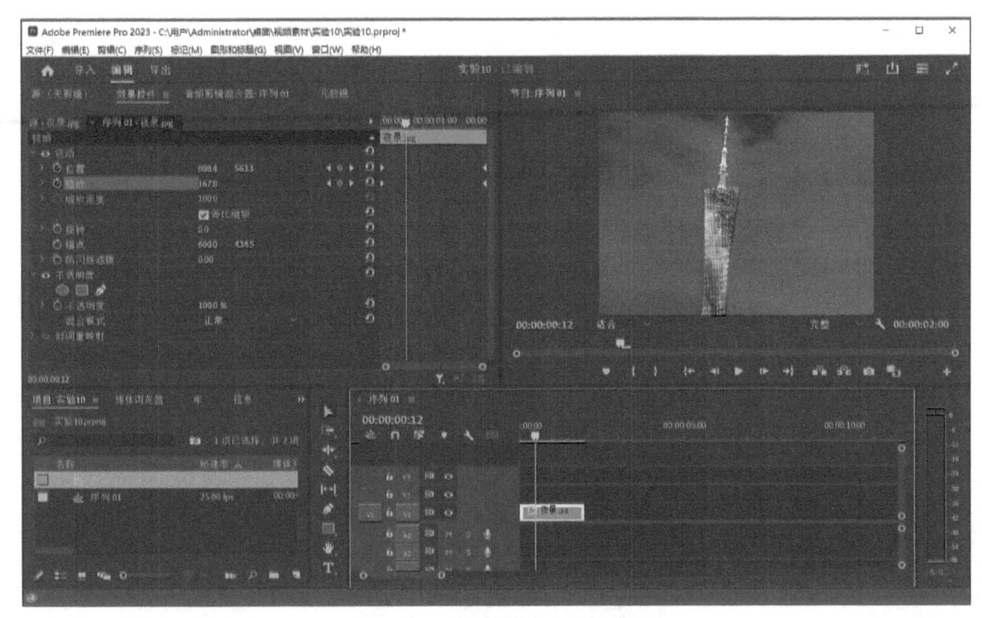

图 3-41　制作镜头拉远效果

(4) 制作“黑场过渡”效果。

单击“项目区域”右上角的双箭头，打开下拉列表，选择“效果”，打开“效果”面板。在“效果”面板的搜索栏中输入“黑场过渡”，在“视频过渡”下“溶解”中的“黑场过渡”上点住鼠标左键，将其拖曳到 V1 轨道上的“夜景 .jpg”素材的末尾处，单击选中“黑场过渡”效果，展开“效果控件”，将“持续时间”修改为 00:00:00:10，如图 3-42 所示。

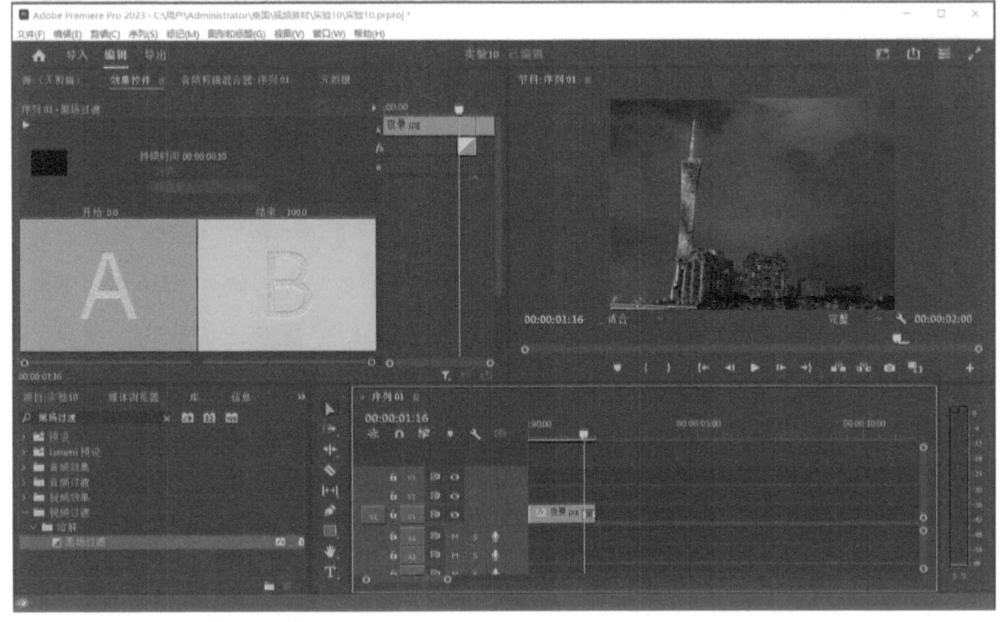

图 3-42　制作“黑场过渡”效果

再次将“项目区域”的“夜景 .jpg”图像素材拖曳到“时间线区域”的 V1 轨道的素材后面。

单击选中后面的“夜景.jpg”图像素材，展开“效果控件”中的“视频”→“运动”，设置“缩放”为67.0。

在“视频过渡”下“溶解”中的“黑场过渡”上点住鼠标左键，将其拖曳到V1轨道上的第二个“夜景.jpg”素材的末尾处，如图3-43所示。

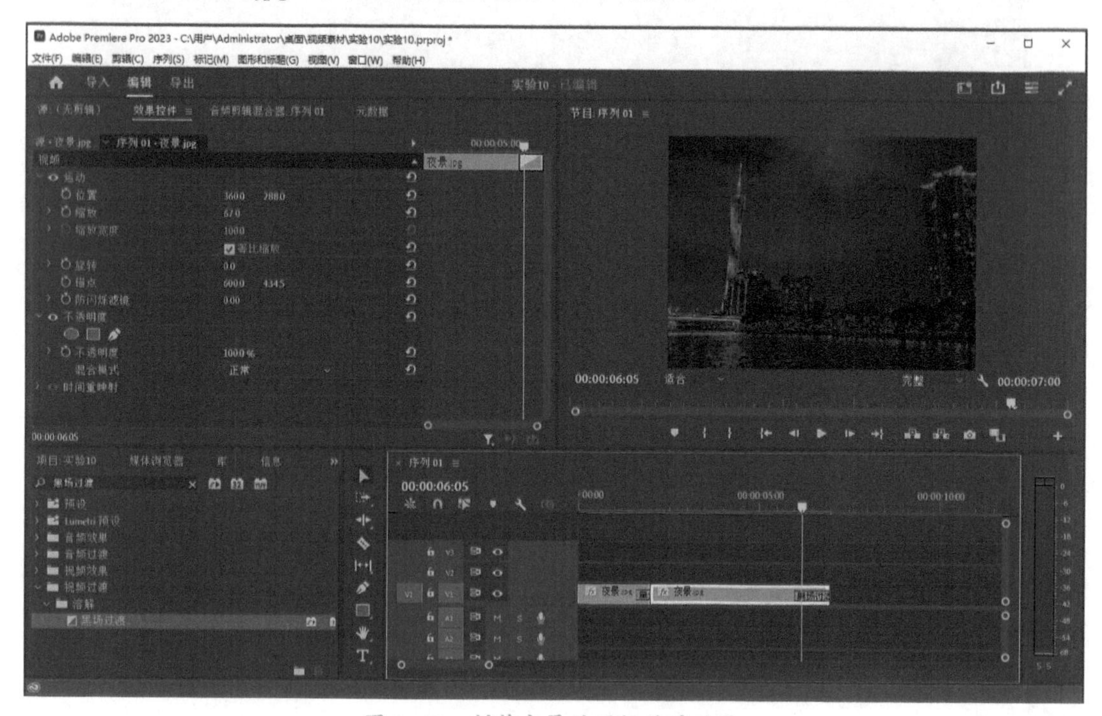

图3-43　制作夜景的黑场过渡效果

(5) 制作探照灯移动效果。

在“效果”面板的搜索栏中输入“光照效果”，在“视频效果”下“调整”中的“光照效果”上点住鼠标左键，将其拖曳到V1轨道上的第二个“夜景.jpg”素材上。

选中V1轨道上的第二个“夜景.jpg”素材，将时间滑块置于第2 s位置，展开“效果控件”中的“视频”→“光照效果”→“光照1”，设置“光照颜色”为纯白色，单击“中央”前面的“切换动画”按钮，开启关键帧，设置“中央”为(280.0，240.0)，设置“主要半径”为10.0，“次要半径”为10.0，“强度”为20.0，“聚焦”为40.0，设置“环境光照强度”为10.0。

将时间滑块置于第3 s位置，设置“中央”为(280.0，400.0)；将时间滑块置于第4 s位置，设置“中央”为(280.0，600.0)；将时间滑块置于第5 s位置，设置“中央”为(700.0，600.0)；将时间滑块置于第6 s位置，设置“中央”为(1100.0，650.0)；将时间滑块置于第7 s位置，设置“中央”为(900.0，400.0)。

在“序列监视器”中单击“播放-停止切换”按钮，查看效果，如图3-44所示。

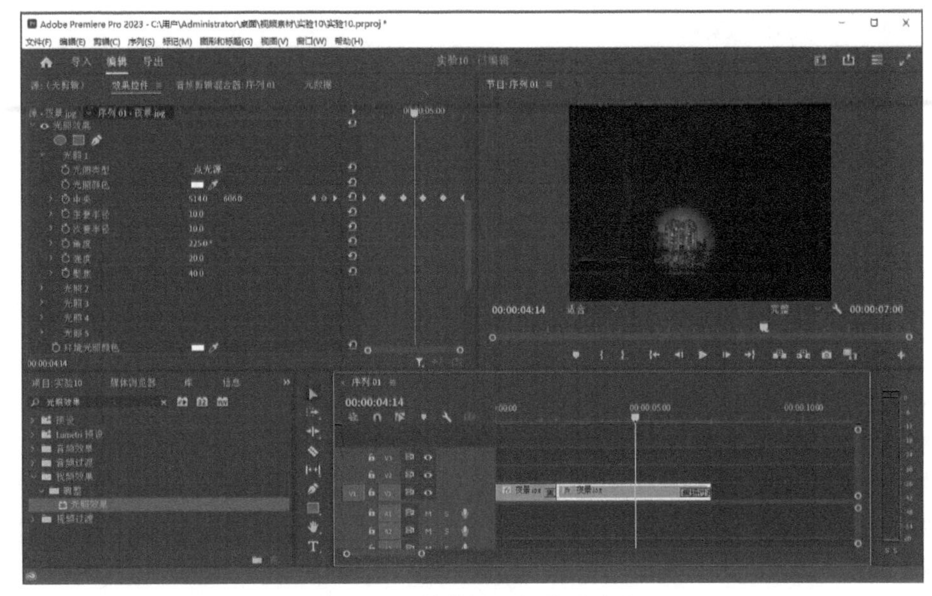

图 3-44　制作探照灯移动效果

(6) 保存项目，导出视频，关闭项目。

单击菜单栏“文件”→“保存”，保存项目文件。

单击菜单栏“文件”→“导出”→“媒体”，在“设置”中设置“格式”为 H.264，修改“文件名”为“制作探照灯移动效果”，单击“导出”按钮，等待保存完毕，则将视频保存为 MP4 格式文件。

单击菜单栏“文件”→“关闭项目”，关闭项目文件。

4. 实验结果

经过实验操作，利用夜景素材制作出白色探照灯在建筑上移动照射的效果。

实验 3.2.11　制作文创产品展示广告

1. 实验目的

熟悉“嵌套序列”的概念，运用制作“关键帧动画”(以“位置”“缩放”“不透明度”为关键帧参数)的技术制作文创产品展示广告。

2. 实验原理

(1) “嵌套”命令可将多个素材文件整合到一起，形成“嵌套序列”，方便整体管理和操作；双击“嵌套序列”可在“时间线区域”打开“嵌套序列”，查看或编辑内部的素材。

(2) 开启“不透明度”关键帧，在两个不同时间点上分别设置不透明度为 0% 和 100%，可制作出素材从无到有逐渐显示出来的效果。

3. 实验内容

(1) 启动软件，新建项目，新建序列。

启动 Adobe Premiere Pro 2023 软件，出现欢迎对话框，单击“新建项目”按钮。在“项目名”处输入“实验 11”，在“项目位置”处选择“视频素材”文件夹中的“实验 11”

文件夹，单击“创建”按钮。

单击菜单栏“文件”→“新建”→“序列”，出现“新建序列”对话框，在“序列预设”处选择“DV-PAL”下的“标准 48 kHz”选项，单击“确定”按钮。

(2) 导入素材并设置“缩放”。

单击菜单栏“文件”→“导入”，找到“视频素材”文件夹中的“实验 11”文件夹，打开“背景 .jpg”“产品 1.jpg”到“产品 4.jpg”“博物馆 .jpg”“标志 .png”共 7 个图像文件。

将“项目区域”的“背景 .jpg”素材拖曳到“时间线区域”的 V1 视频轨道上，并设置持续时间为 10 s。单击选中“背景 .jpg”图像素材，展开“效果控件”中的“视频”→“运动”，设置“缩放”为 73.0。

(3) 制作文创产品的位移和缩放动画。

将“项目区域”的“产品 1.jpg”素材拖曳到“时间线区域”的 V2 视频轨道上，并设置持续时间为 10 s。选中 V2 轨道上的“产品 1.jpg”素材，将时间滑块置于第 0 s 位置，展开“效果控件”中的“视频”→“运动”，单击“位置”“缩放”前面的“切换动画”按钮，开启关键帧，设置“位置”为 (360.0，287.9)，设置“缩放”为 0.0。将时间滑块置于第 20 帧位置 (00:00:00:20)，设置“位置”为 (360.0，288.0)，设置“缩放”为 70.0。将时间滑块置于第 1 s 第 15 帧位置 (00:00:01:15)，设置“位置”为 (225.0，160.0)，设置“缩放”为 35.0。

将“项目区域”的“产品 2.jpg”素材拖曳到“时间线区域”的 V3 视频轨道上，并设置持续时间为 10 s。选中 V3 轨道上的“产品 2.jpg”素材，将时间滑块置于第 1 s 第 15 帧位置 (00:00:01:15)，展开“效果控件”中的“视频”→“运动”，单击“位置”“缩放”前面的“切换动画”按钮，开启关键帧，设置“位置”为 (360.0，287.9)，设置“缩放”为 0.0。将时间滑块置于第 2 s 第 10 帧位置 (00:00:02:10)，设置“位置”为 (360.0，288.0)，设置“缩放”为 70.0。将时间滑块置于第 3 s 第 5 帧位置 (00:00:03:05)，设置“位置”为 (495.0，160.0)，设置“缩放”为 35.0，如图 3-45 所示。

图 3-45 产品 1 和产品 2 的位移和缩放动画

将“项目区域”的“产品 3.jpg”素材拖曳到“时间线区域”的 V4 视频轨道上，并设置持续时间为 10 s。选中 V4 轨道上的“产品 3.jpg”素材，将时间滑块置于第 3 s 第 5 帧位置 (00:00:03:05)，展开“效果控件”中的“视频”→“运动”，单击“位置”“缩放”前面的“切换动画”按钮，开启关键帧，设置“位置”为 (360.0，287.9)，设置“缩放”为 0.0，将时间滑块置于第 4 s 位置 (00:00:04:00)，设置“位置”为 (360.0，288.0)，设置“缩放”为 70.0，将时间滑块置于第 4 s 第 20 帧位置 (00:00:04:20)，设置“位置”为 (225.0，416.0)，设置“缩放”为 35.0。

将“项目区域”的“产品 4.jpg”素材拖曳到“时间线区域”的 V5 视频轨道上，并设置持续时间为 10 s。选中 V5 轨道上的“产品 4.jpg”素材，将时间滑块置于第 4 s 第 20 帧位置 (00:00:04:20)，展开“效果控件”中的“视频”→“运动”，单击“位置”“缩放”前面的“切换动画”按钮，开启关键帧，设置“位置”为 (360.0，287.9)，设置“缩放”为 0.0，将时间滑块置于第 5 s 第 15 帧位置 (00:00:05:15)，设置“位置”为 (360，288)，设置“缩放”为 70.0，将时间滑块置于第 6 s 第 10 帧位置 (00:00:06:10)，设置“位置”为 (495.0，416.0)，设置“缩放”为 35.0，如图 3–46 所示。

图 3–46　产品 3 和产品 4 的位移和缩放动画

(4) 制作嵌套序列和位移动画。

点住鼠标左键拖曳同时框选中“产品 1.jpg”“产品 2.jpg”“产品 3.jpg”“产品 4.jpg”这 4 个素材，单击鼠标右键，选择“嵌套”命令，单击“确定”按钮，生成“嵌套序列 01”，位于 V2 轨道上。

选中“嵌套序列 01”，将时间滑块置于第 6 s 第 10 帧位置 (00:00:06:10)，展开“效果控件”中的“视频”→“运动”，单击“位置”前面的“切换动画”按钮，开启关键帧，设置“位置”为(360.0，288.0)，将时间滑块置于第7 s第15帧位置(00:00:07:15)，设置“位置”为(360.0，820.0)，如图3-47所示。

图 3-47 嵌套序列的位移动画

(5) 制作博物馆的位移动画和标志的位移、不透明度动画。

将“项目区域”的“博物馆.jpg”素材拖曳到“时间线区域”的V3视频轨道上，并设置持续时间为10 s。选中V3轨道上的“博物馆.jpg”素材，展开“效果控件”中的“视频”→“运动”，设置“缩放”为72.0。

将时间滑块置于第6 s第10帧位置(00:00:06:10)，单击“位置”前面的“切换动画”按钮，开启关键帧，设置“位置”为(360.0，-244.0)。将时间滑块置于第7 s第15帧位置(00:00:07:15)，设置“位置”为(360.0，288.0)。

将“项目区域”的“标志.png”素材拖曳到“时间线区域”的V4视频轨道上，并设置持续时间为10 s。选中V4轨道上的“标志.png”素材，展开“效果控件”中的“视频”→“运动”，设置“位置”为(360.0，520.0)。

将时间滑块置于第7 s第15帧位置(00:00:07:15)，展开“效果控件”中的“视频”→“不透明度”，单击“不透明度”前面的“切换动画”按钮，开启关键帧，设置“不透明度”为0%。将时间滑块置于第8 s第05帧位置(00:00:08:05)，设置“不透明度”为100%，如图3-48所示。在序列监视器中查看效果。

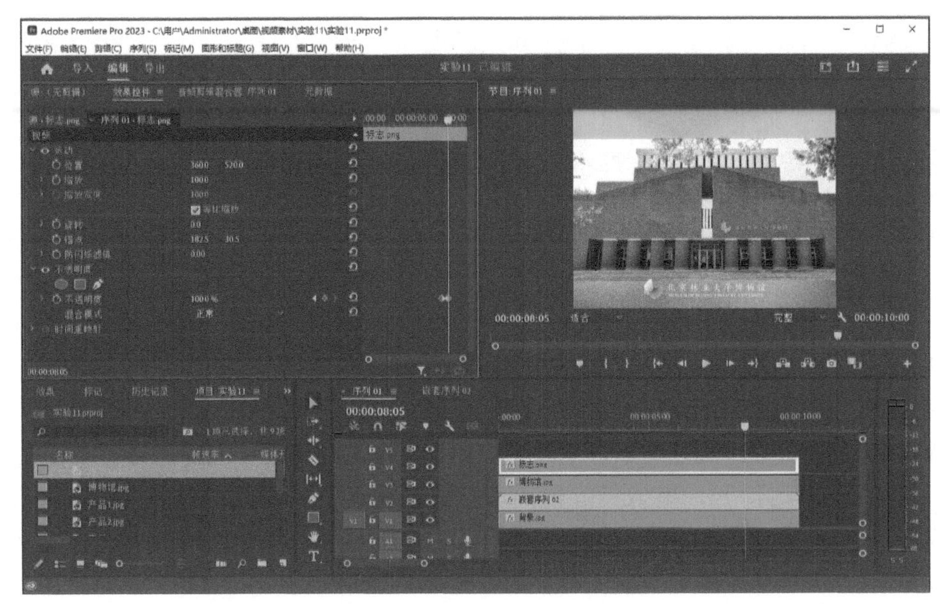

图 3-48　博物馆、标志的位移和不透明度动画

(6) 保存项目，导出视频，关闭项目。

单击菜单栏“文件”→“保存”，保存项目文件。

单击菜单栏“文件”→“导出”→“媒体”，在“设置”中设置“格式”为 H.264，修改“文件名”为“制作文创产品展示广告”，单击“导出”按钮，等待保存完毕，则将视频保存为 MP4 格式文件。

单击菜单栏“文件”→“关闭项目”，关闭项目文件。

4. 实验结果

经过实验操作，制作出博物馆文创产品的展示广告，四个文创产品先逐一放大显示并归位，然后一起移出屏幕，最后出现博物馆建筑和标志。

实验 3.2.12　制作高空降落俯视效果

1. 实验目的

综合运用添加“视频过渡”(“白场过渡”)、制作“关键帧动画”(以“位置”“缩放”“旋转”“不透明度”为关键帧参数)的技术制作高空降落俯视效果。

2. 实验原理

(1) “白场过渡”位于“视频过渡”下“溶解”中，能够使视频画面逐渐变白，是一种广泛使用的视频转场效果。

(2) 在制作“关键帧动画”过程中，在“效果控件”各个参数的右侧会显示全部的关键帧，可以在这个区域进行关键帧的新建、删除、参数修改、前后切换等操作。

3. 实验内容

(1) 启动软件，新建项目，新建序列。

启动 Adobe Premiere Pro 2023 软件，出现欢迎对话框，单击“新建项目”按钮。在“项目名”处输入“实验 12”，在“项目位置”处选择“视频素材”文件夹中的“实验 12”文件夹，单击“创建”按钮。

单击菜单栏“文件”→“新建”→“序列”，出现“新建序列”对话框，在“序列预设”处选择“DV-PAL”下的“标准 48 kHz”选项，单击“确定”按钮。

(2) 导入素材。

单击菜单栏“文件”→“导入”，找到“视频素材”文件夹中的“实验 12”文件夹，打开“地图 .jpg”“云 1.png”“云 2.png”“云 3.png”“云 4.png”“航拍 .mp4”共 6 个素材文件。将“项目区域”的“地图 .jpg”素材拖曳到“时间线区域”的 V1 视频轨道上，并设置持续时间为 4 s。

(3) 制作地图的位移，缩放、旋转动画。

选中 V1 轨道上的“地图 .jpg”素材，将时间滑块置于第 0 s 位置，展开“效果控件”中的“视频”→“运动”，单击“位置”“缩放”“旋转”前面的“切换动画”按钮，开启关键帧，设置“位置”为 (360.0，230.0)，设置“缩放”为 102.0，设置“旋转”为 270°。

将时间滑块置于第 1 s 位置，设置“位置”为 (310.0，300.0)，设置“缩放”为 170.0。将时间滑块置于第 2 s 位置，设置“位置”为 (260.0，400.0)，设置“缩放”为 230.0；将时间滑块置于第 3 s 位置，设置“位置”为 (220.0，560.0)，设置“缩放”为 330.0；将时间滑块置于第 3 s 第 24 帧位置，设置“位置”为 (165.0，760.0)，设置“缩放”为 450.0，设置“旋转”为 240°，如图 3-49 所示。

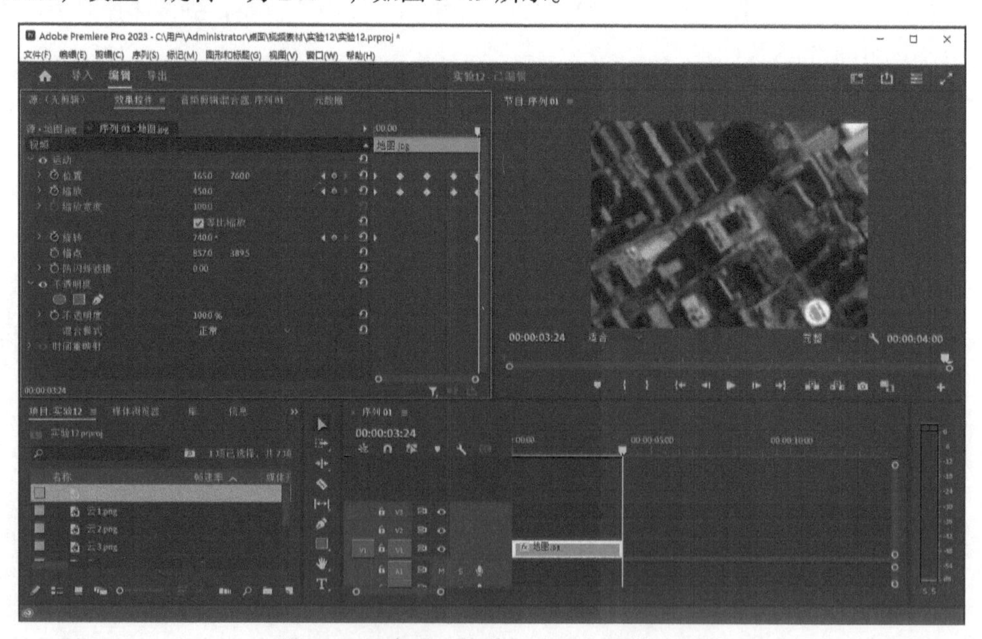

图 3-49　地图的位移、缩放和旋转动画

(4) 制作云的位移、缩放和不透明度动画。

将“项目区域”的“云 1.png”素材拖曳到“时间线区域”的 V2 视频轨道上，并设置持续时间为 4 s。选中 V2 轨道的“云 1.png”素材文件，展开“效果控件”中的“视频”→“运动”，设置“位置”为 (280.0，280.0)。将时间滑块置于第 0 s 位置，单击“缩放”“不透明度”前面的“切换动画”按钮，开启关键帧。设置“缩放”为 300.0，设置“不透明度”为 100%，如图 3-50 所示。将时间滑块置于第 1 s 位置，设置“缩放”为 900.0，设置“不透明度”为 0%。

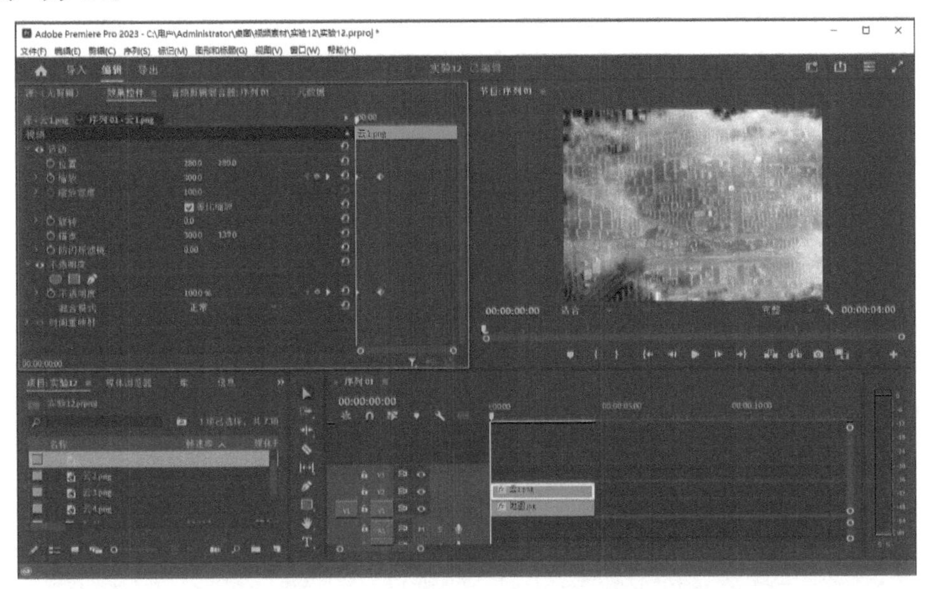

图 3-50　云 1 的缩放和不透明度动画

将“项目区域”的“云 2.png”素材拖曳到“时间线区域”的 V3 视频轨道上，并设置持续时间为 4 s。选中 V3 轨道的“云 2.png”素材文件，展开“效果控件”中的“视频”→“运动”，设置“缩放”为 150.0。将时间滑块置于第 2 s 位置，单击“位置”“不透明度”前面的“切换动画”按钮，开启关键帧。设置“位置”为 (170.0，426.0)，设置“不透明度”为 100%，如图 3-51 所示。将时间滑块置于第 3 s 位置，设置“位置”为 (–195.0，590.0)，设置“不透明度”为 0%。

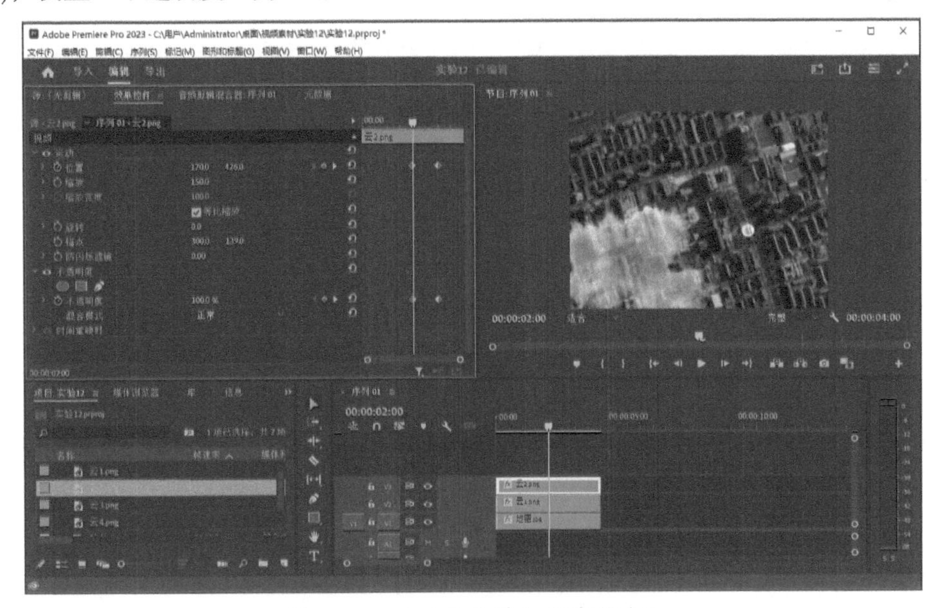

图 3-51　云 2 的位移和不透明动画

将“项目区域”的“云3.png”素材拖曳到“时间线区域”的V4视频轨道上，并设置持续时间为4 s。选中V4轨道的“云3.png”素材文件，展开“效果控件”中的“视频”→“运动”，设置“缩放”为150.0，“旋转”为180° 。将时间滑块置于第2 s位置，单击“位置”“不透明度”前面的“切换动画”按钮，开启关键帧。设置“位置”为(450.0，140.0)，设置“不透明度”为100%，如图3–52所示。将时间滑块置于第3 s位置，设置“位置”为(840.0，15.0)，设置“不透明度”为0%。

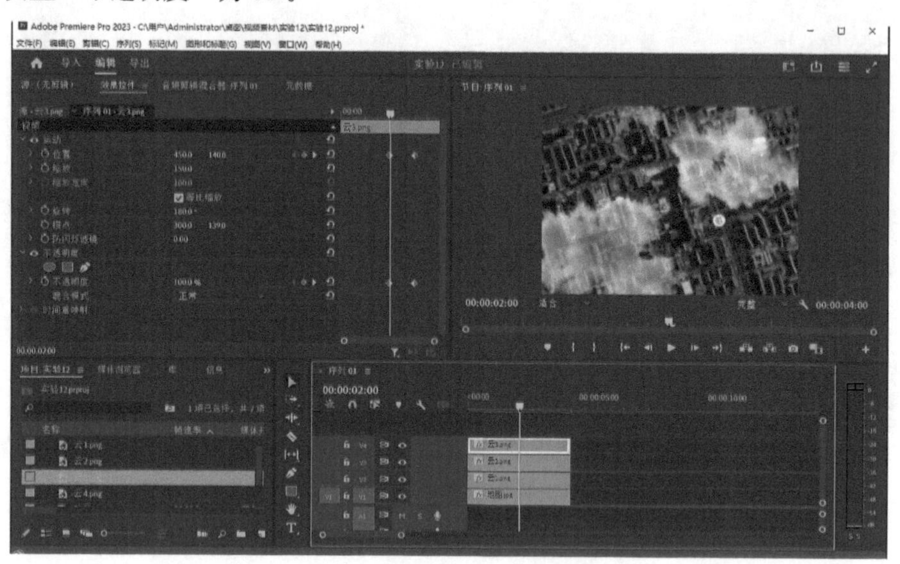

图3–52 云3的位移和不透明动画

将“项目区域”的“云4.png”素材拖曳到“时间线区域”的V5视频轨道上，并设置持续时间为4 s。选中V5轨道的“云4.png”素材文件，展开“效果控件”中的“视频”→“运动”，设置“缩放”为480.0。将时间滑块置于第2 s第12帧位置，单击“位置”前面的“切换动画”按钮，开启关键帧。设置“位置”为(–950.0，–110.0)。将时间滑块置于第3 s第20帧位置，设置“位置”为(60.0，420.0)，如图3–53所示。

图3–53 云4的位移动画

(5) 插入航拍视频并添加“白场过渡”效果。

将“项目区域”的“航拍.mp4”素材拖曳到“时间线区域”的 V1 视频轨道上“地图.jpg”素材后面。单击“项目区域”右上角的双箭头≫，打开下拉列表，选择“效果”，打开“效果”面板，在“效果”面板的搜索栏中输入“白场过渡”，在“视频过渡”下“溶解”中的“白场过渡”上点住鼠标左键，将其拖曳到 V1 轨道上的“航拍.mp4”素材起始处。单击选中“白场过渡”效果，展开“效果控件”，将“持续时间”修改为 00:00:02:00，设置“对齐”为“中心切入”，如图 3-54 所示。

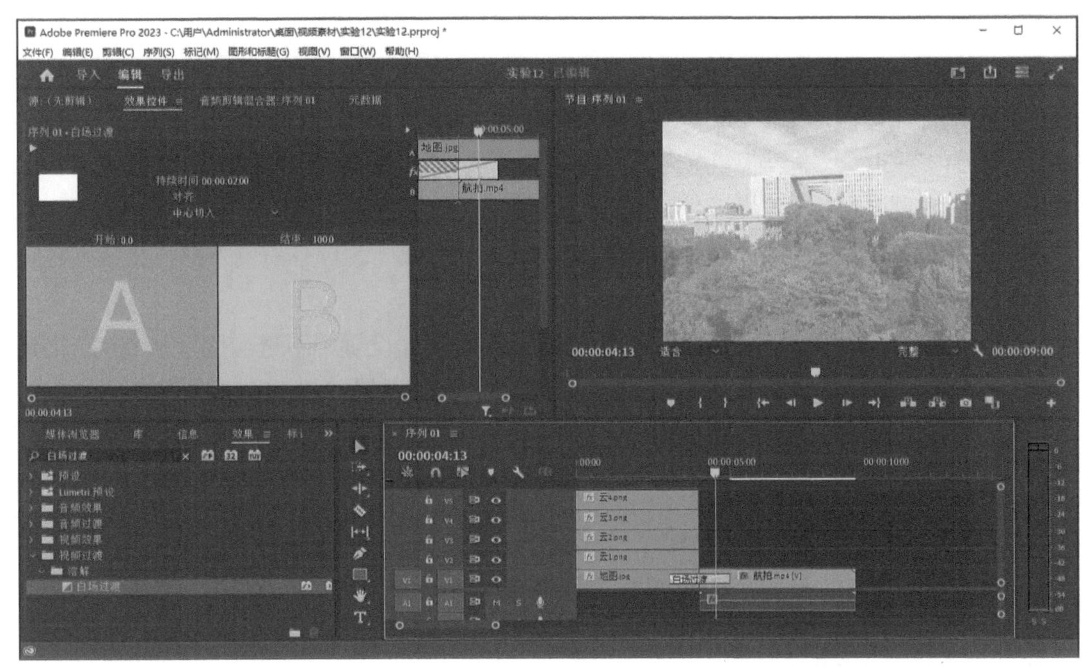

图 3-54　白场过渡效果

在“序列监视器”中单击“播放 - 停止切换”按钮▶，查看效果。

(6) 保存项目，导出视频，关闭项目。

单击菜单栏“文件”→“保存”，保存项目文件。

单击菜单栏“文件”→“导出”→“媒体”，在“设置”中设置“格式”为 H.264，修改“文件名”为“制作高空降落俯视效果”，单击“导出”按钮，等待保存完毕，则将视频保存为 MP4 格式文件。

单击菜单栏“文件”→“关闭项目”，关闭项目文件。

4. 实验结果

经过实验操作，利用地图、航拍素材制作出高空降落俯视效果，第一幕是下降过程中地面移动、放大和旋转，云朵放大散开、移出或移入，最终对准目标建筑，经过白场过渡，第二幕是目标建筑的航拍视频。

实验 3.2.13 制作底部滚动字幕

1. 实验目的

学会以先使用“文字工具”创建“静态文字”，然后在“图形”→“矢量运动”中设置“位置”关键帧的方式制作“底部滚动字幕”，能够制作图像或视频素材的“淡入淡出效果”。

2. 实验原理

(1) 制作“底部滚动字幕”的方法：在工具栏单击选择“文字工具”，在“序列监视器”底部单击鼠标左键输入文字，按 Ctrl+A 键选中全部文字，展开“效果控件”中的“图形”→“文本”，设置“字体”“大小”“填充”“描边”等属性；在“时间线区域”选中文字，设置滚动持续时间，展开“效果控件”中的“图形”→“矢量运动”，单击“位置”前面的“切换动画”按钮，开启关键帧，在起始时间点处设置“位置”为屏幕右侧外部，在结束时间点设置“位置”为屏幕左侧外部。

(2) 开启“不透明度”关键帧，在两个不同时间点处设置“不透明度”从 0% 变化到 100%，可做出素材的淡入效果，在两个不同时间点处设置“不透明度”从 100% 变化到 0%，可做出素材的淡出效果。

3. 实验内容

(1) 启动软件，新建项目，新建序列。

启动 Adobe Premiere Pro 2023 软件，出现欢迎对话框，单击“新建项目”按钮。在“项目名”处输入“实验 13”，在“项目位置”处选择“视频素材”文件夹中的“实验 13”文件夹，单击“创建”按钮。

单击菜单栏“文件”→“新建”→“序列”，出现“新建序列”对话框，在“序列预设”处选择“DV-PAL”下的“标准 48 kHz”选项，单击“确定”按钮。

(2) 导入素材并设置“缩放”。

单击菜单栏“文件”→“导入”，找到“视频素材”文件夹中的“实验 13”文件夹，打开“学校 1.jpg”到“学校 6.jpg”共 6 个图像文件。

将“项目区域”的“学校 1.jpg”到“学校 6.jpg”6 个图像素材逐个分别拖曳到“时间线区域”的 V1 视频轨道上连接在一起。逐个分别单击选中“学校 1.jpg”到“学校 6.jpg”6 个素材，展开“效果控件”中的“视频”→“运动”，设置“缩放”为 60.0、65.0、90.0、66.0、62.0、74.0。

(3) 创建“底部滚动字幕”。

将时间滑块置于第 0 s 位置。在工具栏中单击选择“文字工具”T，在“序列监视器”底部单击鼠标左键，会出现一个输入框，同时在“时间线区域”的 V2 轨道上会出现一个“图形”素材，如图 3-55 所示。

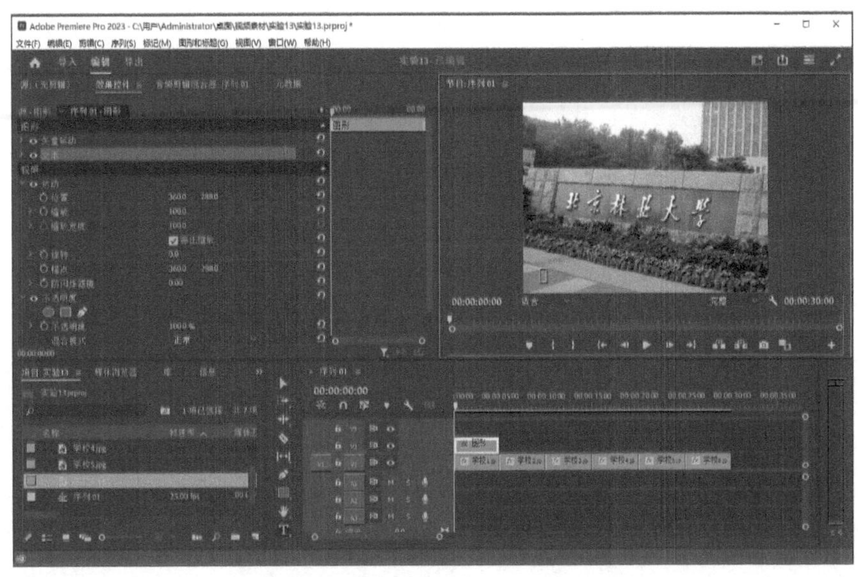

图 3-55　文字工具和图形素材

在“序列监视器”的输入框中输入以下文字：

北京林业大学是教育部直属、教育部与国家林业和草原局共建的全国重点大学，是国家首批“211 工程”重点建设高校和国家“优势学科创新平台”建设项目试点高校，是国家“双一流”建设高校。目前，学校正以办人民满意的高等教育为宗旨，按照学校第十一次党员代表大会提出的新时代“三步走”战略，全面贯彻党的教育方针，构建“一校两区”新发展格局，为建设扎根中国大地的世界一流林业大学而努力奋斗。

按 Ctrl+A 键选中刚刚输入的全部文字，展开“效果控件”的“图形”→“文本”，设置“字体”为“楷体”，“大小”为 42，设置“填充”的颜色为白色 (RGB：255、255、255)，勾选“描边”，设置“颜色”为红色 (RGB：255、0、0)，“大小”为 2.0，如图 3-56 所示。

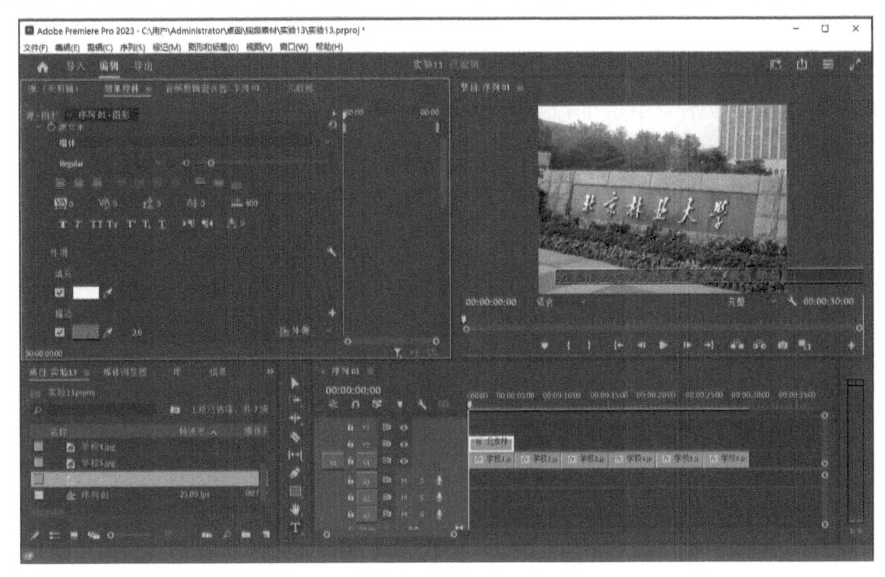

图 3-56　文本属性设置

在“时间线区域”选中 V2 轨道的文字素材，设置持续时间为 30 s。将时间滑块置于第 0 s 位置，展开“效果控件”中的“图形”→“矢量运动”，单击“位置”前面的“切换动画”按钮，开启关键帧，设置“位置”为 (1010.0，300.0)。将时间滑块置于第 30 s 位置，设置“位置”为 (–6800.0，300.0)。

在“序列监视器”中单击“播放 – 停止切换”按钮，查看底部滚动字幕效果，如图 3–57 所示。

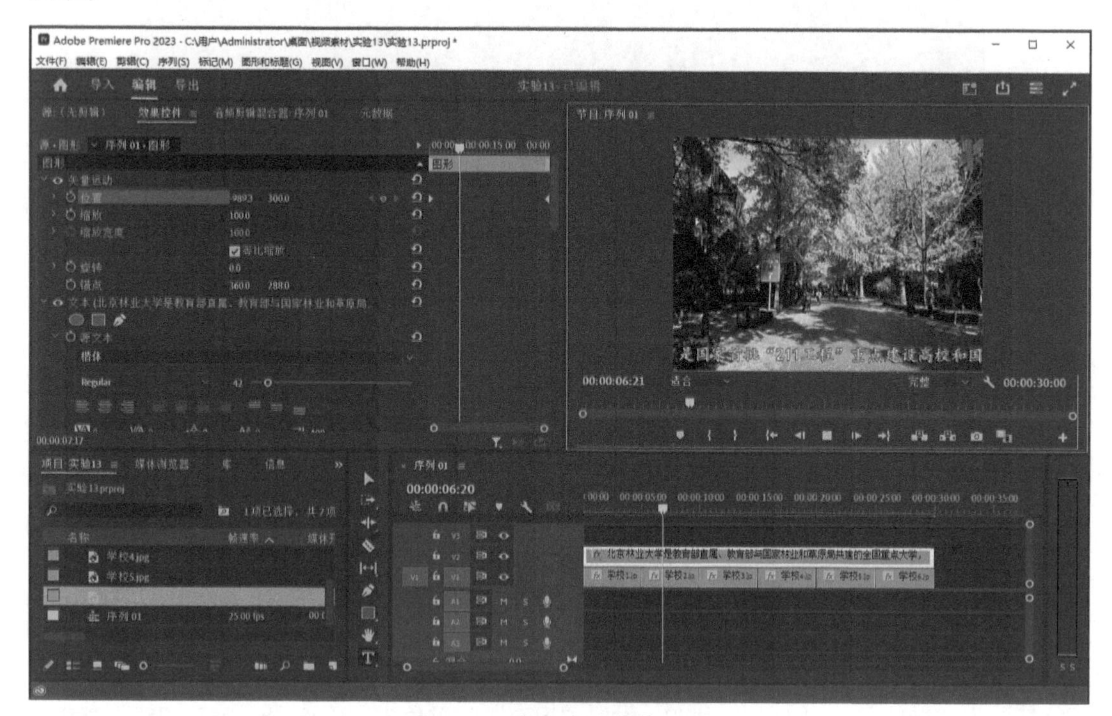

图 3–57　底部滚动字幕效果

(4) 制作图像淡入淡出效果。

选中 V1 轨道的“学校 1.jpg”素材，将时间滑块置于第 0 s 位置，展开“效果控件”中的“视频”→“不透明度”，单击“不透明度”前面的“切换动画”按钮，开启关键帧，设置“不透明度”为 0%。将时间滑块置于第 1 秒位置，设置“不透明度”为 100%。

选中 V1 轨道的“学校 6.jpg”素材，将时间滑块置于第 29 s 位置，展开“效果控件”中的“视频”→“不透明度”，单击“不透明度”前面的“切换动画”按钮，开启关键帧，设置“不透明度”为 100%。将时间滑块置于第 30 s 位置，设置“不透明度”为 0%。

(5) 添加“视频转场效果”。

单击“项目区域”右上角的双箭头，打开下拉列表，选择“效果”，打开“效果”面板。在“视频过渡”中挑选 5 种视频转场效果，分别在这 5 种视频转场效果上点住鼠标左键，将其拖曳到 V1 轨道上 6 个素材之间，如图 3–58 所示。

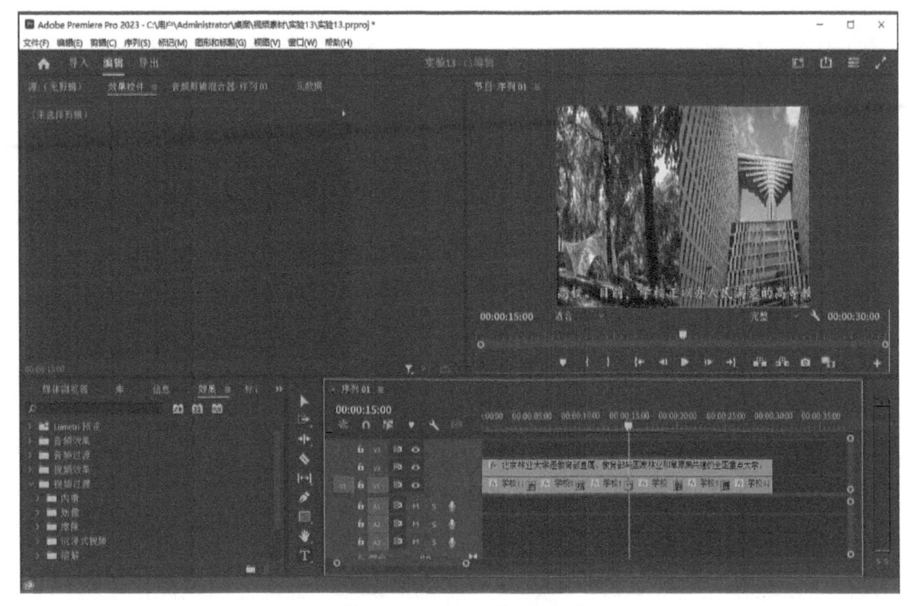

图 3-58　视频转场效果

在“序列监视器”中单击“播放－停止切换”按钮，查看效果。

(6) 保存项目，导出视频，关闭项目。

单击菜单栏“文件”→“保存”，保存项目文件。

单击菜单栏“文件”→“导出”→“媒体”，在“设置”中设置“格式”为 H.264，修改“文件名”为“制作底部滚动字幕”，单击“导出”按钮，等待保存完毕，则将视频保存为 MP4 格式文件。

单击菜单栏“文件”→“关闭项目”，关闭项目文件。

4. 实验结果

经过实验操作，将六幅图像连接成视频并制作出“底部滚动字幕”，单行的字幕从屏幕右侧外部进入，在屏幕上向左滚动，从屏幕左侧消失。

实验 3.2.14　制作自下而上滚动字幕

1. 实验目的

学会以先使用“文字工具”创建“静态文本框文字”，然后在“图形”→“矢量运动”中设置“位置”关键帧的方式制作“自下而上滚动字幕”。

2. 实验原理

制作“自下而上滚动字幕”的方法：在工具栏中单击选择“文字工具”，在“序列监视器”左上方点住鼠标左键向右下拖曳，创建一个文本框，在文本框中输入文字，按 Ctrl+A 键选中全部文字，展开“效果控件”的“图形”→“文本”，设置“字体”“大小”“行距”“填充”“描边”等属性；在“时间线区域”选中文字，设置滚动持续时间，展开“效果控件”中的“图形”→“矢量运动”，单击“位置”前面的“切换动画”按钮，开启关键帧，在起始时间点处设置“位置”为屏幕下方外部，在结束时间点设置“位置”为屏幕上方外部。

3. 实验内容

(1) 启动软件，新建项目，新建序列。

启动 Adobe Premiere Pro 2023 软件，出现欢迎对话框，单击“新建项目”按钮。在“项目名”处输入“实验 14”，在“项目位置”处选择“视频素材”文件夹中的“实验 14”文件夹，单击“创建”按钮。

单击菜单栏“文件”→“新建”→“序列”，出现“新建序列”对话框，在“序列预设”处选择“DV-PAL”下的“标准 48 kHz”选项，单击“确定”按钮。

(2) 导入素材并设置“缩放”。

单击菜单栏“文件”→“导入”，找到“视频素材”文件夹中的“实验 14”文件夹，打开“背景 .jpg”图像文件。将“项目区域”的“背景 .jpg”素材拖曳到“时间线区域”的 V1 视频轨道上，并设置持续时间为 10 s。单击选中“背景 .jpg”图像素材，展开“效果控件”中的“视频”→“运动”，设置“缩放”为 82.0。

(3) 创建“自下而上滚动字幕”。

在工具栏单击选择“文字工具” T，在“序列监视器”左上方点住鼠标左键向右下拖曳，创建一个文本框，同时在“时间线区域”的 V2 轨道上会出现一个“图形”素材，如图 3-59 所示。

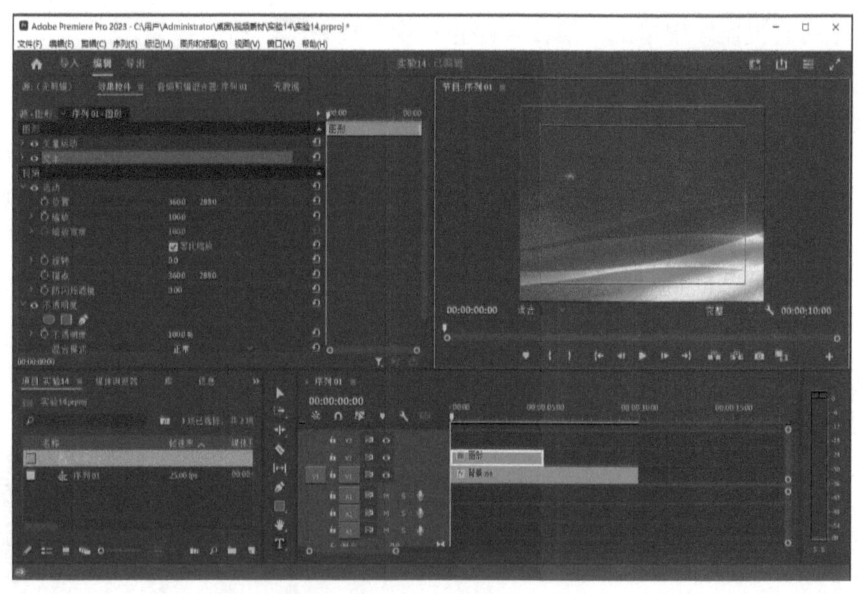

图 3-59 创建一个文本框

在“序列监视器”的文本框中输入以下文字：

“十四五”规划共分为 19 篇：

“开启全面建设社会主义现代化国家新征程”“坚持创新驱动发展 全面塑造发展新优势”“加快发展现代产业体系 巩固壮大实体经济根基”“形成强大国内市场 构建新发展格局”“加快数字化发展 建设数字中国”“全面深化改革 构建高水平社会主义市场经济体制”“坚持农业农村优先发展 全面推进乡村振兴”“完善新型城镇化战略 提升城镇化发展质量”“优化区域经济布局 促进区域协调发展”“发展社会主义先进文化 提升国家文化软实力”“推动绿色发展 促进人与自然和谐共生”“实行高水平对外开放 开拓合作共赢新局面”“提升国民素质 促进人的全面发展”“增进民生福祉 提升共建共治共享水平”“统筹发展

和安全 建设更高水平的平安中国”“加快国防和军队现代化 实现富国和强军相统一”“加强社会主义民主法治建设 健全党和国家监督制度”“坚持‘一国两制’ 推进祖国统一”“加强规划实施保障”。

按 Ctrl+A 键选中刚刚输入的全部文字，展开“效果控件”的“图形”→“文本”，设置“字体”为“微软雅黑”，“字体样式”为 Bold，“大小”为 30，“行距”为 10，设置“填充”的颜色为白色 (RGB：255、255、255)，不勾选“描边”，如图 3-60 所示。

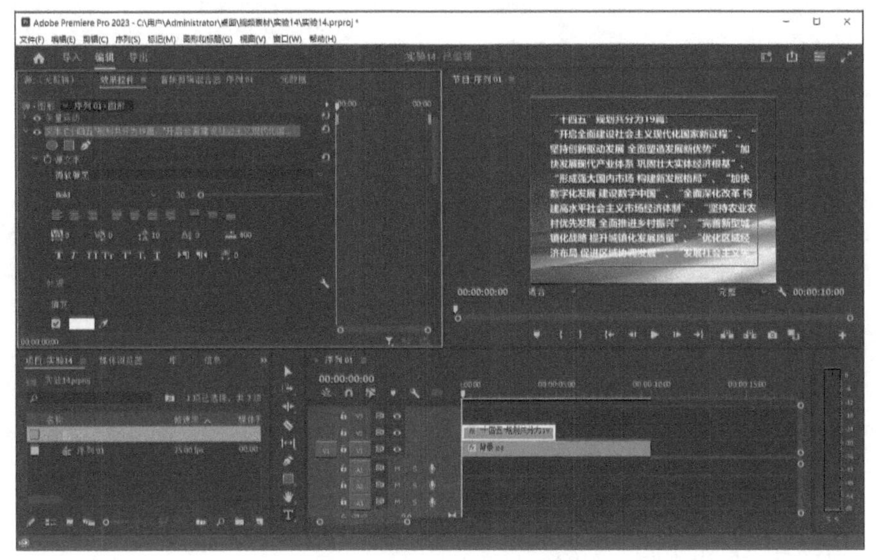

图 3-60　设置文本属性

在“时间线区域”选中 V2 轨道的文字素材，设置持续时间为 10 s。在工具栏中选择“选择工具”，在“序列监视器”中先点住文本框向上拖曳，再点住文本框的底部边线向下拖曳，反复几次，让全部文字显示出来，如图 3-61 所示。

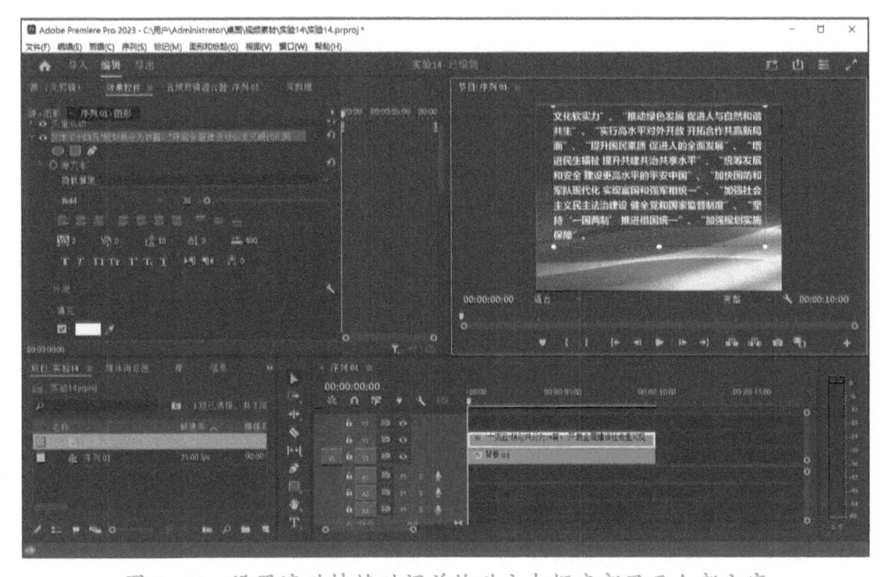

图 3-61　设置滚动持续时间并拖动文本框底部显示全部文字

将时间滑块置于第 0 s 位置，展开“效果控件”中的“图形”→“矢量运动”，单击“位置”前面的“切换动画”按钮，开启关键帧，设置“位置”为 (360.0，1310.0)。将时间滑块置于第 10 s 位置，设置“位置”为 (360.0，-130.0)。

在“序列监视器”中单击“播放－停止切换”按钮，查看自下而上滚动字幕效果，如图 3-62 所示。

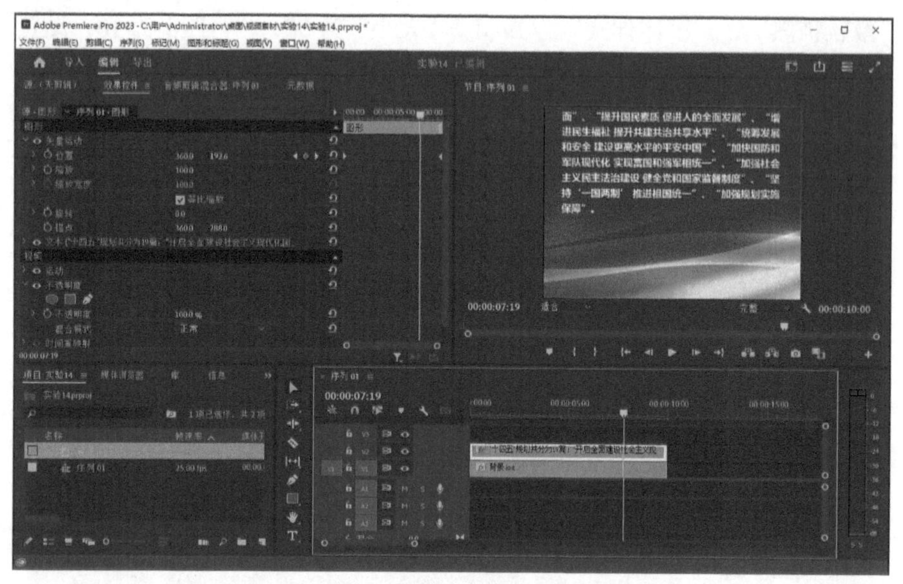

图 3-62　自下而上滚动字幕效果

(4) 保存项目，导出视频，关闭项目。

单击菜单栏“文件”→“保存”，保存项目文件。

单击菜单栏“文件”→“导出”→“媒体”，在“设置”中设置“格式”为 H.264，修改“文件名”为“制作自下而上滚动字幕”，单击“导出”按钮，等待保存完毕，则将视频保存为 MP4 格式文件。

单击菜单栏“文件”→“关闭项目”，关闭项目文件。

4. 实验结果

经过实验操作，在背景图上制作出“自下而上滚动字幕”，字幕块从屏幕下方外部进入，在屏幕上自下而上滚动，从屏幕上方消失。

实验 3.2.15　制作短视频字幕

1. 实验目的

掌握使用“字幕工具”制作字幕的方法，会设置统一的“字幕文本样式”，能够利用 Arctime Pro 软件制作“SRT 格式”字幕文件。

2. 实验原理

(1) 使用“字幕工具”制作字幕的方法：单击菜单栏“窗口”→“文本”，在“文本”面板上单击“字幕”，在字幕面板中点击“创建新字幕轨”，在弹出的对话框中设置“格式”为“字幕”，单击“确定”按钮；在“字幕”面板中单击“添加新字幕分段”按钮，在编辑框中输入字幕文字；在“序列监视器”中单击“播放 - 停止切换”按钮，找到字幕对应声音结束的位置后停止播放；在“时间线区域”点住鼠标拖曳字幕段右边缘，让字幕右边缘与当前的时间滑块位置对齐。

(2) 利用 Arctime Pro 软件制作“SRT 格式”字幕文件的方法：打开 Arctime Pro 软件，单击菜单栏“文件”→“导入音视频文件”，打开视频文件，将字幕稿全部内容复制粘贴到 Arctime Pro 软件的右上区域里，单击“快速拖曳创建工具”，点击播放 / 暂停按钮，开始播放视频和音频，一边听声音，一边结合看声音波形，在“时间线区域”中一句话开始的位置按住鼠标左键向右拖曳，在这句话结束的位置松开鼠标左键，则创建出这句话的字幕，每创建好一句话的字幕，右上方区域就减少一句字幕内容。

3. 实验内容

(1) 启动软件，新建项目，新建序列。

启动 Adobe Premiere Pro 2023 软件，出现欢迎对话框，单击“新建项目”按钮。在“项目名”处输入“实验 15”，在“项目位置”处选择“视频素材”文件夹中的“实验 15”文件夹，单击“创建”按钮。

单击菜单栏“文件”→“新建”→“序列”，出现“新建序列”对话框，在“序列预设”处选择“DV-PAL”下的“标准 48 kHz”选项，单击“确定”按钮。

(2) 导入视频素材。

单击菜单栏“文件”→“导入”，找到“视频素材”文件夹中的“实验 15”文件夹，打开“短视频 .mp4”视频文件。将“项目区域”的“短视频 .mp4”素材拖曳到“时间线区域”的 V1 视频轨道上。

(3) 使用“文字工具”加字幕。

单击菜单栏“窗口”→“文本”，在“文本”面板上单击“字幕”，如图 3-63 所示。

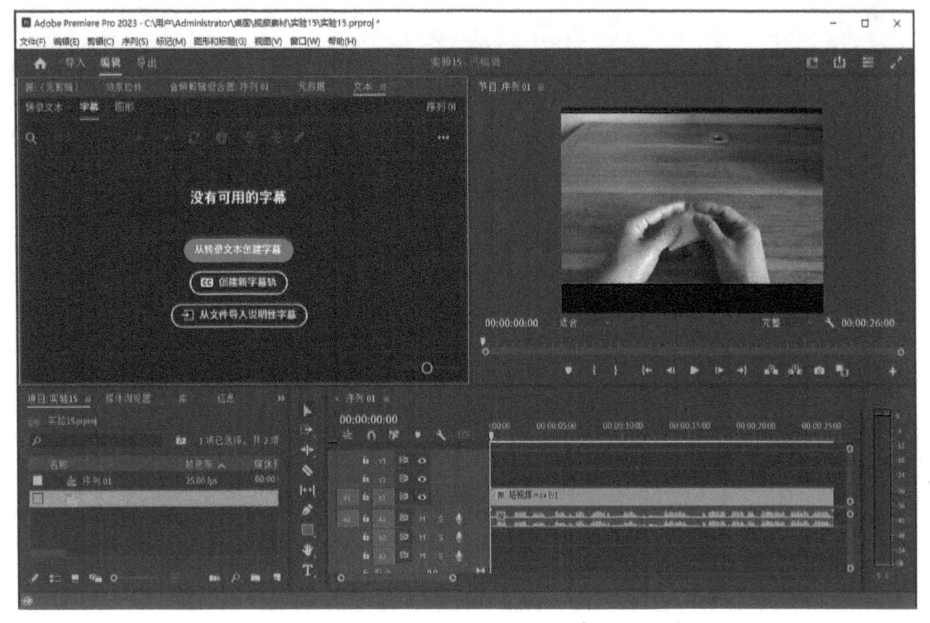

图 3-63　“本文”面板上“字幕”选项卡

将时间滑块置于第 0 s 位置。在字幕面板中点击“创建新字幕轨”，在弹出的对话框中设置“格式”为“字幕”，单击“确定”按钮，则在“时间线区域”出现了一个字幕轨，如图 3-64 所示。

图 3-64 创建新字幕轨

在“字幕”面板中单击“添加新字幕分段”按钮⊕，则在“字幕”面板中和“时间线区域”中都出现了第一个字幕分段，如图 3-65 所示。

图 3-65 添加新字幕分段

打开“短视频字幕稿 .txt”文件，复制字幕稿文件的第一句字幕，在“字幕”面板编辑框中输入文字“那我们看，我们把底下的这个拉开”，如图 3-66 所示。

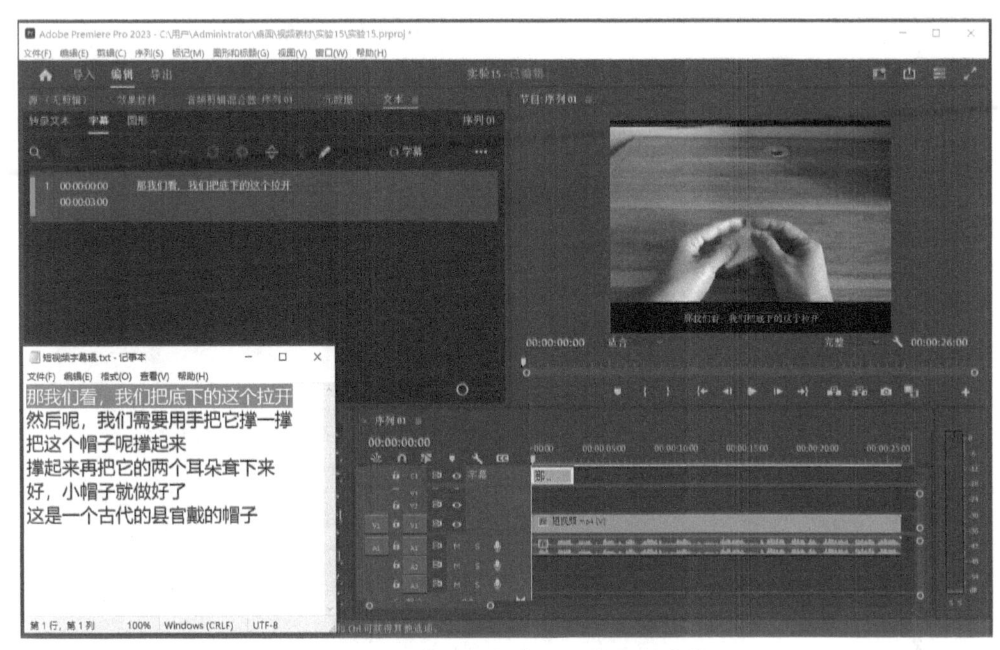

图 3-66　在编辑框中输入第一句字幕

在“序列监视器”中单击“播放 - 停止切换”按钮▶，找到第一句字幕对应声音结束的位置后停止播放。注意可以结合观察 A1 音频轨道上的声音波形快速找到声音结束位置。在“时间线区域”点住鼠标拖曳第一句字幕段右边缘，让字幕右边缘与当前的时间滑块位置对齐，如图 3-67 所示。

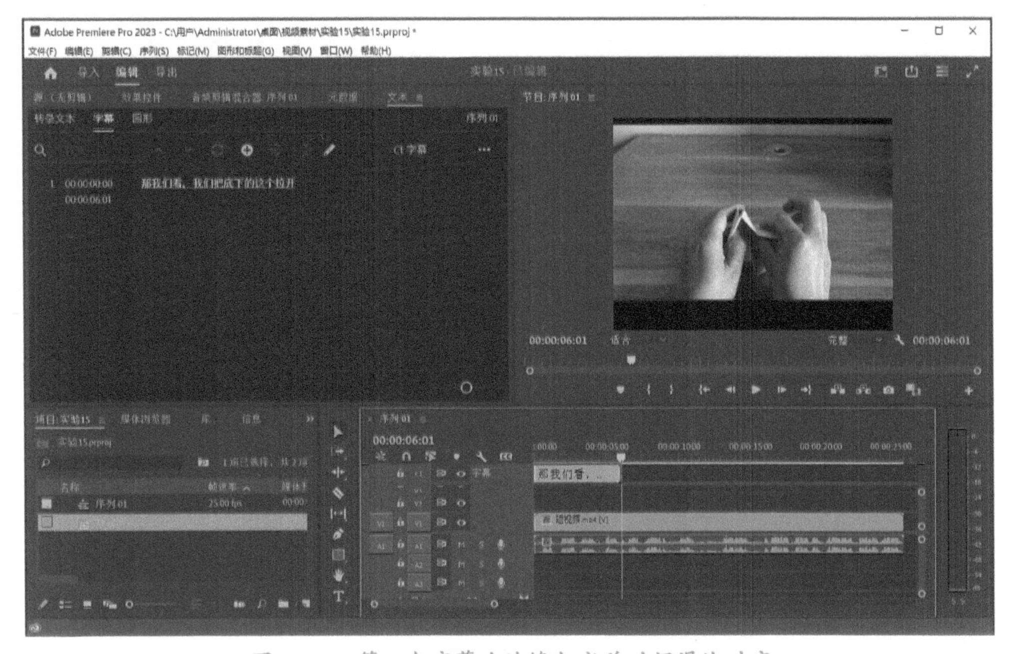

图 3-67　第一句字幕右边缘与当前时间滑块对齐

在“序列监视器”中单击“播放 - 停止切换”按钮▶，找到第二句字幕对应声音开始的位置后停止播放，注意可以结合观察 A1 音频轨道上的声音波形快速找到声音开始位置。

在“字幕”面板中单击“添加新字幕分段”按钮⊕，则在“字幕”面板中和“时间线区域”中都出现了第二个字幕分段。复制字幕稿文件的第二句字幕，在“字幕”面板编辑框中输入文字“然后呢，我们需要用手把它撑一撑”，如图 3-68 所示。

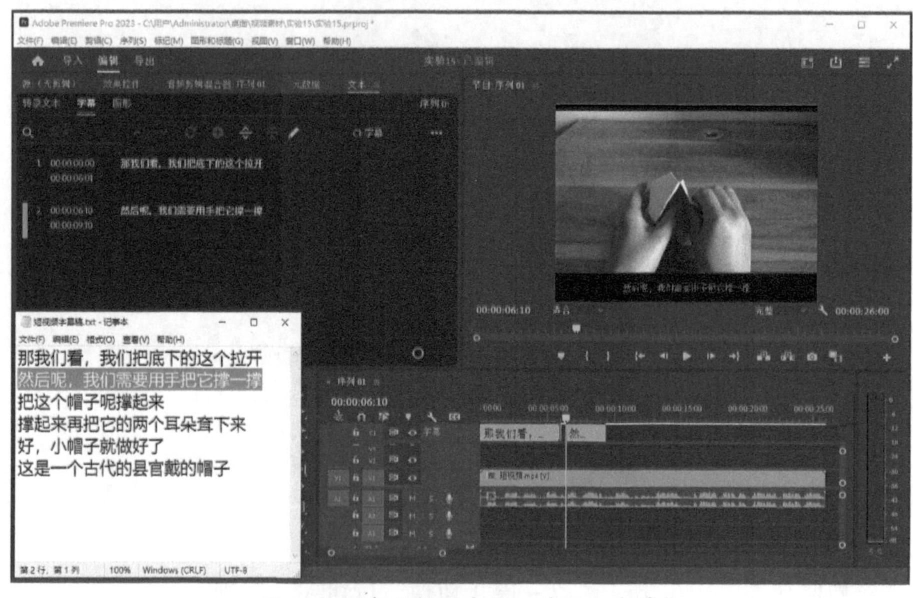

图 3-68　在编辑框中输入第二句字幕

在“序列监视器”中单击“播放－停止切换”按钮▶，找到第二句字幕对应声音结束的位置后停止播放。在“时间线区域”点住鼠标拖曳第二句字幕段右边缘，让字幕右边缘与当前的时间滑块位置对齐，如图 3-69 所示。

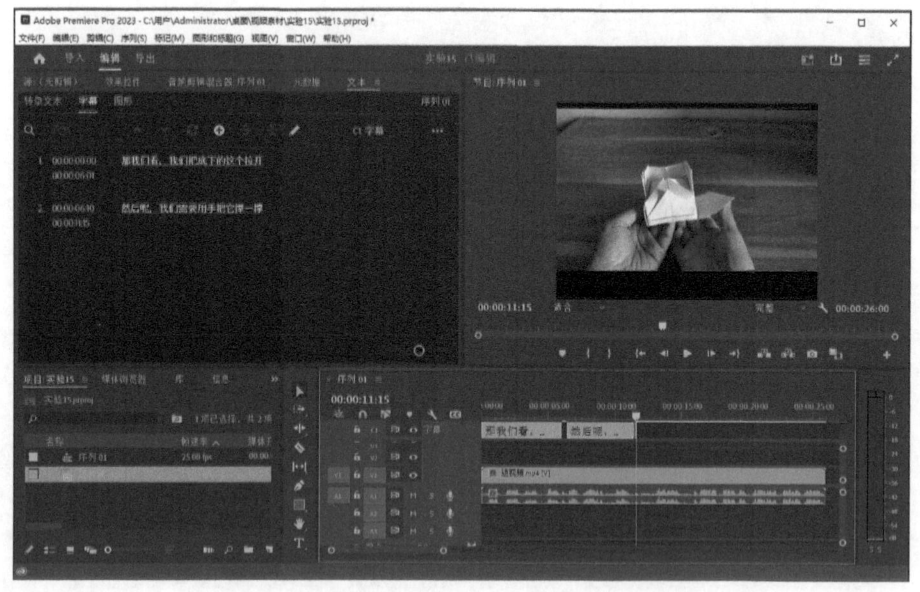

图 3-69　第二句字幕右边缘与时间滑块对齐

以此类推，使用上面的方法逐个制作出后面的字幕，如图 3-70 所示。播放整段视频，查看添加的字幕效果。

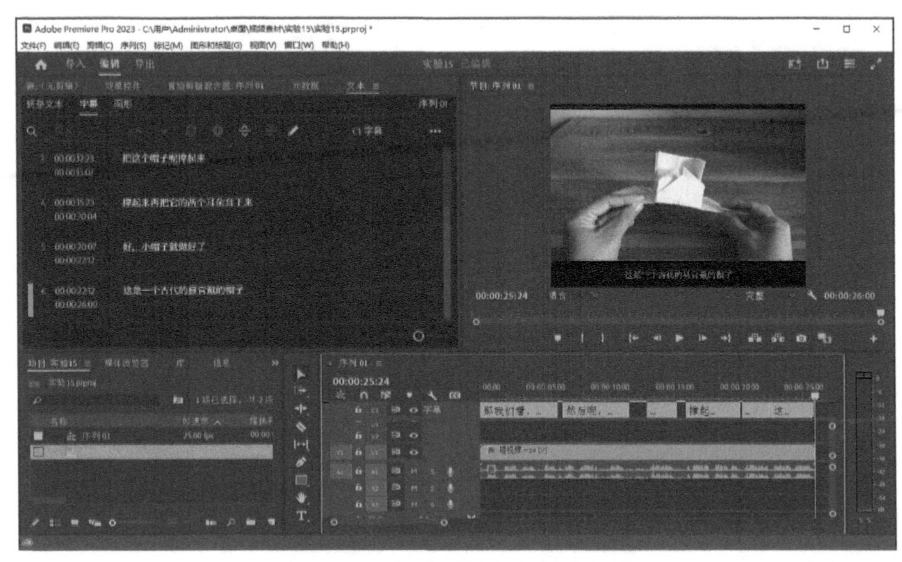

图 3-70　使用同样方法制作字幕

(4) 修改字幕“文本样式”。

在“时间线区域”选中最后一个字幕段，将时间滑块置于这个字幕段区间内，以便在“序列监视器”中能看到这一段字幕文字。

单击菜单栏“窗口”→“基本图形”，打开“基本图形”面板，单击“编辑”选项，设置“字体”为“黑体”，“字体大小”为 60，设置“填充”的颜色为白色，如图 3-71 所示。

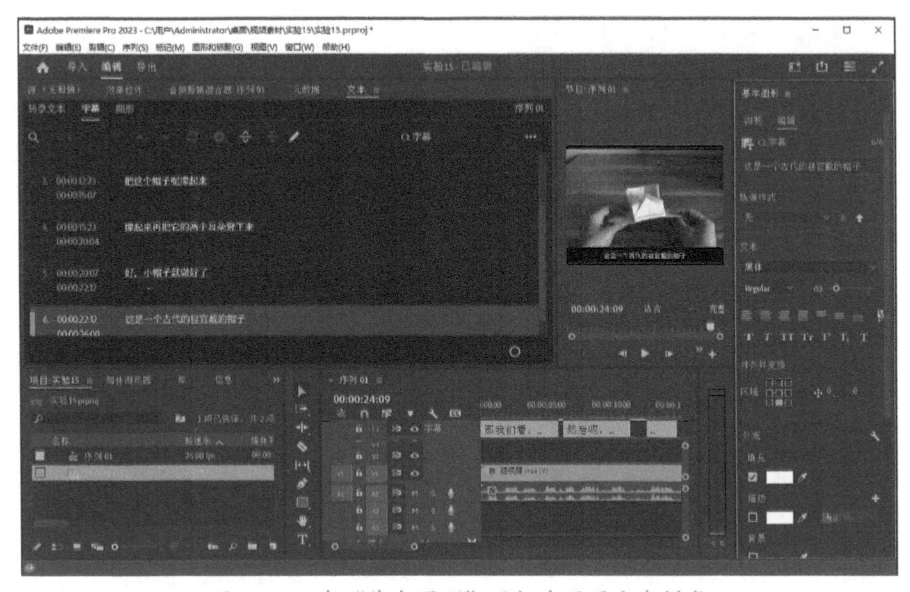

图 3-71　在“基本图形”面板中设置文本样式

在“基本图形”面板中展开“轨道样式”下拉列表，点击“创建样式”，单击“确定”按钮。在“基本图形”面板中再次展开“轨道样式”下拉列表，选择“文本样式”。在“基本图形”面板上方单击☰，选择“关闭面板”。拖动时间滑块，观察其他字幕，发现修改的样式已经应用于全部字幕段，如图 3-72 所示。

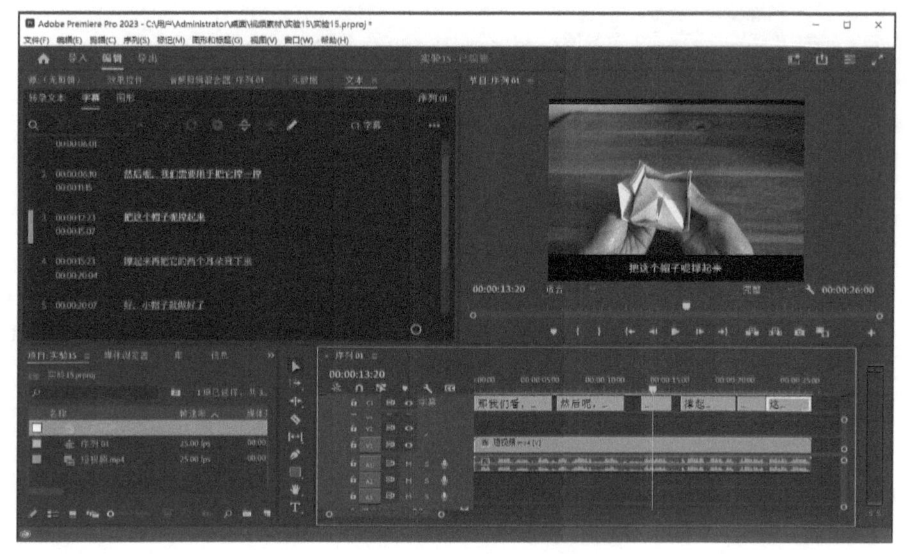

图 3-72　设置统一的字幕文本格式

(5) 保存项目，导出视频，关闭项目。

单击菜单栏“文件”→“保存”，保存项目文件。

单击菜单栏“文件”→“导出”→“媒体”，在“设置”中设置“格式”为 H.264，修改“文件名”为“制作短视频字幕”，单击“导出”按钮，等待保存完毕，则将视频保存为 MP4 格式文件。

单击菜单栏“文件”→“关闭项目”，关闭项目文件。

(6) 用 Arctime Pro 软件制作“SRT 格式”字幕文件。

如果已经有“SRT 格式”字幕文件，可以在“字幕”面板中点击“从文件导入说明性字幕”，导入“SRT 格式”字幕文件。下面给出用 Arctime Pro 软件制作“SRT 格式”字幕文件的方法。

打开 Arctime Pro 软件，单击菜单栏“文件”→“导入音视频文件”，打开“短视频 .mp4”文件。将字幕稿全部内容复制粘贴到 Arctime Pro 软件的右上区域里，如图 3-73 所示。

图 3-73　打开 Arctime Pro 软件导入音视频并复制粘贴字幕稿

单击“快速拖曳创建工具”，设置播放视频的速度为 0.5x。点击播放 / 暂停按钮，开始播放视频和音频，时间滑块开始移动。一边听声音，一边结合看声音波形，在“时间线区域”中一句话开始的位置，按住鼠标左键向右拖曳，在这句话结束的位置，松开鼠标左键，则创建出这句话的字幕。每创建好一句话的字幕，右上方区域就减少一句字幕内容，如图 3–74 所示。

图 3–74　创建字幕

继续一边听，一边拖曳鼠标创建出其他字幕。在这个过程中，可以随时暂停播放，或者把时间滑块向前移动重新播放。全部字幕创建完毕后，如果发现个别字幕起始或结束时间不准确，可以用鼠标左键点住此字幕调整其左右边缘的位置。设置播放视频的速度为 1x，从头播放视频，检查所添加的全部字幕，如图 3–75 所示。

图 3–75　调整检查添加的字幕

单击菜单栏“导出”→“字幕文件”，单击“导出”按钮，则会在“短视频 .mp4”所在目录下生成一个“短视频 _Subtitle_Export”文件夹，里面就是“短视频 .srt”字幕文件。

4. 实验结果

经过实验操作，为短视频添加了与语音内容、时间相对应的字幕，全部字幕段的文本样式统一，还制作了“SRT 格式”字幕文件。

实验 3.2.16　制作生态文明建设宣传视频

1. 实验目的

能够将“视频转场”(“时钟式擦除”“交叉缩放”“立方体旋转”“带状擦除”“双侧平推门”)与“关键帧动画”(以“位置”“旋转”“不透明度”为关键帧参数)相结合，制作出生态文明建设宣传视频。

2. 实验原理

(1) 将“视频转场”与“关键帧动画”相结合可以使得素材的展现形式更加丰富、灵活、多样。

(2) 应用“视频转场”的方法：先在“视频过渡”的某种效果上点住鼠标左键，将其拖曳到视频轨道上的两个素材之间、某个素材的起始处或某个素材的结尾处，然后展开“效果控件”，编辑修改“持续时间”和“对齐”参数。

(3) 通过添加“关键帧”制作动画效果的方法：选中轨道上的某个素材，将时间滑块置于某个时间点位置，展开“效果控件”，单击某个参数前面的“切换动画”按钮，开启关键帧，设置该参数的数值，再将时间滑块置于另一个时间点位置，修改该参数的数值，以此类推，先改变时间点位置，再修改参数数值。

3. 实验内容

(1) 启动软件，新建项目，新建序列。

启动 Adobe Premiere Pro 2023 软件，出现欢迎对话框，单击“新建项目”按钮。在“项目名”处输入“实验 16”，在“项目位置”处选择“视频素材”文件夹中的“实验 16”文件夹，单击“创建”按钮。

单击菜单栏“文件”→“新建”→“序列”，出现“新建序列”对话框，在“序列预设”处选择“DV-PAL”下的“标准 48 kHz”选项，单击“确定”按钮。

(2) 导入素材。

单击菜单栏“文件”→“导入”，找到“视频素材”文件夹中的“实验 16”文件夹，打开“背景 .jpg”“地球 .png”“山 .jpg”“水 .jpg”“林 .jpg”“田 .jpg”“湖 .jpg”“草 .jpg”“草地 .png”“云 .png”“文字 .png”共 11 个图像文件。

将“项目区域”的“背景 .jpg”素材拖曳到“时间线区域”的 V1 视频轨道上，并设置持续时间为 12 s。单击选中“背景 .jpg”图像素材，展开“效果控件”中的“视频”→“运动”，设置“缩放”为 66.0。

(3) 制作地球旋转动画效果。

将“项目区域”的“地球.png”素材拖曳到“时间线区域”的 V2 视频轨道上，并设置持续时间为 12 s。单击选中“地球.png”图像素材，展开“效果控件”中的“视频”“运动”，设置“缩放”为 60.0。

单击“项目区域”右上角的双箭头，打开下拉列表，选择“效果”，打开“效果”面板。在“效果”面板的搜索栏中输入“时钟式擦除”，在“视频过渡”下“擦除”中的“时钟式擦除”上点住鼠标左键，将其拖曳到 V2 轨道上的“地球.png”素材的起始处，如图 3–76 所示。

图 3–76　应用“时钟式擦除”效果

选中 V2 轨道的“地球.png”素材，将时间滑块置于第 1 s 位置，展开“效果控件”中的“视频”→“运动”，单击“旋转”前面的“切换动画”按钮，开启关键帧，设置“旋转”为 0°。将时间滑块置于第 12 s 位置，设置“旋转”为 –720°。

(4) 制作山、水、林、田、湖、草图像切换动画效果。

将“项目区域”的“山.jpg”“水.jpg”“林.jpg”“田.jpg”“湖.jpg”“草.jpg”6 个素材按照顺序拖曳到“时间线区域”的 V3 视频轨道上连续排列，设置“山.jpg”素材的起始时间为第 1 s 位置，6 个素材的持续时间均设为 1 s 第 12 帧，“缩放”均为 38.0。

在“效果”面板的搜索栏中输入“交叉缩放”，在“视频过渡”下“缩放”中的“交叉缩放”上点住鼠标左键，将其拖曳到 V3 轨道上的“山.jpg”素材的起始处。单击选中“交叉缩放”效果，展开“效果控件”，将“持续时间”修改为 00:00:00:12。

在“视频过渡”下“缩放”中的“交叉缩放”上点住鼠标左键，将其拖曳到 V3 轨道上的“草.jpg”素材的结尾处。单击选中“交叉缩放”效果，展开“效果控件”，将“持续时间”修改为 00:00:00:12，如图 3–77 所示。

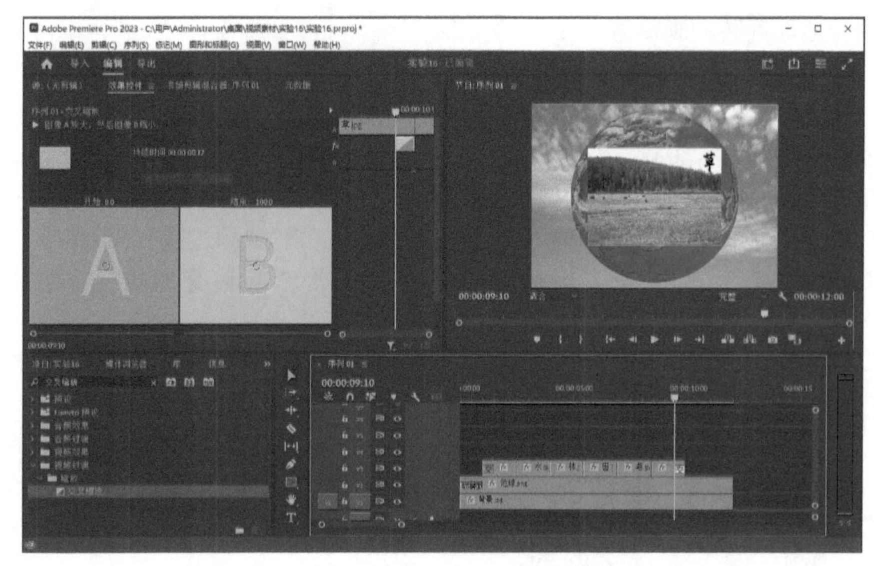

图 3–77　应用“交叉缩放”效果

在“效果”面板的搜索栏中输入“立方体旋转”，在“视频过渡”下“过时”中的“立方体旋转”上点住鼠标左键，将其拖曳到 V3 轨道上的第一、第二个素材之间，第二、第三个素材之间，第三、第四个素材之间，第四、第五个素材之间，第五、第六个素材之间，如图 3–78 所示。

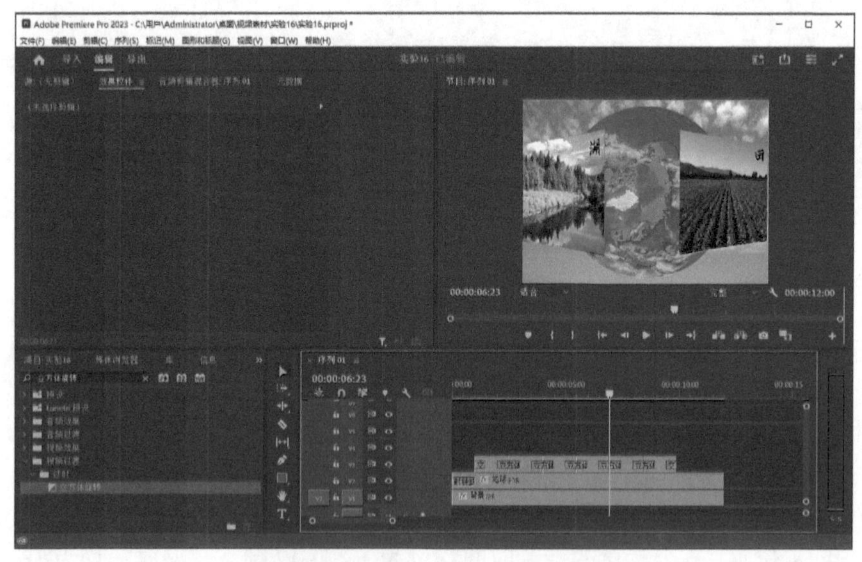

图 3–78　应用“立方体旋转”效果

选中 V3 轨道的“山 .jpg”素材，将时间滑块置于第 1 s 位置，展开“效果控件”中的“视频”→“不透明度”，单击“不透明度”前面的“切换动画”按钮，开启关键帧，设置“不透明度”为 0%。将时间滑块置于第 1 s 第 12 帧位置，设置“不透明度”为 100%。

选中 V3 轨道的“草 .jpg”素材，将时间滑块置于第 9 s 第 9 帧位置，展开“效果控件”中的“视频”→“不透明度”，单击“不透明度”前面的“切换动画”按钮，开启关键帧，设置“不透明度”为 100%。将时间滑块置于第 9 s 第 21 帧位置，设置“不透明度”为 0%。

(5) 制作草地、白云、文字动画。

将“项目区域”的“草地 .png”素材拖曳到“时间线区域”的 V4 视频轨道上，并设置起始时间为第 9 s 第 21 帧，结束时间为第 12 s。

选中 V4 轨道的“草地 .png”素材，将时间滑块置于第 9 s 第 21 帧位置，展开“效果控件”中的“视频”→“运动”，单击“位置”前面的“切换动画”按钮，开启关键帧，设置“位置”为 (360.0，680.0)。将时间滑块置于第 10 s 第 21 帧位置，设置“位置”为 (360.0，500.0)，如图 3-79 所示。

图 3-79　制作草地动画

在“效果”面板的搜索栏中输入“带状擦除”，在“视频过渡”下“擦除”中的“带状擦除”上点住鼠标左键，将其拖曳到 V4 轨道上的“草地 .png”素材的起始处，如图 3-80 所示。

图 3-80　添加“带状擦除”效果

将“项目区域”的“云 .png”素材拖曳到“时间线区域”的 V5 视频轨道上，并设置起始时间为第 9 s 第 21 帧，结束时间为第 12 s。选中 V5 轨道的“云 .png”素材，展开“效果控件”中的“视频”→“运动”，设置“缩放”为 30.0。

将时间滑块置于第 9 s 第 21 帧位置，单击“位置”前面的“切换动画”按钮，开启关键帧，设置“位置”为 (-190.0，100.0)。将时间滑块置于第 12 s 位置，设置“位置”为 (920.0，100.0)，如图 3-81 所示。

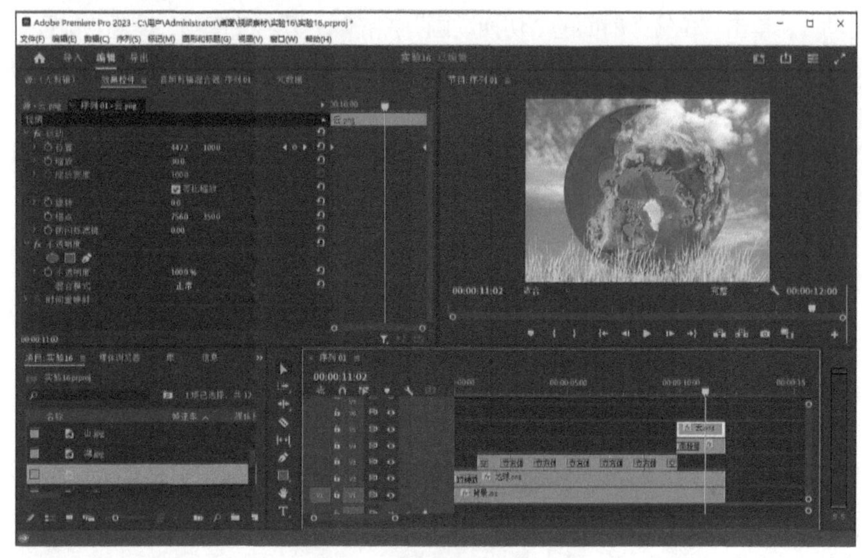

图 3-81　制作云的动画

将“项目区域”的“文字 .png”素材拖曳到“时间线区域”的 V6 视频轨道上，并设置起始时间为第 9 s 第 21 帧，结束时间为第 12 s。选中 V6 轨道的“文字 .png”素材，展开“效果控件”中的“视频”→“运动”，设置“缩放”为 46.0。

在“效果”面板的搜索栏中输入“双侧平推门”，在“视频过渡”下“擦除”中的“双侧平推门”上点住鼠标左键将其拖曳到 V6 轨道上的“文字 .png”素材的起始处，如图 3-82 所示。

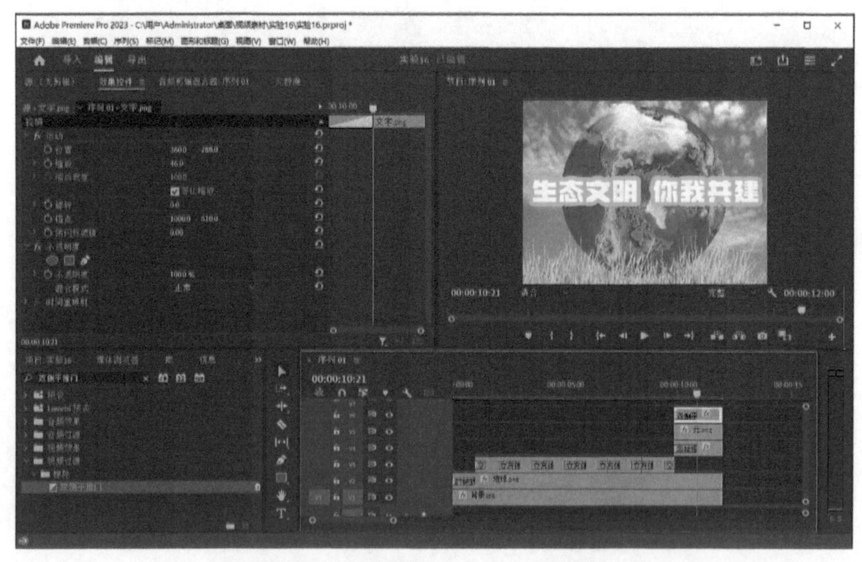

图 3-82　制作文字动画并添加“双侧平推门”效果

在“序列监视器”中单击“播放 - 停止切换”按钮，查看效果。

(6) 保存项目，导出视频，关闭项目。

单击菜单栏“文件”→“保存”，保存项目文件。

单击菜单栏“文件”→“导出”→“媒体”，在“设置”中设置“格式”为 H.264，修改“文件名”为“制作生态文明建设宣传视频”，单击“导出”按钮，等待保存完毕，则将视频保存为 MP4 格式文件。

单击菜单栏“文件”→“关闭项目”，关闭项目文件。

4. 实验结果

经过实验操作，在蓝天背景上制作出地球旋转动画效果、山水林田湖草图像切换动画效果以及草地、白云和文字动画，共同组成一个生态文明建设宣传视频。

实验 3.2.17　制作一笔一画写字效果

1. 实验目的

学会“4 点多边形蒙版”的使用方法，结合“关键帧动画”的设计，制作出一笔一画写字的效果。

2. 实验原理

(1) “4 点多边形蒙版”是一块四边形或多边形的蒙版，处于蒙版区域的视频画面可以显示出来，而处于蒙版区域以外的视频画面则被隐藏起来。

(2) “4 点多边形蒙版”的创建方法：单击选中某个素材，展开“效果控件”中的“视频”→“不透明度”，单击方形按钮，创建“4 点多边形蒙版”，可设置“蒙版路径”“蒙版羽化”“蒙版不透明度”“蒙版扩展”等参数。

(3) 四边形或多边形蒙版的位置和形状可通过设置 4 个或更多控制点的位置来改变，结合“蒙版路径”关键帧动画的设计，可制作出素材擦除显示或擦除消失的效果。

(4) “蒙版路径”关键帧动画的制作方法：将时间滑块置于某个位置，单击“蒙版路径”前面的“切换动画”按钮，开启关键帧，单击“蒙版 (1)”，确保在“序列监视器”中显示“4 点多边形蒙版”的边框，在“序列监视器”中调整蒙版的位置和形状，改变时间滑块的位置，继续调整蒙版的位置和形状，以此类推。

3. 实验内容

(1) 启动软件，新建项目，新建序列。

启动 Adobe Premiere Pro 2023 软件，出现欢迎对话框，单击“新建项目”按钮。在“项目名”处输入“实验 17”，在“项目位置”处选择“视频素材”文件夹中的“实验 17”文件夹，单击“创建”按钮。

单击菜单栏“文件”→“新建”→“序列”，出现“新建序列”对话框，在“序列预设”处选择“DV-PAL”下的“宽屏 48kHz”选项，单击“确定”按钮。

(2) 导入素材。

单击菜单栏“文件”→“导入”，找到“视频素材”文件夹中的“实验 17”文件夹，打开“背景 .jpg”“中国 .png”“心 1.png”“心 2.png”“心 3.png”“心 4.png”“心 5.png”共 7 个图像文件。将“项目区域”的“背景 .jpg”素材拖曳到“时间线区域”的 V1 视频轨道上，并设置持续时间为 7 s。单击选中“背景 .jpg”图像素材，展开“效果控件”中的

“视频”→“运动”，设置“缩放”为63.0。

将“项目区域”的“中国.png”素材拖曳到“时间线区域”的V2视频轨道上，并设置持续时间为7 s。单击选中“背景.jpg”图像素材，展开“效果控件”中的“视频”→“运动”，设置“位置”为(240.0，288.0)，“缩放”为65.0。

(3) 制作第一笔写字效果。

将“项目区域”的“心1.png”到“心5.png”素材拖曳到“时间线区域”的V3～V7轨道上，并设置持续时间为7 s。分别选中V3～V7轨道上的5个素材，展开“效果控件”中的“视频”→“运动”，设置“位置”为(590.0，288.0)，“缩放”为70.0，如图3-83所示。

图3-83　添加文字笔画素材到轨道

隐藏V4～V7轨道上的素材。单击选中V3轨道上的“心1.png”素材，展开“效果控件”中的“视频”→“不透明度”，单击方形按钮■，创建“4点多边形蒙版”，设置“蒙版羽化”为0.0，如图3-84所示。

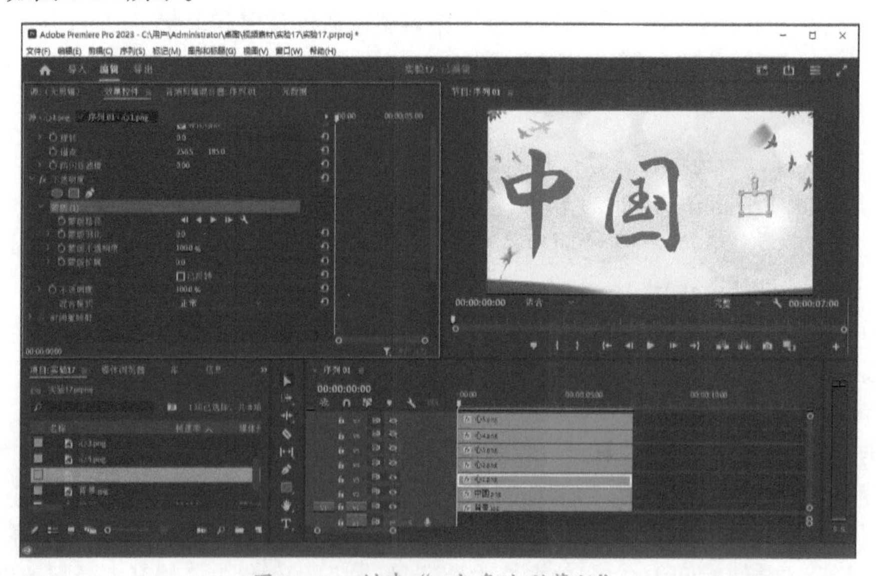

图3-84　创建“4点多边形蒙版”

将时间滑块置于第 0 s 位置，单击“蒙版路径”前面的“切换动画”按钮，开启关键帧，单击“蒙版 (1)”，确保在“序列监视器”中显示“4 点多边形蒙版”的边框。在“序列监视器”中调整蒙版的位置和形状，如图 3–85 所示。

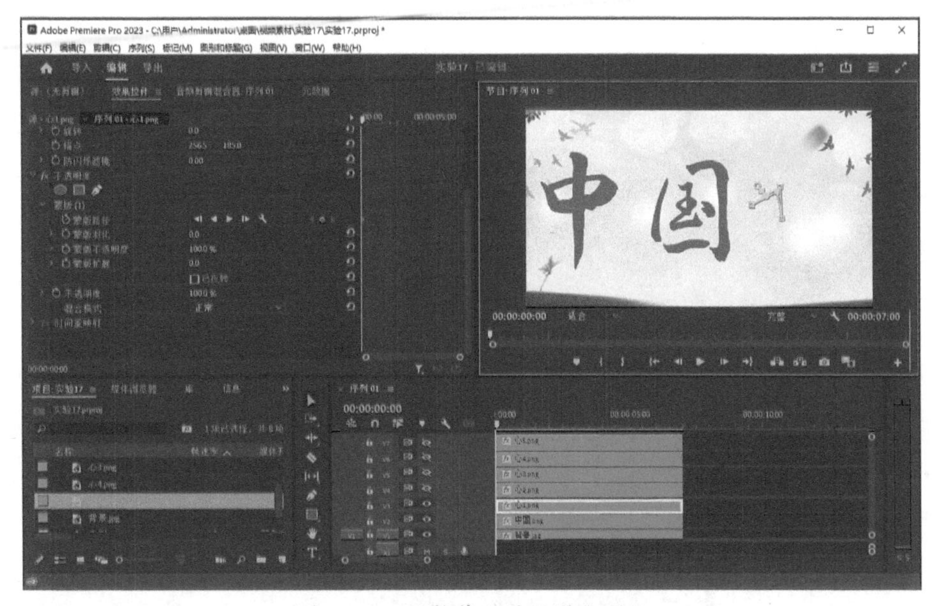

图 3–85　调整蒙版的位置和形状

将时间滑块置于第 1 s 位置，在“序列监视器”中调整蒙版的形状，如图 3–86 示。

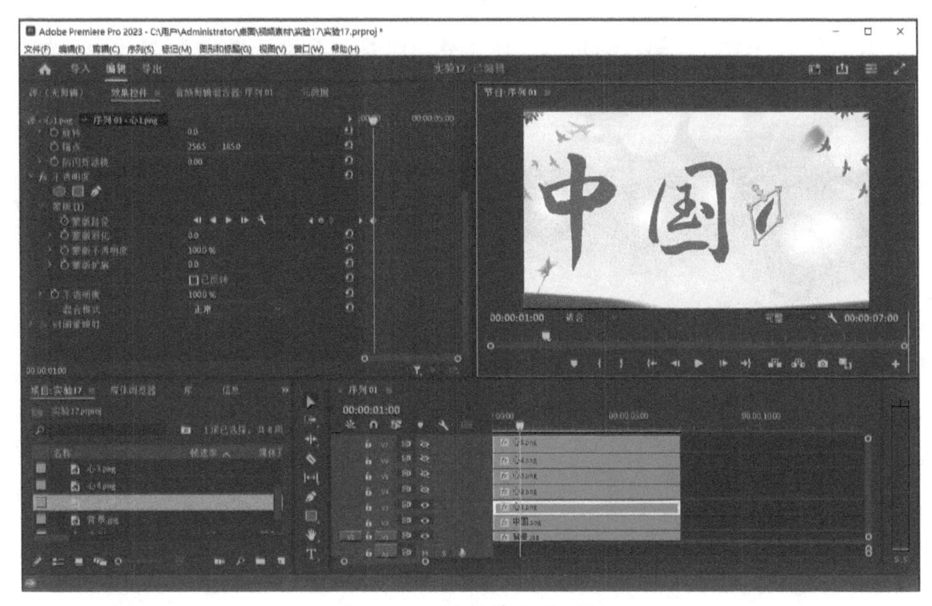

图 3–86　调整蒙版的形状

在“序列监视器”中单击“播放 – 停止切换”按钮，查看写出“心”字第一笔的效果。

(4) 制作第二笔写字效果。

显示并单击选中 V4 轨道上的“心 2.png”素材，展开“效果控件”中的“视频”→“不透明度”，单击方形按钮，创建“4 点多边形蒙版”，设置“蒙版羽化”为 0.0。

将时间滑块置于第 1 s 位置，单击“蒙版路径”前面的“切换动画”按钮，开启关键帧，单击“蒙版 (1)”，确保在“序列监视器”中显示“4 点多边形蒙版”的边框。在“序列监视器”中调整蒙版的位置和形状，如图 3-87 所示。

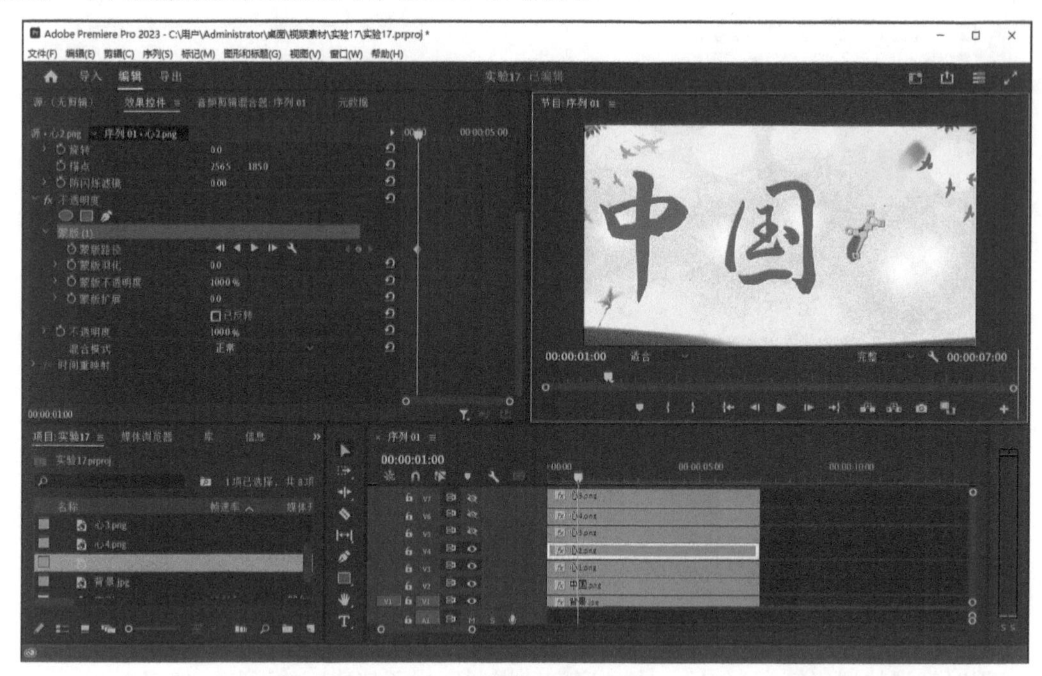

图 3-87　调整蒙版的位置和形状

将时间滑块置于第 1 s 第 6 帧位置，在“序列监视器”中调整蒙版的形状，如图 3-88 所示。

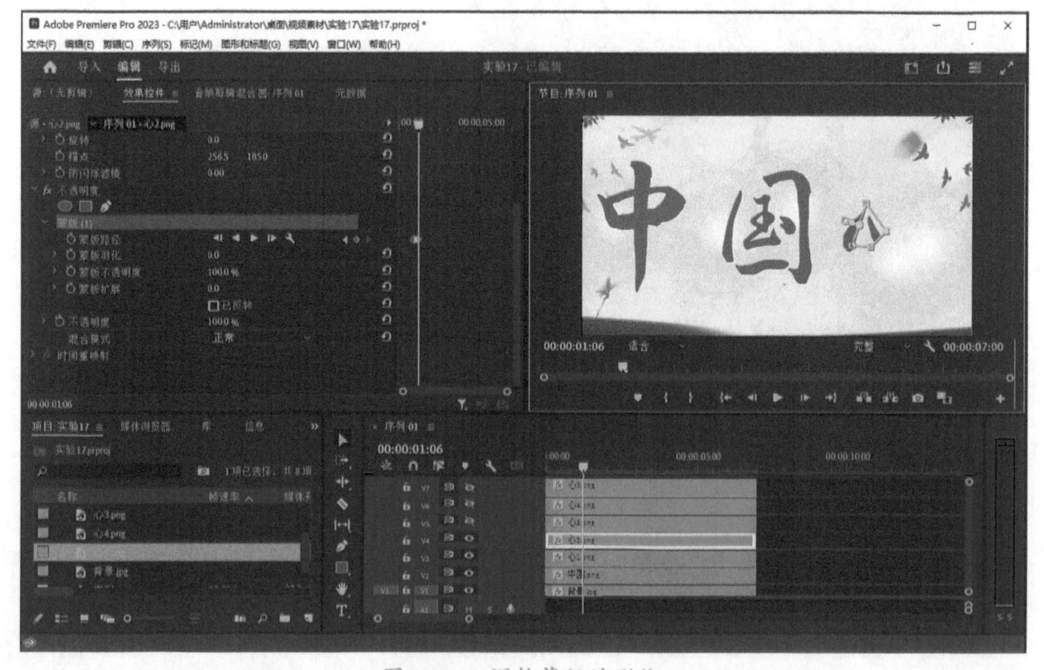

图 3-88　调整蒙版的形状

将时间滑块置于第 1s 第 12 帧位置，在“序列监视器”中调整蒙版的形状，如图 3-89 所示。

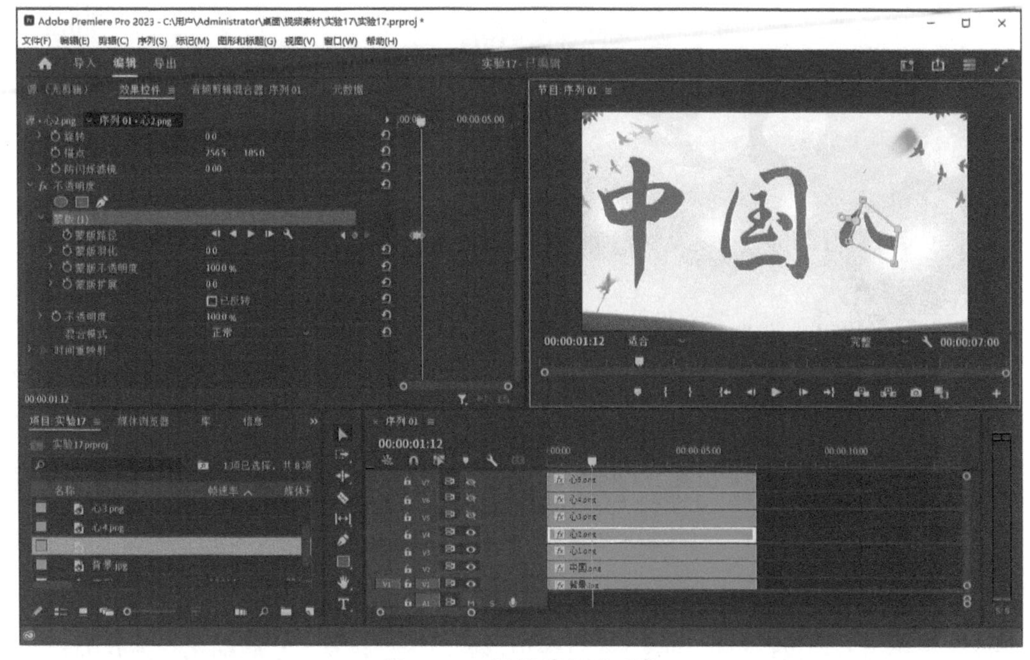

图 3-89　调整蒙版的形状

将时间滑块置于第 1 s 第 18 帧位置，在“序列监视器”中调整蒙版的形状，如图 3-90 所示。

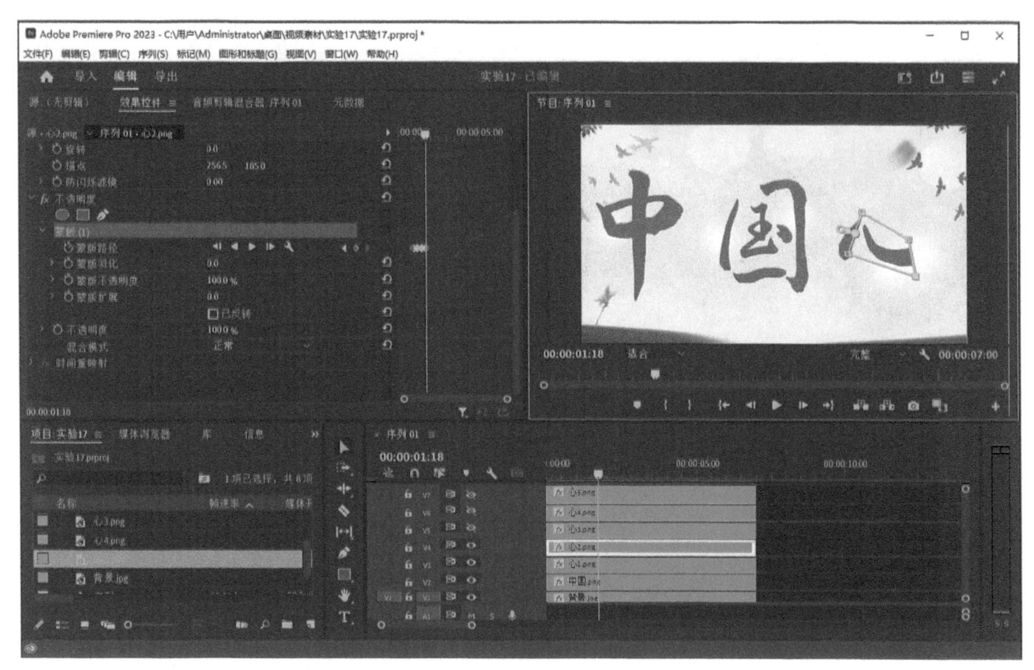

图 3-90　调整蒙版的形状

将时间滑块置于第 2 s 位置，在“序列监视器”中调整蒙版的形状，如图 3-91 所示。

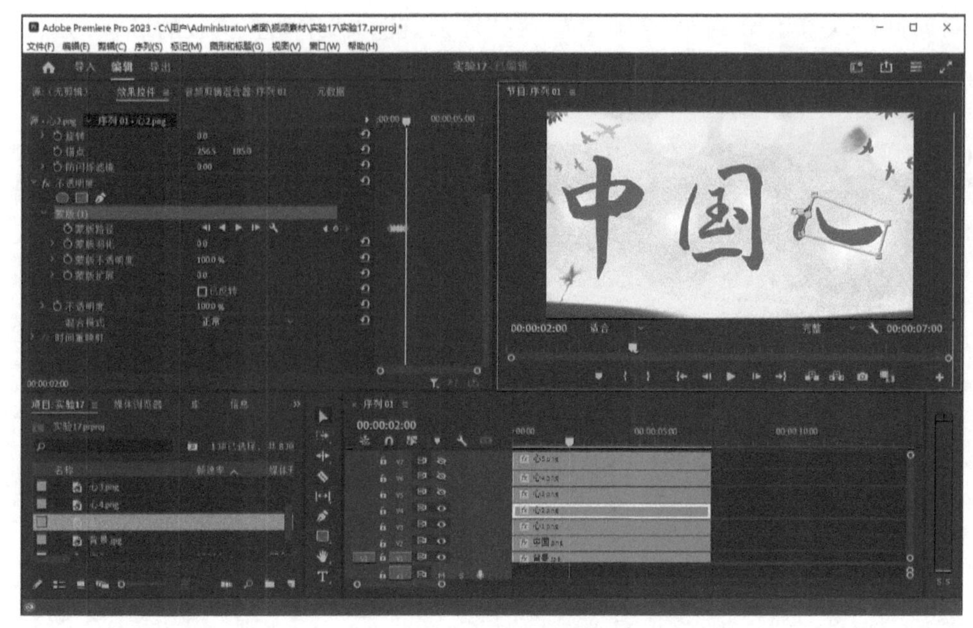

图 3–91　调整蒙版的形状

显示并单击选中 V5 轨道上的“心 3.png”素材，展开“效果控件”中的“视频”→“不透明度”，单击方形按钮，创建“4 点多边形蒙版”，设置“蒙版羽化”为 0.0。

将时间滑块置于第 2 s 位置，单击“蒙版路径”前面的“切换动画”按钮，开启关键帧，单击“蒙版 (1)”，确保在“序列监视器”中显示“4 点多边形蒙版”的边框。在“序列监视器”中调整蒙版的位置和形状，如图 3–92 所示。

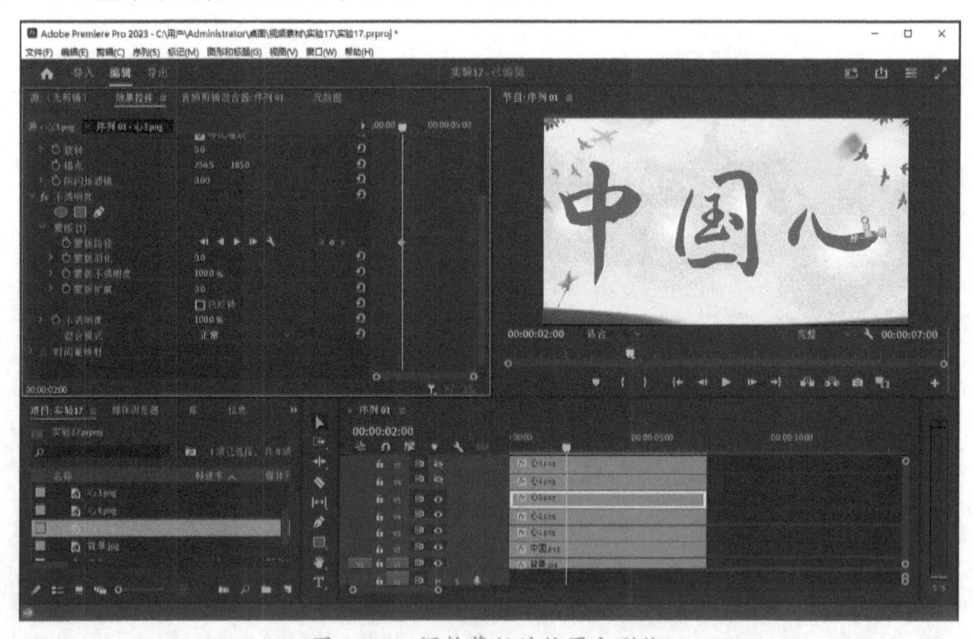

图 3–92　调整蒙版的位置和形状

将时间滑块置于第 2 s 第 4 帧位置，在“序列监视器”中调整蒙版的形状，如图 3–93 所示。

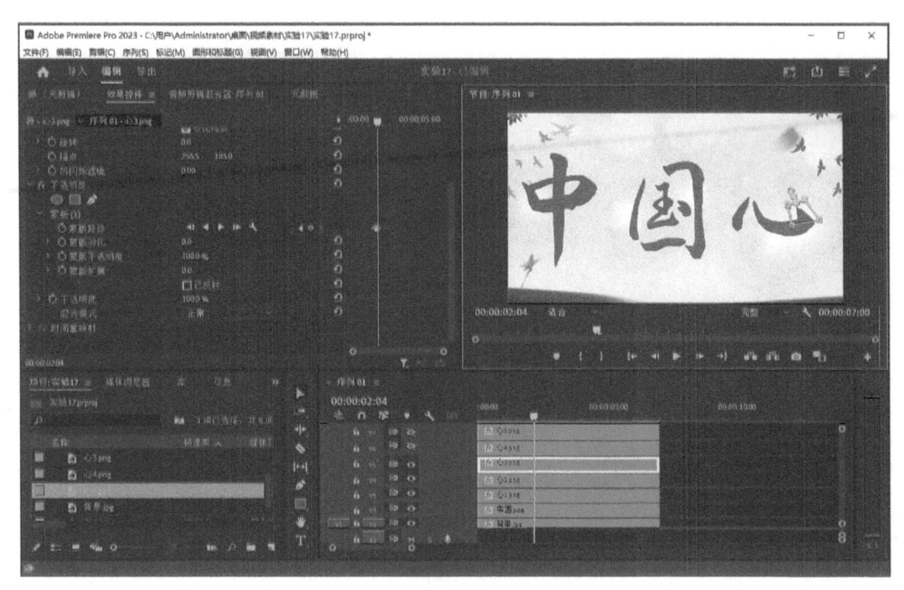

图 3–93　调整蒙版的形状

在“序列监视器”中单击“播放 – 停止切换”按钮▶，查看写出“心”字第二笔的效果。

(5) 制作第三笔写字效果。

显示并单击选中 V6 轨道上的“心 4.png”素材，展开“效果控件”中的“视频”→“不透明度”，单击方形按钮■，创建“4 点多边形蒙版”，设置“蒙版羽化”为 0.0。

将时间滑块置于第 2 s 第 4 帧位置，单击“蒙版路径”前面的“切换动画”按钮⏱，开启关键帧，单击“蒙版 (1)”，确保在“序列监视器”中显示“4 点多边形蒙版”的边框。在“序列监视器”中调整蒙版的位置和形状，如图 3–94 所示。

图 3–94　调整蒙版的位置和形状

将时间滑块置于第 3 s 第 4 帧位置，在“序列监视器”中调整蒙版的形状，如图 3–95 所示。

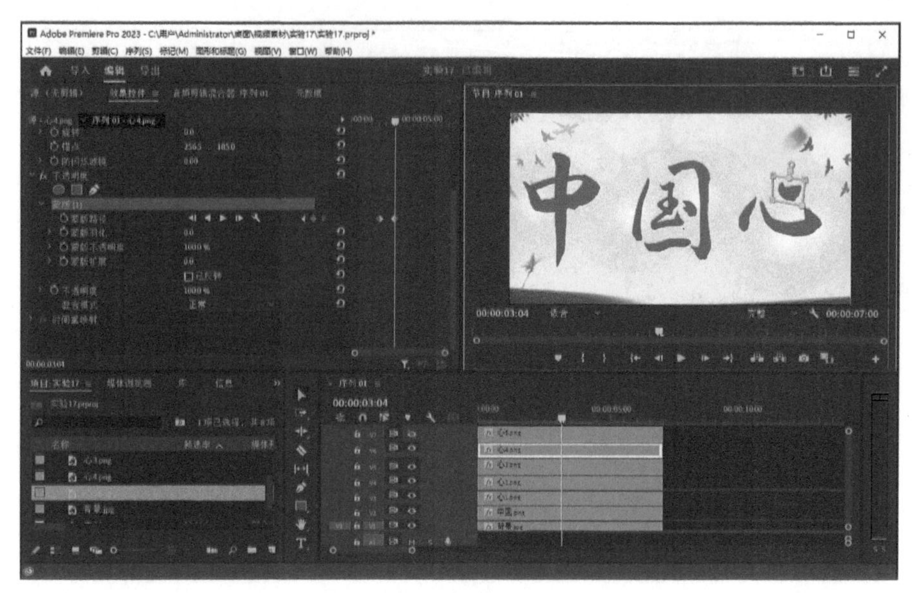

图 3–95 调整蒙版的形状

在“序列监视器”中单击“播放－停止切换”按钮▶，查看写出“心”字第三笔的效果。

(6) 制作第四笔写字效果。

显示并单击选中 V7 轨道上的“心 5.png”素材，展开“效果控件”中的“视频”→“不透明度”，单击方形按钮■，创建“4 点多边形蒙版”，设置“蒙版羽化”为 0.0。

将时间滑块置于第 3 s 第 16 帧位置，单击“蒙版路径”前面的“切换动画”按钮，开启关键帧，单击“蒙版 (1)”，确保在“序列监视器”中显示“4 点多边形蒙版”的边框。在“序列监视器”中调整蒙版的位置和形状，如图 3–96 所示。

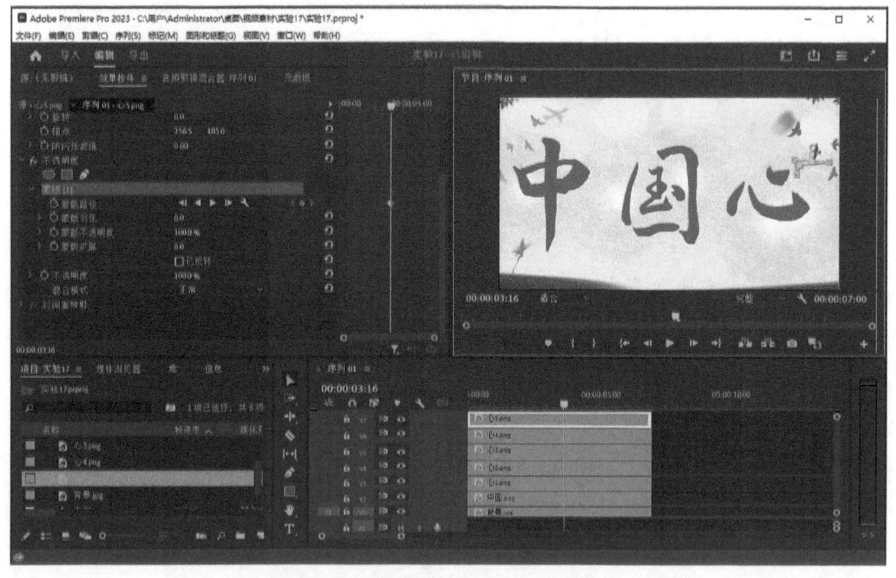

图 3–96 调整蒙版的形状和位置

将时间滑块置于第 4 s 第 8 帧位置，在“序列监视器”中调整蒙版的形状，如图 3–97 所示。

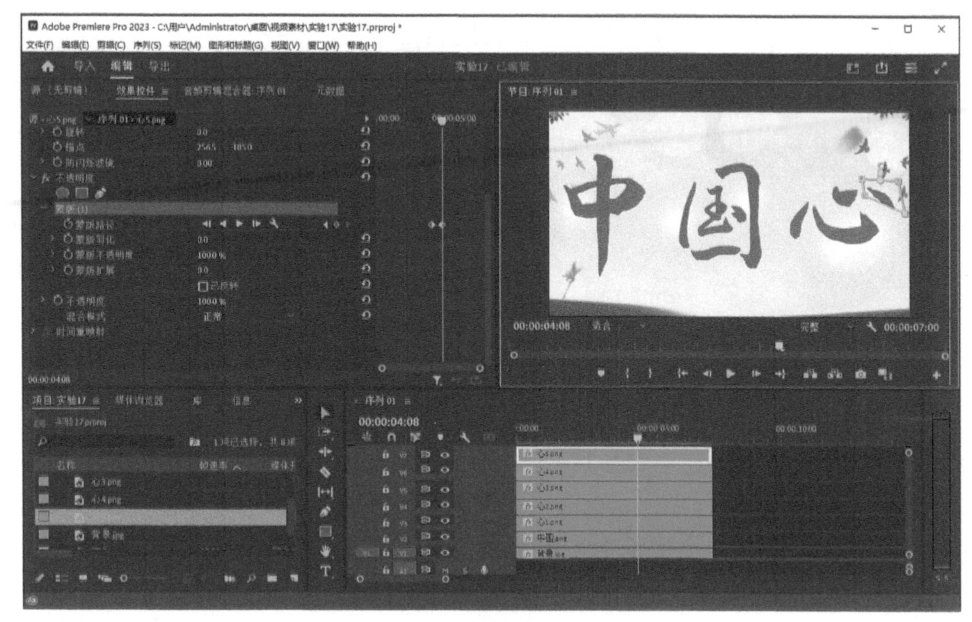

图 3–97　调整蒙版的形状

将时间滑块置于第 5 s 位置，在“序列监视器”中调整蒙版的形状，如图 3–98 所示。

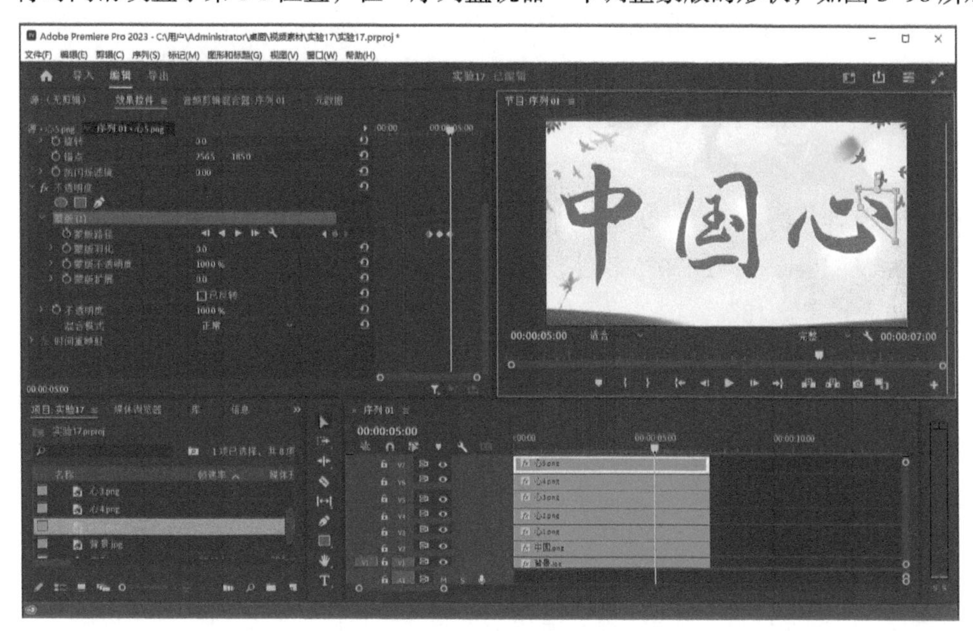

图 3–98　调整蒙版的形状

在“序列监视器”中单击“播放 – 停止切换”按钮▶，查看写出“心”字第四笔的效果。

(7) 保存项目，导出视频，关闭项目。

单击菜单栏“文件”→“保存”，保存项目文件。

单击菜单栏“文件”→“导出”→“媒体”，在“设置”中设置“格式”为 H.264，修改“文件名”为“制作一笔一画写字效果”，单击“导出”按钮，等待保存完毕，则将视频保存为 MP4 格式文件。

单击菜单栏“文件”→“关闭项目”，关闭项目文件。

4. 实验结果

经过实验操作，制作出一笔一画写出“心”字的效果，与已有文字素材一起构成了“中国心”文字。

实验 3.2.18 制作望远镜跟踪效果

1. 实验目的

熟悉“遮罩”的概念，能够应用“轨道遮罩键”进行轨道形状抠像并做后期合成。

2. 实验原理

(1)“遮罩”与“蒙版”类似，可使得视频画面的某些部分显示，某些部分隐藏。

(2)“轨道遮罩键”的作用是把当前素材上方轨道的图形作为遮罩，图形部分是透明的，对应位置下方的视频画面显示；其他部分是黑色的，对应位置下方的视频画面隐藏。

(3)“轨道遮罩键”的使用方法：将需要部分显示、部分隐藏的素材置于下方轨道，如 V1 视频轨道，将用于遮罩的图形素材置于上方轨道，如 V2 视频轨道，在“视频效果”下“键控”中的“轨道遮罩键”上点住鼠标左键，将其拖曳到下方轨道素材上，展开“效果控件”中的“轨道遮罩键”，设置“遮罩”为“视频 2”。

3. 实验内容

(1) 启动软件，新建项目，新建序列。

启动 Adobe Premiere Pro 2023 软件，出现欢迎对话框，单击“新建项目”按钮。在“项目名”处输入“实验 18”，在“项目位置”处选择“视频素材”文件夹中的“实验 18”文件夹，单击“创建”按钮。

单击菜单栏“文件”→“新建”→“序列”，出现“新建序列”对话框，在“序列预设”处选择“DV-PAL”下的“宽屏 48 kHz”选项，单击“确定”按钮。

(2) 导入素材。

单击菜单栏“文件”→“导入”，找到“视频素材”文件夹中的“实验 18”文件夹，打开“风筝 .mp4”→“望远镜视野 .png”2 个素材文件。将“项目区域”的“风筝 .mp4”素材拖曳到“时间线区域”的 V1 视频轨道上。将“项目区域”的“望远镜视野 .png”素材拖曳到“时间线区域”的 V2 视频轨道上，并设置持续时间为 12 s。

(3) 制作望远镜跟踪效果。

单击“项目区域”右上角的双箭头»，打开下拉列表，选择“效果”，打开“效果”面板。在“效果”面板的搜索栏中输入“轨道遮罩键”，在“视频效果”下“键控”中的“轨道遮罩键”上点住鼠标左键，将其拖曳到 V1 轨道上的“风筝 .mp4”素材上，如图 3-99 所示。

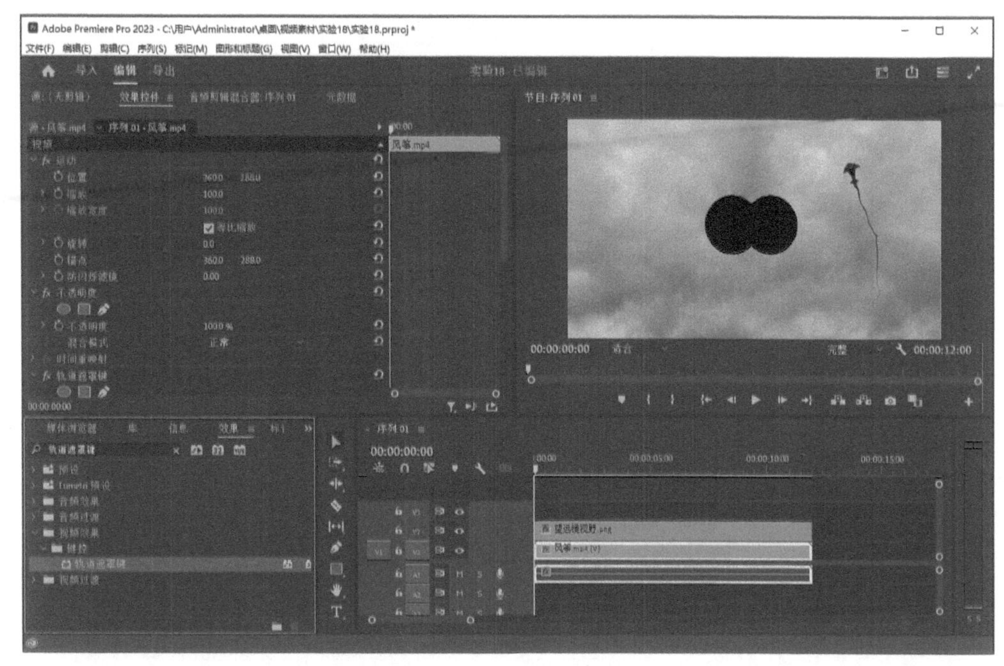

图 3-99　轨道遮罩键

单击选中 V1 轨道上的“风筝 .mp4”素材，展开“效果控件”中的“轨道遮罩键”，设置“遮罩”为“视频 2”，如图 3-100 所示。

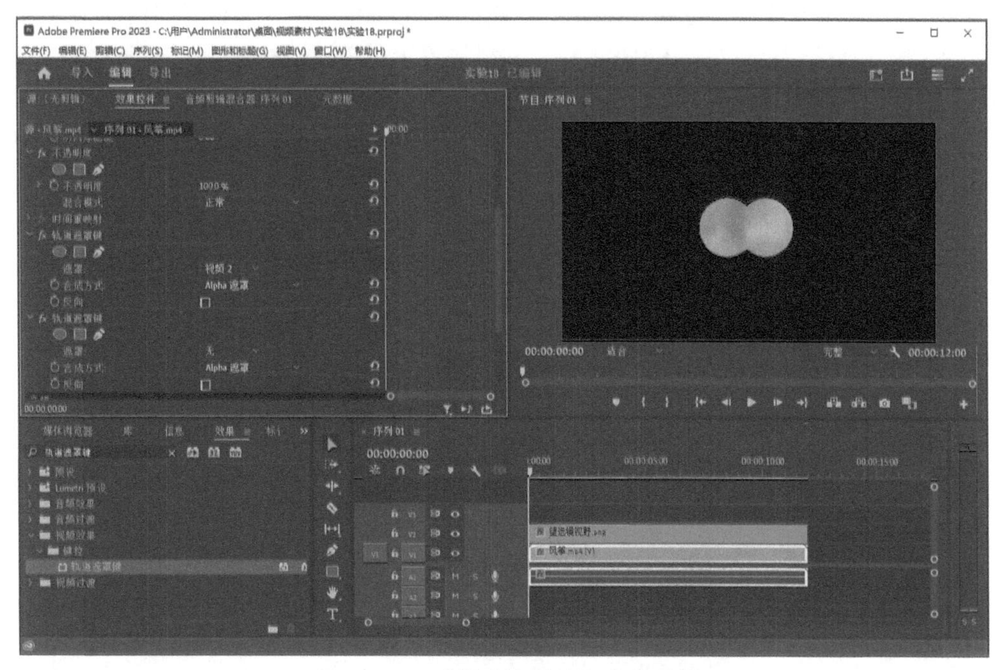

图 3-100　“轨道遮罩键”参数设置

选中 V2 轨道的“望远镜视野 .png”素材，将时间滑块置于第 0 s 位置，展开“效果控件”中的“视频”→“运动”，单击“位置”前面的“切换动画”按钮，开启关键帧，设置“位置”为 (553.0，152.0)，即当前风筝所处位置，如图 3-101 所示。

让望远镜跟踪风筝位置的方法是：在“效果控件”的“视频”下单击“运动”或者在“序列监视器”中双击鼠标左键选中望远镜素材，当素材周围出现边框时，在边框中点住鼠标左键拖曳即可改变素材的位置，寻找风筝所处位置。

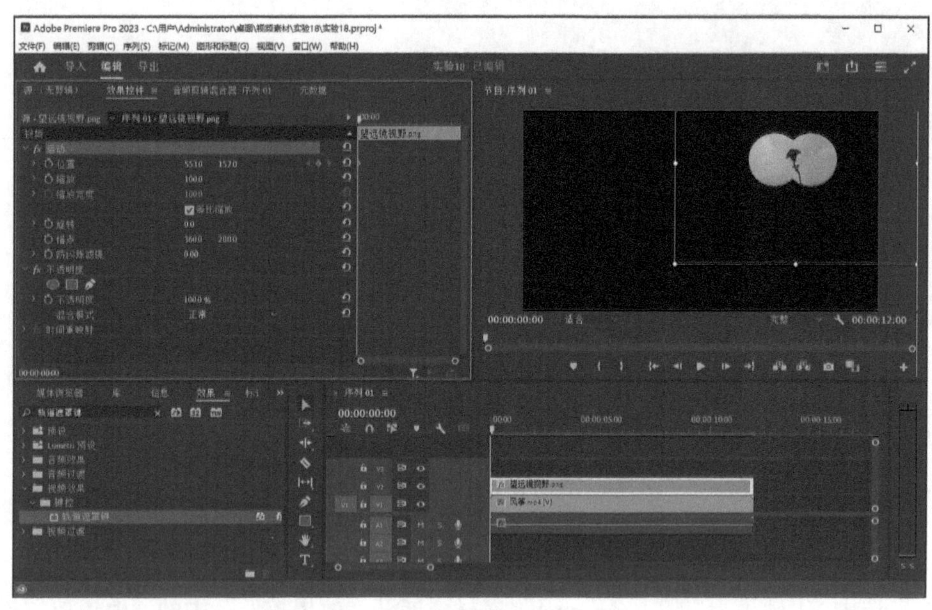

图 3-101　开启望远镜视野的位置关键帧

将时间滑块置于第 1 s 位置，设置“位置”为 (423.0，140.0)。将时间滑块置于第 2 s 位置，设置“位置”为 (427.0，179.0)。将时间滑块置于第 3 s 位置，设置“位置”为 (373.0，286.0)。将时间滑块置于第 4 s 位置，设置“位置”为 (288.0，228.0)。将时间滑块置于第 5 s 位置，设置“位置”为 (207.0，203.0)。将时间滑块置于第 6 s 位置，设置“位置”为 (129.0，195.0)，如图 3-102 所示。

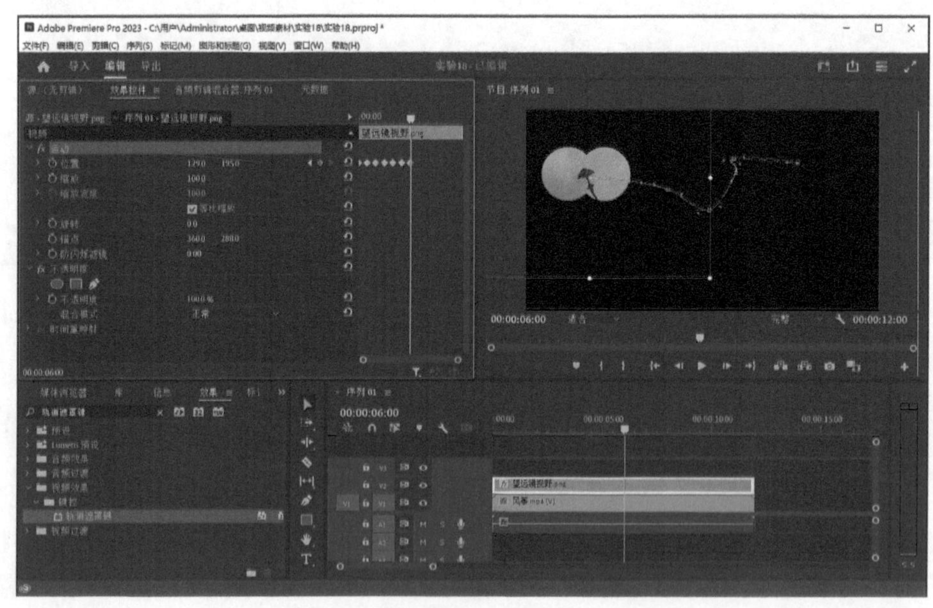

图 3-102　望远镜视野的位置参数设置

将时间滑块置于第 7 s 位置，设置“位置”为 (128.0，306.0)。将时间滑块置于第 8 s 位置，设置“位置”为 (169.0，339.0)。将时间滑块置于第 9 s 位置，设置“位置”为 (276.0，370.0)。将时间滑块置于第 10 s 位置，设置“位置”为 (347.0，450.0)。将时间滑块置于第 11 s 位置，设置“位置”为 (458.0，369.0)。将时间滑块置于第 11 s 第 24 帧位置，设置“位置”为 (394.0，249.0)，如图 3–103 所示。

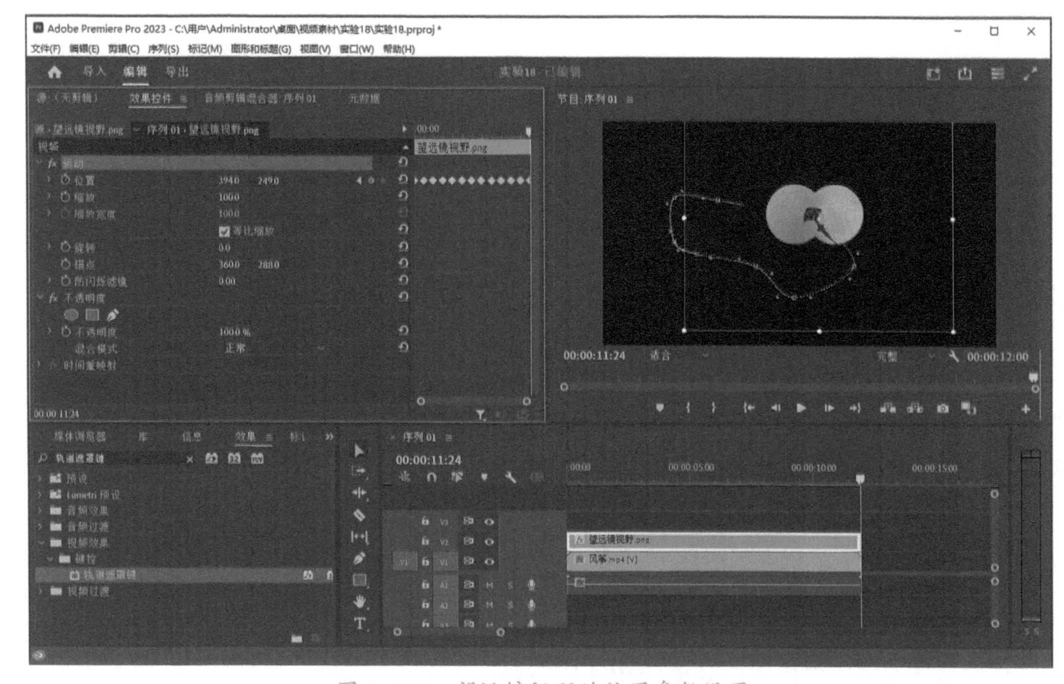

图 3–103　望远镜视野的位置参数设置

在“序列监视器”中单击“播放 – 停止切换”按钮，查看效果。

(4) 保存项目，导出视频，关闭项目。

单击菜单栏“文件”→“保存”，保存项目文件。

单击菜单栏“文件”→“导出”→“媒体”，在“设置”中设置“格式”为 H.264，修改“文件名”为“制作望远镜跟踪效果”，单击“导出”按钮，等待保存完毕，则将视频保存为 MP4 格式文件。

单击菜单栏“文件”→“关闭项目”，关闭项目文件。

4. 实验结果

经过实验操作，制作出用望远镜视野跟踪风筝飞行的效果。

实验 3.2.19　舞蹈视频剪辑

1. 实验目的

学会“帧定格”的设置方法，综合运用“剃刀工具”“选择工具”“文字工具”“波纹删除”功能、制作“关键帧动画”、应用“视频转场”、解除“视频和音频的链接”等技术，完成舞蹈视频的剪辑。

2. 实验原理

(1) “帧定格”是将某一帧视频画面静止停住一段时间，用以突出或渲染某一场面、某种神态或某个细节。

(2) “帧定格”的设置方法：在一段视频中选出需要定格的一帧画面，将时间滑块置于这一帧位置，单击鼠标右键，选择“添加帧定格”。

3. 实验内容

(1) 启动软件，新建项目，新建序列。

启动 Adobe Premiere Pro 2023 软件，出现欢迎对话框，单击“新建项目”按钮。在“项目名”处输入“实验 19”，在“项目位置”处选择“视频素材”文件夹中的“实验 19”文件夹，单击“创建”按钮。

单击菜单栏“文件”→“新建”→“序列”，出现“新建序列”对话框，在“序列预设”处选择“DV-PAL”下的“宽屏 48 kHz”选项，单击“确定”按钮。

(2) 导入视频素材。

单击菜单栏“文件”→“导入”，找到“视频素材”文件夹中的“实验 19”文件夹，打开“短视频 .mp4”视频文件。将“项目区域”的“舞蹈视频 .mp4”素材拖曳到“时间线区域”的 V1 视频轨道上，出现“剪辑不匹配警告”对话框，单击“更改序列设置”。

(3) 制作镜头有节奏前后移动效果。

将时间滑块置于第 17 s 第 21 帧位置，在工具栏中选择“剃刀工具”，在第 17 s 第 21 帧位置单击鼠标左键进行剪辑。在前一段素材处单击鼠标右键，选择“波纹删除”。将时间滑块置于第 11 s 第 18 帧位置，在工具栏中选择“剃刀工具”，在第 11 s 第 18 帧位置单击鼠标左键进行剪辑，如图 3-104 所示。

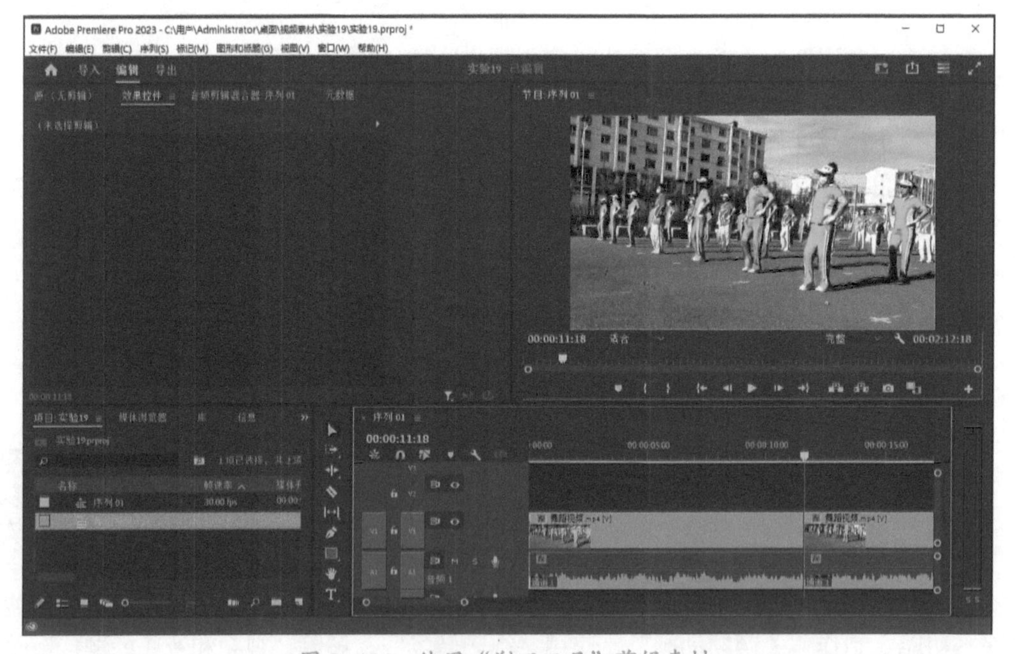

图 3-104　使用“剃刀工具”剪辑素材

在工具栏中选择“选择工具”，在“时间线区域”选中 V1 轨道的第一段素材，将时间滑块置于第 0 s 位置，展开“效果控件”中的“视频”→“运动”，单击“缩放”前面的“切换动画”按钮，开启关键帧，设置“缩放”为 100.0。

将时间滑块置于第 0 s 11 帧位置，设置“缩放”为 200.0。将时间滑块置于第 0 s 第 22 帧位置，设置“缩放”为 100.0。将时间滑块置于第 1 s 第 3 帧位置，设置“缩放”为 200.0。将时间滑块置于第 1 s 第 14 帧位置，设置“缩放”为 100.0。将时间滑块置于第 1 s 第 25 帧位置，设置“缩放”为 200.0。将时间滑块置于第 2 s 第 6 帧位置，设置“缩放”为 100.0。将时间滑块置于第 2 s 第 17 帧位置，设置“缩放”为 200.0。将时间滑块置于第 2 s 第 28 帧位置，设置“缩放”为 100.0，如图 3–105 所示。

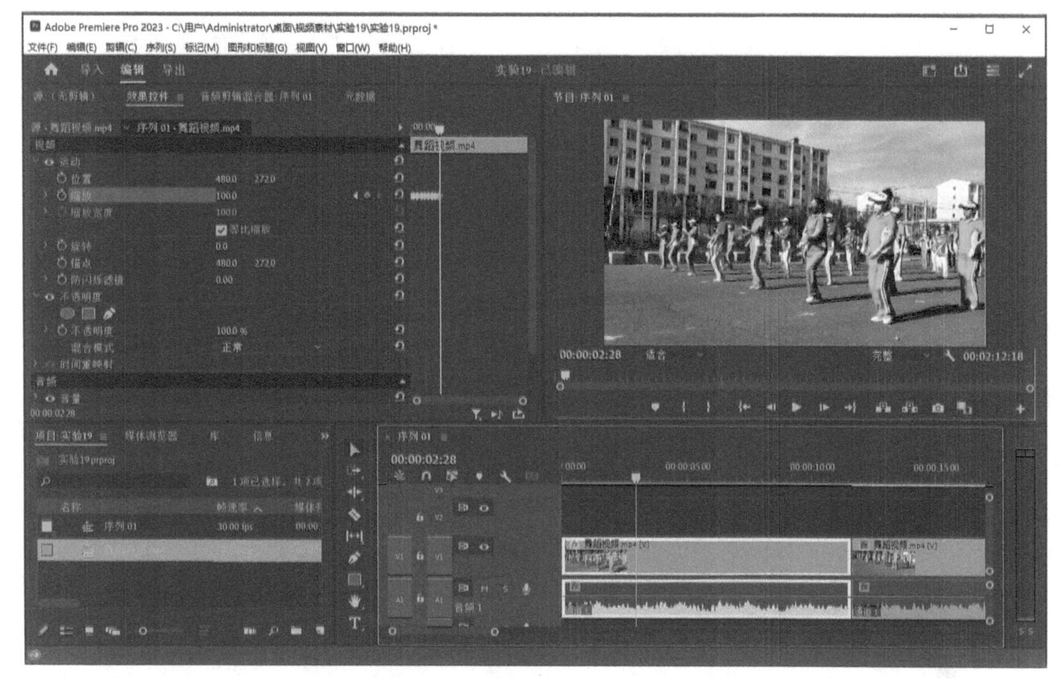

图 3–105　制作缩放关键帧动画

将时间滑块置于第 5 s 第 25 帧位置，单击“缩放”后面的“添加 / 移除关键帧”按钮，设置“缩放”为 100.0。

将时间滑块置于第 6 s 第 6 帧位置，设置“缩放”为 200.0；将时间滑块置于第 6 s 第 17 帧位置，设置“缩放”为 100.0；将时间滑块置于第 6 s 第 28 帧位置，设置“缩放”为 200.0；将时间滑块置于第 7 s 第 9 帧位置，设置“缩放”为 100.0；将时间滑块置于第 7 s 第 20 帧位置，设置“缩放”为 200.0；将时间滑块置于第 8 s 第 1 帧位置，设置“缩放”为 100.0；将时间滑块置于第 8 s 第 12 帧位置，设置“缩放”为 200.0；将时间滑块置于第 8 s 第 23 帧位置，设置“缩放”为 100.0。

(4) 制作镜头的移动和缩放效果。

将时间滑块置于第 59 s 第 7 帧位置，在工具栏中选择“剃刀工具”，在第 59 s 第 7 帧位置单击鼠标左键进行剪辑。在前一段素材处单击鼠标右键，选择“波纹删除”。将时间滑块置于第 26 s 第 29 帧位置，在工具栏中选择“剃刀工具”，在第 26 s 第 29 帧位置单击鼠标左键进行剪辑，如图 3–106 所示。

图 3-106 使用“剃刀工具”剪辑素材

在工具栏中选择“选择工具”，在“时间线区域”选中 V1 轨道的第二段素材，将时间滑块置于第 14 s 第 23 帧位置，展开“效果控件”中的“视频”→“运动”，单击“位置”“缩放”前面的“切换动画”按钮，开启关键帧，设置“位置”为 (480.0，272.0)，“缩放”为 100.0。

将时间滑块置于第 15 s 第 23 帧位置，设置“位置”为 (1060.0，−20.0)，“缩放”为 240.0。将时间滑块置于第 20 s 第 25 帧位置，设置“位置”为 (−40.0，−20.0)，单击“缩放”后面的“添加 / 移除关键帧”按钮，“缩放”为 240.0。将时间滑块置于第 21 s 第 25 帧位置，设置“位置”为 (480.0，272.0)，“缩放”为 100.0，如图 3-107 所示。

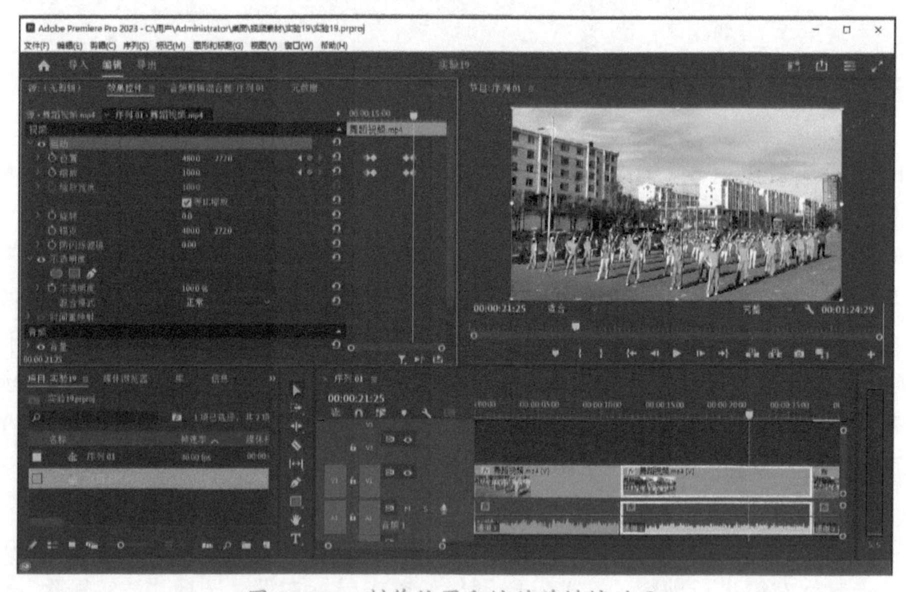

图 3-107 制作位置和缩放关键帧动画

(5) 制作四个分镜头效果。

将时间滑块置于第 59 s 第 10 帧位置，在工具栏中选择“剃刀工具”，在第 59 s 第 10

帧位置单击鼠标左键进行剪辑。在前一段素材处单击鼠标右键，选择“波纹删除”。将时间滑块置于第 39 s 第 2 帧位置，在工具栏中选择“剃刀工具”，在第 39 s 第 2 帧位置单击鼠标左键进行剪辑，如图 3-108 所示。

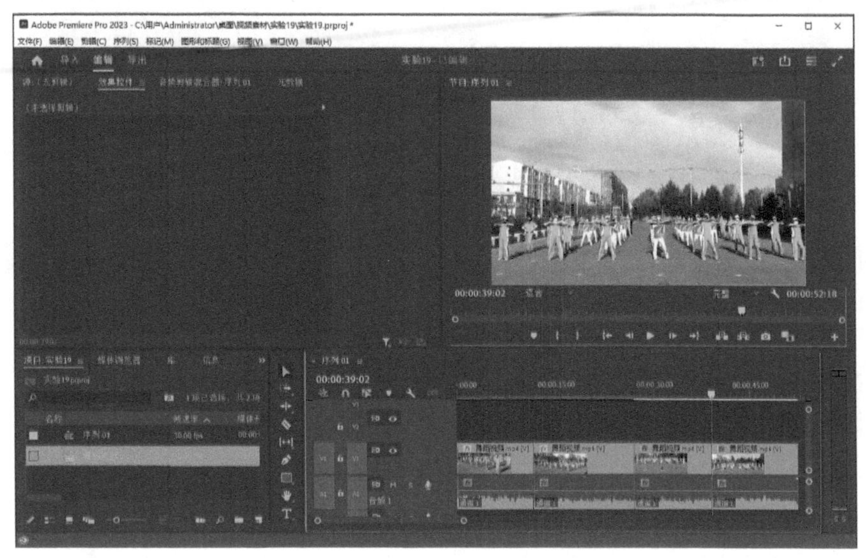

图 3-108　使用“剃刀工具”剪辑素材

在工具栏中选择“选择工具”，在“时间线区域”选中 V1 轨道的第三段素材，单击鼠标右键，选择“取消链接”。选中 V1 轨道上的视频素材，将其复制到 V2 轨道、V3 轨道和 V4 轨道上，并与 V1 轨道上的第三段素材文件对齐，如图 3-109 所示。

图 3-109　复制素材

隐藏 V2 轨道、V3 轨道和 V4 轨道上的素材。选中 V1 轨道的第三段素材，将时间滑块置于第 30 s 第 2 帧位置，展开“效果控件”中的“视频”→“运动”，单击“位置”“缩放”前面的“切换动画”按钮，开启关键帧。将时间滑块置于第 32 s 第 27 帧位置，设置“位置”为 (240.0，136.0)，“缩放”为 50.0，如图 3-110 所示。

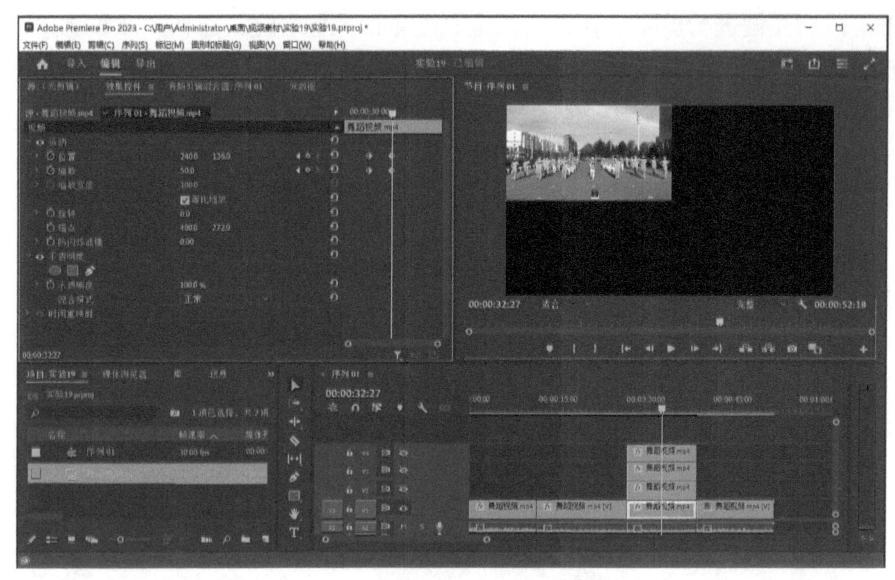

图 3-110　开启关键帧并设置位置和缩放

显示并选中 V2 轨道的素材，将时间滑块置于第 30 s 第 2 帧位置，展开“效果控件”中的“视频”→“运动”，单击“位置”“缩放”前面的“切换动画”按钮，开启关键帧。将时间滑块置于第 32 s 第 27 帧位置，设置“位置”为 (720.0，136.0)，“缩放”为 50.0。

显示并选中 V3 轨道的素材，将时间滑块置于第 30 s 第 2 帧位置，展开“效果控件”中的“视频”“运动”，单击“位置”“缩放”前面的“切换动画”按钮，开启关键帧。将时间滑块置于第 32 s 第 27 帧位置，设置“位置”为 (240.0，408.0)，“缩放”为 50.0。

显示并选中 V4 轨道的素材，将时间滑块置于第 30 s 第 2 帧位置，展开“效果控件”中的“视频”→“运动”，单击“位置”“缩放”前面的“切换动画”按钮，开启关键帧。将时间滑块置于第 32 s 第 27 帧位置，设置“位置”为 (720.0，408.0)，“缩放”为 50.0，如图 3-111 所示。

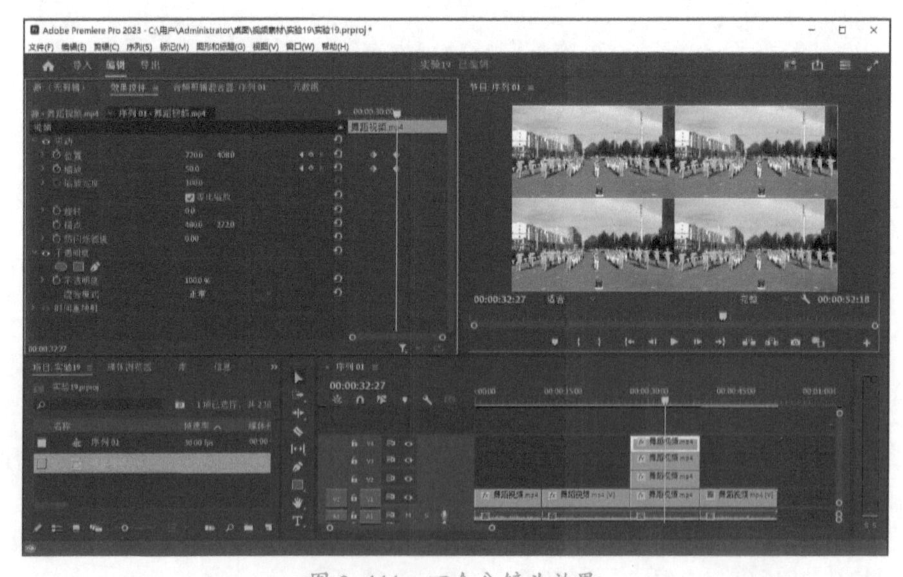

图 3-111　四个分镜头效果

(6) 添加视频转场效果。

在 V1 轨道的第一段、第二段素材之间添加“交叉溶解”转场效果。

在 V1 轨道的第三段素材以及对应的 V2 轨道、V3 轨道和 V4 轨道上的素材的起始处添加“交叉溶解”效果，在这 4 个素材的结尾处添加“白场过渡”转场效果，如图 3–112 所示。

图 3–112　添加视频转场效果

(7) 制作“帧定格”效果和移动文字。

将时间滑块置于第 51 s 第 25 帧位置，在工具栏中选择“剃刀工具”，在第 51 s 第 25 帧位置单击鼠标左键进行剪辑。在最后一段素材处单击鼠标右键，选择“清除”。选中 V1 轨道的第四段素材，将时间滑块置于第 43 s 第 3 帧位置，单击鼠标右键，选择“添加帧定格”，如图 3–113 所示。

图 3–113　制作“帧定格”效果

在工具栏中单击选择“文字工具”，在“序列监视器”中单击鼠标左键，会出现一个输入框，同时在“时间线区域”的 V2 轨道上会出现一个“图形”素材，设置其持续时间为 8 s 22 帧。

在“序列监视器”的输入框中输入文字“健身创精彩 健康赢未来”，点住鼠标左键拖曳选中刚刚输入的文字，展开“效果控件”的“图形”→“文本”，设置“字体”为“黑体”，“大小”为 80，设置“填充”的颜色为黄色，勾选“描边”，设置颜色为黑色，大小为 4.0。选中 V2 轨道的文字，将时间滑块置于第 43 s 第 3 帧位置，展开“效果控件”中的“视频”→“运动”，单击“位置”前面的“切换动画”按钮，开启关键帧，设置“位置”为 (480.0，716.0)。将时间滑块置于第 47 s 第 24 帧位置，设置“位置”为 (480.0，275.0)，如图 3–114 所示。在“序列监视器”中查看效果。

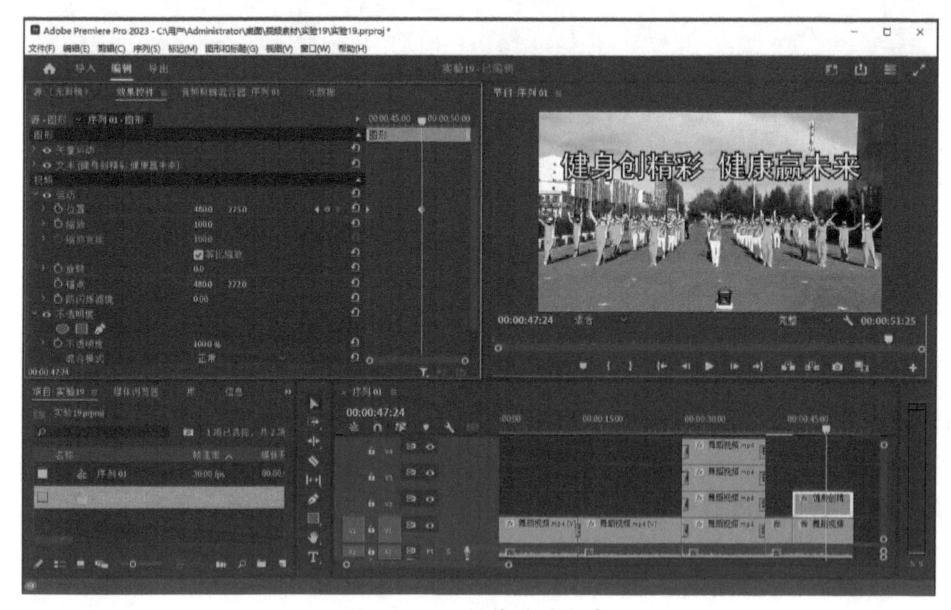

图 3–114　制作移动文字

(8) 保存项目，导出视频，关闭项目。

单击菜单栏“文件”→“保存”，保存项目文件。

单击菜单栏“文件”→“导出”→“媒体”，在“设置”中设置“格式”为 H.264，修改“文件名”为“舞蹈视频剪辑”，单击“导出”按钮，等待保存完毕，则将视频保存为 MP4 格式文件。

单击菜单栏“文件”→“关闭项目”，关闭项目文件。

4. 实验结果

经过实验操作，对原舞动视频进行了剪辑操作，制作出镜头有节奏前后移动效果、镜头的移动和缩放效果、四个分镜头效果、帧定格效果和移动文字，并应用了“交叉溶解”和“白场过渡”的视频转场效果。

通过此例的上机实践，我们可以发现视频剪辑的过程往往是比较烦琐的，需要投入大量的时间和精力。视频剪辑是一项非常专业且细致的工作，除了要有必备的基本知识和操作技能以外，还要有严密的逻辑思维和专注的工作态度，如果没有耐心，很难成为一名优秀的剪辑师。多数人的成功都没有捷径，而是通过长时间的耐心和坚持换来的，今后大家无论处在何种岗位，都要养成耐心的习惯。

实验 3.2.20　制作旅游景点视频

1. 实验目的

综合运用制作“关键帧动画”、应用“视频转场”、制作“静态字幕”和“底部滚动字幕”、音频剪辑、制作音频素材“淡入淡出效果”等技术，完成制作旅游景点视频的任务。

2. 实验原理

(1) “导入素材”时可以导入单个素材文件，也可以将整个文件夹一起导入，方法是单击菜单栏“文件”→“导入”，选中需要导入的文件夹，单击“导入文件夹”按钮。

(2) 快速将批量的图片素材顺次置于同一视频轨道，并修改每张图片的持续时间，同时保证相邻图片之间没有间隔的方法：在“项目区域”同时选中所有图片素材，一起拖动到“时间线区域”的某个视频轨道上，在“时间线区域”框选中所有图片素材，单击鼠标右键，选择“速度 / 持续时间”，在弹出的对话框中设置每张图片的“持续时间”，并勾选下面的“波纹编辑，移动后面的素材”选项，单击“确定”按钮。

3. 实验内容

(1) 启动软件，新建项目，新建序列。

启动 Adobe Premiere Pro 2023 软件，出现欢迎对话框，单击“新建项目”按钮。在“项目名”处输入“实验 20”，在“项目位置”处选择“视频素材”文件夹中的“实验 20”文件夹，单击“创建”按钮。

单击菜单栏“文件”→“新建”→“序列”，出现“新建序列”对话框，在“序列预设”处选择“DV-PAL”下的“标准 48 kHz”选项，单击“确定”按钮。

(2) 导入素材。

单击菜单栏“文件”→“导入”，找到“视频素材”文件夹中的“实验 20”文件夹，打开“画作 1.jpg”“画作 2.jpg”“配乐 .mp3”共 3 个素材文件。

单击菜单栏“文件”→“导入”，选中“标题素材”文件夹，单击“导入文件夹”按钮，将这个文件夹整体导入项目。再将“风景素材”文件夹整体导入项目。

(3) 制作标题。

将“项目区域”的“标题素材”文件夹中的“背景 .jpg”素材拖曳到“时间线区域”的 V1 视频轨道上，并设置持续时间为 3 s 第 5 帧 (00:00:03:05)。单击选中“背景 .jpg”素材，展开“效果控件”中的“视频”→“运动”，设置“缩放”为 73.0。

将“项目区域”的“标题素材”文件夹中的“题目 .png”素材拖曳到“时间线区域”的 V2 视频轨道上，并设置起始时间为第 1 s 第 10 帧 (00:00:01:10)，结束时间为第 3 s 第 5 帧 (00:00:03:05)。单击选中“题目 .png”素材，展开“效果控件”中的“视频”→“运动”，设置“位置”为 (360.0，248.0)，“缩放”为 52.0，如图 3-115 所示。

图 3-115 题目素材编辑

将“项目区域”的“标题素材”文件夹中的“帷幕.png”素材拖曳到“时间线区域”的V3视频轨道上，并设置持续时间为3 s第5帧(00:00:03:05)。单击选中“帷幕.png”素材，展开“效果控件”中的“视频”→“运动”，设置“位置”为(155.0，288.0)，“缩放”为70.0。

将“项目区域”的“标题素材”文件夹中的“帷幕.png”素材拖曳到“时间线区域”的V4视频轨道上，并设置持续时间为3 s第5帧(00:00:03:05)。单击选中“帷幕.png”素材，展开“效果控件”中的“视频”→“运动”，设置“位置”为(565.0，288.0)，“缩放”为70.0，如图3-116所示。

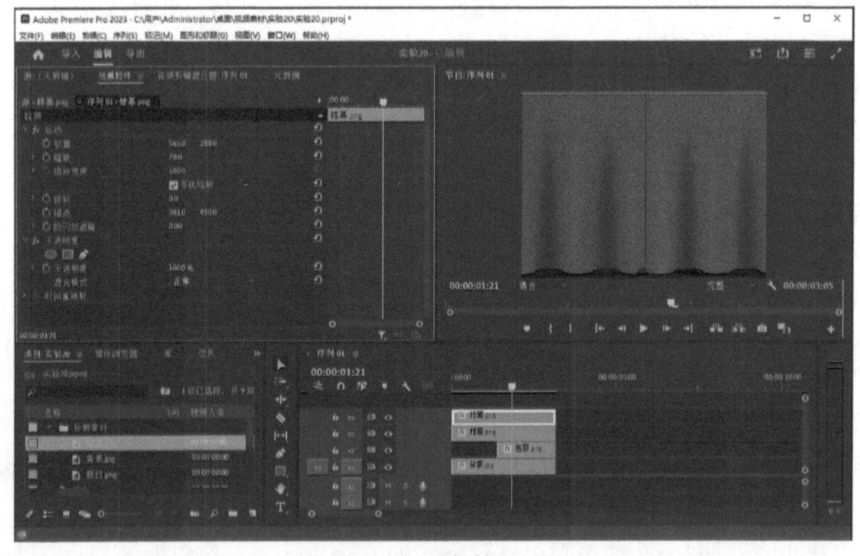

图 3-116 帷幕素材编辑

选中V3轨道的“帷幕.png”素材，将时间滑块置于第0 s位置，展开“效果控件”中的“视频”→“运动”，单击“位置”前面的“切换动画”按钮，开启关键帧。将时间滑块置于第1 s第10帧位置，设置“位置”为(-130.0，288.0)。

选中V4轨道的“帷幕.png”素材，将时间滑块置于第0 s位置，展开“效果控件”中的“视频”→“运动”，单击“位置”前面的“切换动画”按钮，开启关键帧。将时间滑块置于第 1 s 第 10 帧位置，设置“位置”为 (830.0，288.0)。

在“效果”面板的搜索栏中输入“径向擦除”，在“视频过渡”下“擦除”中的“径向擦除”上点住鼠标左键，将其拖曳到 V2 轨道上的“题目 .png”素材的起始处，如图 3–117 所示。

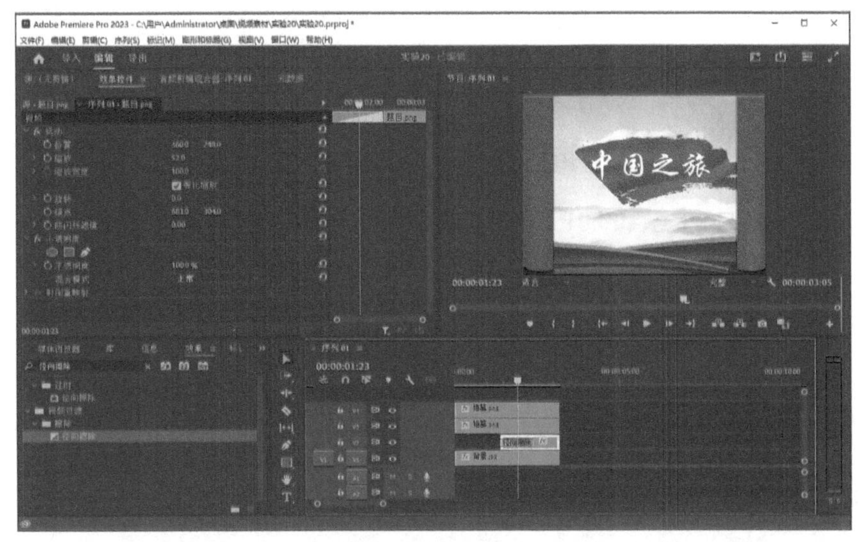

图 3–117　帷幕的位移动画和题目的转场效果

(4) 制作风景图片展示。

将“项目区域”的“风景素材”文件夹中的“风景 1.jpg”到“风景 20.jpg”共 20 个素材一起拖曳到“时间线区域”的 V1 视频轨道上“背景 .jpg”素材的后面。

在“时间线区域”同时框选中这 20 个素材，单击鼠标右键，选择“速度 / 持续时间”，在弹出的对话框中设置“持续时间”为 4 s(00:00:04:00)，并勾选下面的“波纹编辑，移动尾部剪辑”选项，单击“确定”按钮。单独调整最后一个素材“风景 20.jpg”的持续时间为 5 s 第 21 帧 (00:00:05:21)，如图 3–118 所示。

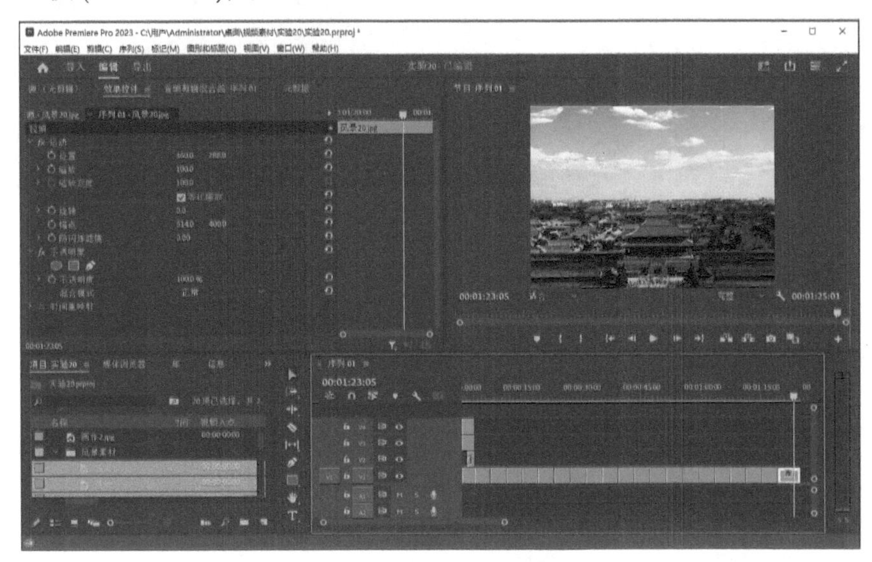

图 3–118　风景图片素材编辑

为 20 个风景素材设置合适的“缩放”，并在素材之间应用“视频转场效果”。

选中 V1 轨道的“风景 1.jpg”素材，将时间滑块置于第 3 s 第 5 帧位置，展开“效果控件”中的“视频”→“不透明度”，单击“不透明度”前面的“切换动画”按钮，开启关键帧，设置“不透明度”为 0%。将时间滑块置于第 3 s 第 18 帧位置，设置“不透明度”为 100%。

将“项目区域”的“画作 1.jpg”素材拖曳到“时间线区域”的 V2 视频轨道上，设置起始时间为第 1 分 21 s 21 帧 (00:01:21:21)，结束时间为第 1 分 25 s(00:01:25:00)。单击选中“画作 1.jpg”素材，展开“效果控件”中的“视频”→“运动”，设置“位置”为 (360.0, 170.0)，“缩放”为 94.0。

将“项目区域”的“画作 2.jpg”素材拖曳到“时间线区域”的 V3 视频轨道上，设置起始时间为第 1 分 23 s 8 帧 (00:01:23:08)，结束时间为第 1 分 25 s(00:01:25:00)。单击选中“画作 2.jpg”素材，展开“效果控件”中的“视频”→“运动”，设置“位置”为 (360.0, 410.0)，“缩放”为 94.0。

在“效果”面板的搜索栏中输入“划出”，在“视频过渡”下“擦除”中的“划出”上点住鼠标左键，将其拖曳到 V2 轨道上的“画作 1.jpg”素材的起始处、V3 轨道上的“画作 2.jpg”素材的起始处，如图 3-119 所示。

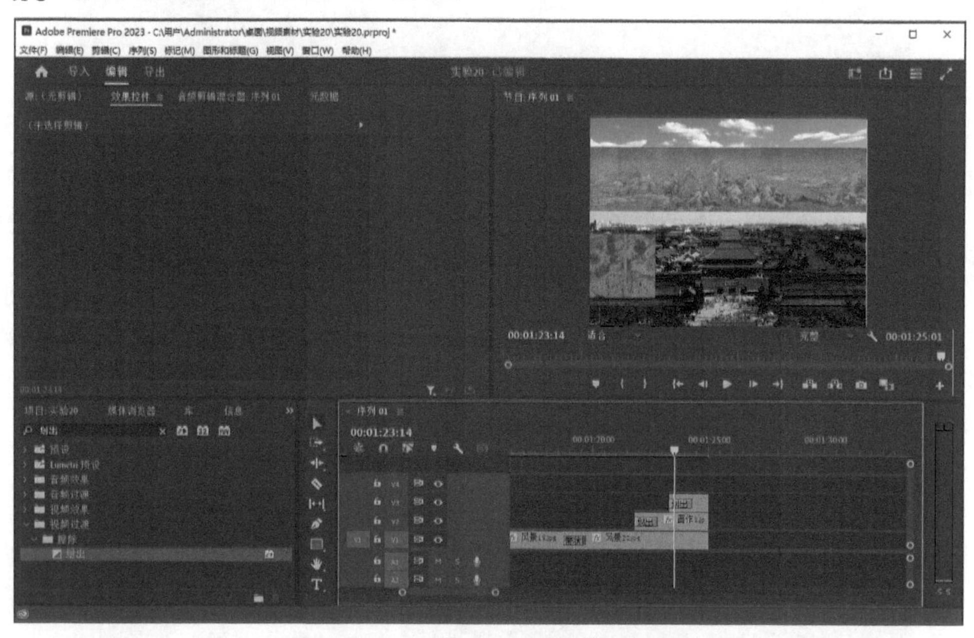

图 3-119 画作 1 和画作 2 素材编辑

(5) 制作字幕。

将时间滑块置于第 3 s 第 20 帧位置。在工具栏单击选择“文字工具”，在“序列监视器”中单击鼠标左键，会出现一个输入框，同时在“时间线区域”的 V2 轨道上会出现一个“图形”素材，设置其持续时间为 2 s 23 帧。

在“序列监视器”的输入框中输入文字“安徽”，点住鼠标左键拖曳选中刚刚输入的“安徽”文字，展开“效果控件”的“图形”→“文本”，设置“字体”为“隶书”，“大小”为 68，设置“填充”的颜色为白色，勾选“描边”，设置颜色为黑色，大小为 4.0。用“选择工具”将“安徽”文字移动到合适位置，如图 3-120 所示。

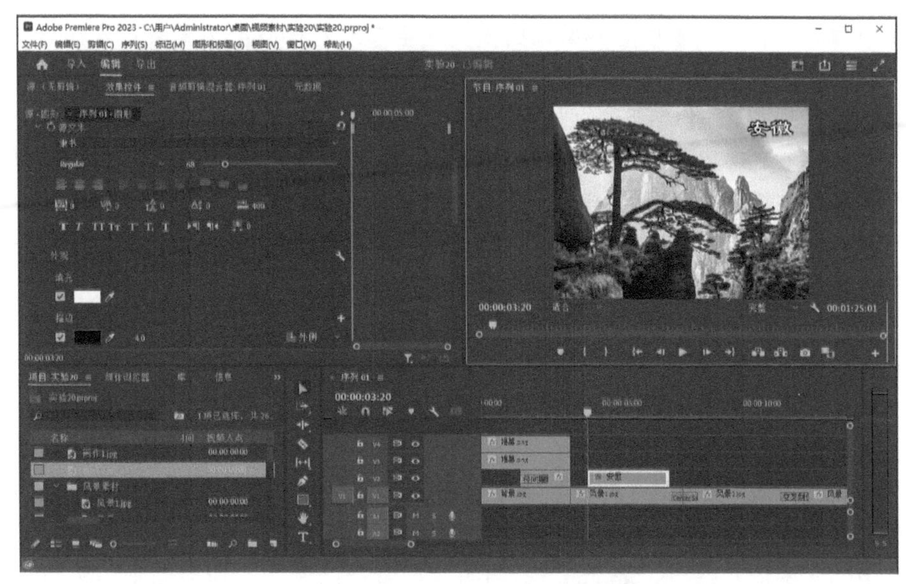

图 3-120　第一个风景图片字幕

以此类推，制作出其他风景素材的字幕(辽宁、河北、重庆、陕西、四川、吉林、青海、北京、长江、浙江、山东、西藏、云南、黄河、广西、新疆、福建、四川)，如图 3-121 所示。

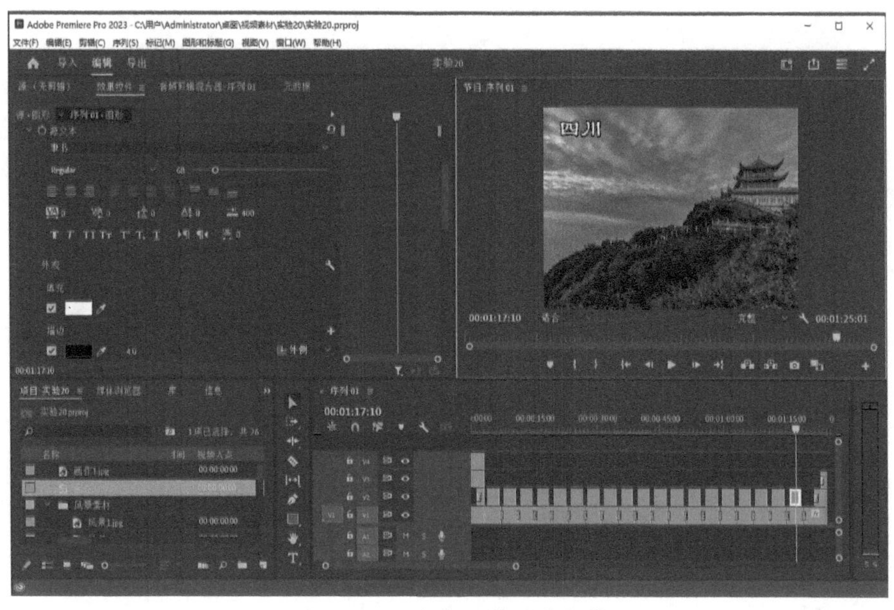

图 3-121　全部风景图片字幕

将时间滑块置于第 3 s 第 20 帧位置。在工具栏中单击选择“文字工具”T，在“序列监视器”底部单击鼠标左键，会出现一个输入框，同时在“时间线区域”的 V3 轨道上会出现一个“图形”素材。

在“序列监视器”的输入框中输入以下文字：

中华人民共和国简称“中国”，成立于1949年10月1日，位于亚洲东部，太平洋西岸，是工人阶级领导的、以工农联盟为基础的人民民主专政的社会主义国家，首都北京，是一个以汉族为主体、56个民族共同组成的统一的多民族国家。中国陆地面积约960万平方千米，省级行政区划为23个省、5个自治区、4个直辖市、2个特别行政区。中国是世界上历史最悠久的国家之一，有着光辉灿烂的文化和光荣的革命传统，世界遗产数量全球领先。中国是世界上人口最多的发展中国家，国土面积居世界第三位，是世界第二大经济体，并持续成为世界经济增长最大的贡献者。中国坚持独立自主的和平外交政策，是联合国安全理事会常任理事国，也是许多国际组织的重要成员。

按Ctrl+A键选中刚刚输入的全部文字，展开“效果控件”的“图形”→“文本”，设置“字体”为“楷体”，“大小”为42，设置“填充”的颜色为白色，勾选“描边”，设置颜色为黑色，大小为3.0。

在“时间线区域”选中V3轨道的文字素材，将其移动到V4轨道上，起始时间不变，设置结束时间为第1分25 s(00:01:25:00)。将时间滑块置于第3 s第20帧位置，展开“效果控件”中的“图形”→“矢量运动”，单击“位置”前面的“切换动画”按钮，开启关键帧，设置“位置”为(1035.0，286.0)。将时间滑块置于第1分25 s位置(00:01:25:00)，设置“位置”为(−10950.0，286.0)。

在“序列监视器”中单击“播放－停止切换”按钮，查看底部滚动字幕效果，如图3-122所示。

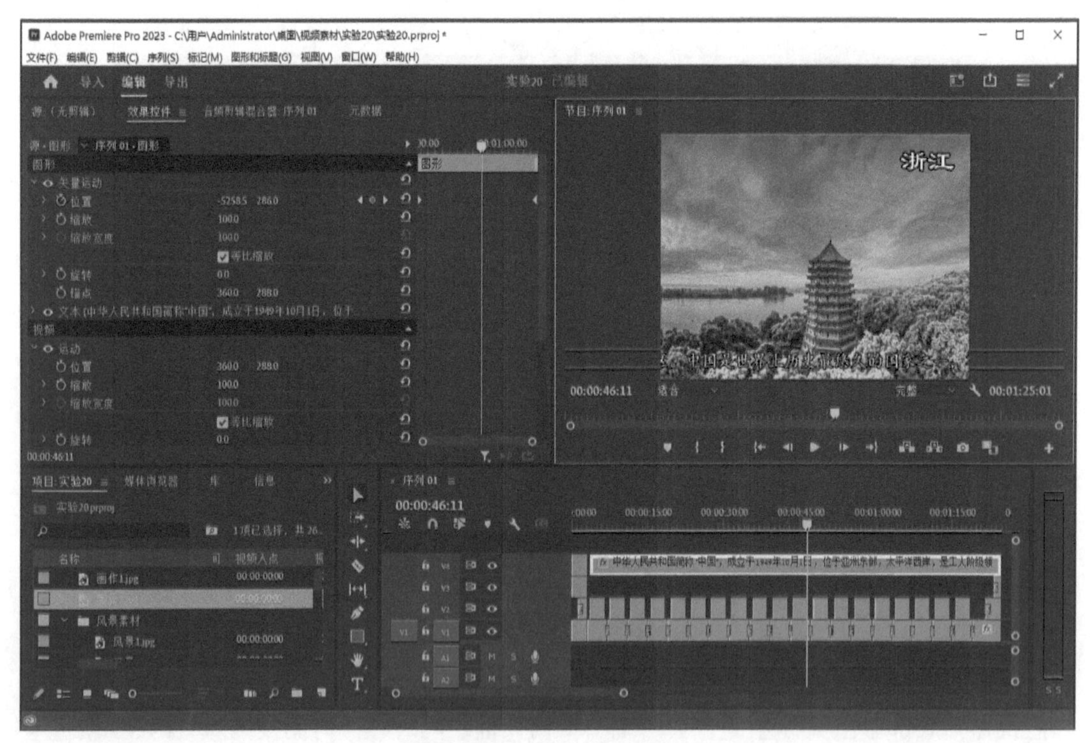

图3-122　底部滚动字幕

(6) 制作配乐。

将“项目区域”的“配乐.mp3”素材拖曳到“时间线区域”的A1音频轨道上。选中音频素材，将时间滑块置于第 1 分 25 s 1 帧位置 (00:01:25:01)，在工具栏中单击选择“剃刀工具”，在第 1 分 25 s 1 帧位置单击鼠标左键进行剪辑，在后一段音频素材上单击鼠标右键，选择“清除”。

选中“配乐.mp3”素材，将时间滑块置于第 0 秒位置，展开“效果控件”的“音频”→“音量”，“级别”关键帧是开启的，设置“级别”为 –50.0。将时间滑块置于第 4 s 位置，设置“级别”为 0.0。

选中“配乐.mp3”素材，将时间滑块置于第 1 分 25 s 1 帧 (00:01:25:01)，展开“效果控件”的“音频”→“音量”，“级别”关键帧是开启的，设置“级别”为 –50.0。将时间滑块置于第 1 分 21 s 1 帧位置 (00:01:21:01)，设置“级别”为 0.0，如图 3–123 所示。

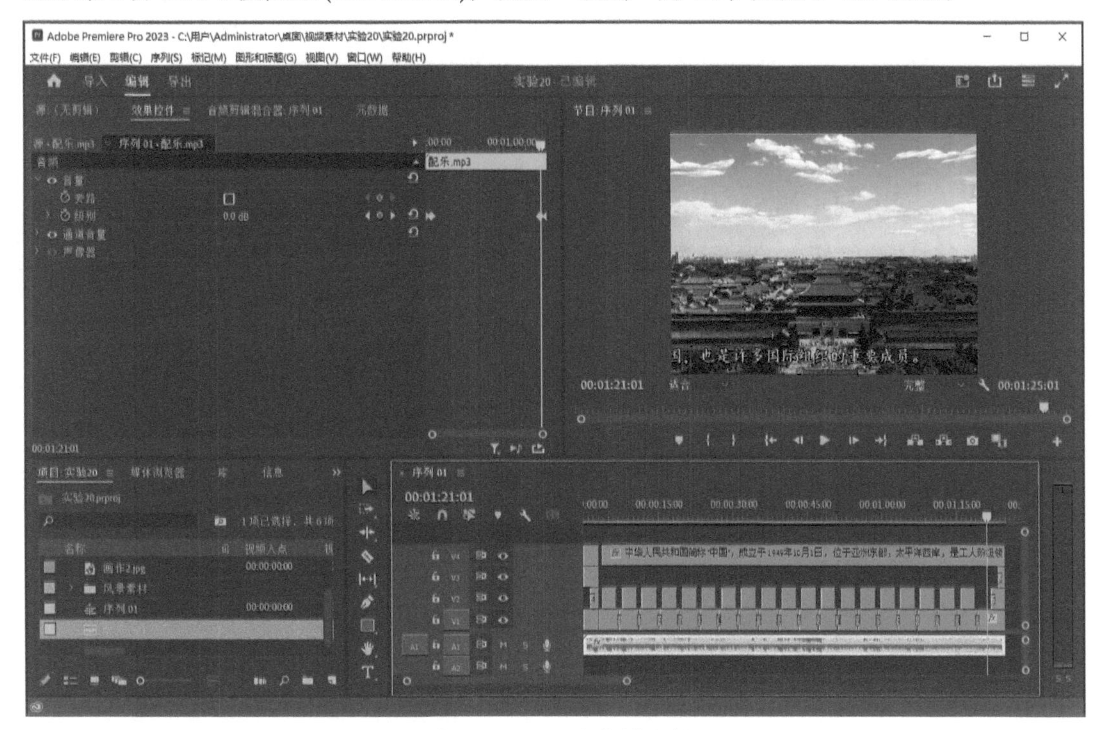

图 3–123　配乐素材编辑

在“序列监视器”中单击“播放 – 停止切换”按钮，查看效果。

(7) 保存项目，导出视频，关闭项目。

单击菜单栏“文件”→“保存”，保存项目文件。

单击菜单栏“文件”→“导出”→“媒体”，在“设置”中设置“格式”为 H.264，修改“文件名”为“制作旅游景点视频”，单击“导出”按钮，等待保存完毕，则将视频保存为 MP4 格式文件。

单击菜单栏“文件”→“关闭项目”，关闭项目文件。

4. 实验结果

经过实验操作，制作出包含标题导入、图片展示、静态字幕、底部滚动字幕、配乐的旅游景点视频，动画新颖，素材丰富，转场效果多样，字幕美观，图文并茂。

3.3 数字视频处理课后作业

课后作业 3.3.1 地图跑步路线动画制作

1. 内容及制作要求

规划出一条跑步路线，设计好配速等参数指标，以一个小圆点表示奔跑者，在地图上制作出跑步路线动画。使用 Adobe Premiere Pro 软件制作视频，查找合适的地图素材，综合运用效果控件、关键帧动画、多边形蒙版、文字工具等技术制作动画效果，视频时长 1 ～ 2 分钟，将制作好的视频文件保存为 AVI 或 MP4 格式，将自制的动画与健身运动软件中给出的跑步路线动画作对比。

2. 上交文件要求

上交一个 AVI 或 MP4 格式的视频文件和一个 Word 文档，均命名为“学号 - 姓名 - 地图跑步路线动画制作”，Word 文档中包含作品内容介绍、素材介绍、制作过程介绍、收获感悟。

课后作业 3.3.2 家乡风景人文视频制作

1. 内容及制作要求

深入了解自己的家乡，将家乡的风景、人文元素制作成一段图文并茂的视频，向他人介绍和宣传自己的家乡。使用 Adobe Premiere Pro 软件制作视频，查找、收集合适的音频、图像和视频素材，综合运用效果控件、视频转场效果、关键帧动画、文字工具等技术制作视频，确保良好的字幕和配乐效果，视频时长 3 ～ 4 分钟，将制作好的视频文件保存为 AVI 或 MP4 格式。

2. 上交文件要求

上交一个 AVI 或 MP4 格式的视频文件和一个 Word 文档，均命名为“学号 - 姓名 - 家乡风景人文视频制作”，Word 文档中包含作品内容介绍、素材介绍、制作过程介绍、收获感悟。

课后作业 3.3.3 我的大学生活短视频制作

1. 内容及制作要求

以我的大学生活为主题制作短视频以展现当代大学生风采，侧重点自选。使用 Adobe Premiere Pro 软件制作短视频，主体视频、图片素材需为原创，引用他人素材需注明来源，综合运用效果控件、视频效果和转场效果、关键帧动画、添加字幕、视频剪辑等技术制作短视频，确保良好的配音、配乐效果，添加必要的字幕，视频时长 5 ～ 6 分钟，将制作好的视频文件保存为 AVI 或 MP4 格式。

2. 上交文件要求

一个 AVI 或 MP4 格式的视频文件和一个 Word 文档，均命名为“学号 - 姓名 - 我的大学生活短视频制作”，Word 文档中包含作品内容介绍、素材介绍、制作过程介绍、收获感悟。

参 考 文 献

[1] 彭波，孙一林 . 多媒体技术实验教程 [M]. 北京：机械工业出版社，2006.
[2] 陈永强，张聪 . 多媒体技术基础与实验教程 [M]. 北京：机械工业出版社，2008.
[3] 高珏，陆铭 . 多媒体应用技术实验与实践教程 [M]. 北京：清华大学出版社，2009.
[4] 高珏，佘俊 . 多媒体技术及应用实验教程 [M]. 北京：清华大学出版社，2011.
[5] 赵君，周建国 . Adobe Audition CS6 实例教程 [M]. 北京：人民邮电出版社，2014.
[6] 周玉娇 . Audition CC 全面精通：录音剪辑 + 消音变调 + 配音制作 + 唱歌后期 + 案例实战 [M]. 北京：清华大学出版社，2019.
[7] 马克西姆·亚戈 . Adobe Audition CC 经典教程 [M]. 2 版 . 北京：人民邮电出版社，2020.
[8] 北京林业大学信息学院 . 教育技术二级培训 Photoshop 学习视频 [CP]. 2015.
[9] 亿瑞设计 . 画卷：Photoshop CS6 从入门到精通 [M]. 实例版 . 北京：清华大学出版社，2013.
[10] Adobe 公司 . Adobe Photoshop CS6 中文版经典教程 [M]. 彩色版 . 北京：人民邮电出版社，2014.
[11] 赵鹏 . 毫无 PS 痕迹：你的第一本 Photoshop 书 [M]. 北京：水利水电出版社，2015.
[12] 安德鲁·福克纳 . Adobe Photoshop CC 2019 经典教程 [M]. 北京：人民邮电出版社，2021.
[13] 孟克难 . Premiere Pro CS6 基础培训教程 [M]. 中文版 . 北京：人民邮电出版社，2012.
[14] 唯美映像 . Premiere Pro CS6 自学视频教程 [M]. 北京：清华大学出版社，2015.
[15] 马克西姆·亚戈 . Adobe Premiere Pro CC 2019 经典教程 [M]. 北京：人民邮电出版社，2020.